Ökonomik der Wärmeenergien.

Eine Studie über Kraftgewinnung und -verwendung in der Volkswirtschaft.

Unter vornehmlicher Berücksichtigung deutscher Verhältnisse.

Von

Dr. Karl Bernhard Schmidt
Diplom-Ingenieur.

Mit 12 Textfiguren.

Berlin.
Verlag von Julius Springer.
1911.

ISBN-13: 978-3-642-98253-8 e-ISBN-13: 978-3-642-99064-9
DOI: 10.1007/978-3-642-99064-9

**Universitäts-Buchdruckerei von Gustav Schade (Otto Francke)
in Berlin N und Fürstenwalde.**

Softcover reprint of the hardcover 1st edition 1911

Vorwort.

Die Arbeit verdankt ihre Entstehung einer Anregung des Herrn Geh. Hofrat Prof. Dr. Gothein in Heidelberg und wurde der Philosophischen Fakultät der Ruprecht-Karls-Universität in Heidelberg als Dissertation vorgelegt. Bei der wachsenden Bedeutung, die mit der zunehmenden Industrialisierung unseres Wirtschaftslebens der Kraftgewinnung und -versorgung einer Volkswirtschaft zukommt, erschien es mir als eine reizvolle Aufgabe, den Versuch zu machen, eine kritische Betrachtung der möglichen und üblichen Verwertungsmethoden der zahlreichen Wärmeenergien, ihrer Grundlagen, Anwendungen und Aussichten vom ökonomischen Standpunkt aus zu geben. Das große Interesse, das den behandelten Problemen in weiten Kreisen entgegengebracht wird, und die bei der Sichtung des umfangreichen Materials sich aufdrängende Empfindung, daß ein gewisses Bedürfnis nach einer zusammenhängenden Darstellung dieser Dinge bestehen würde, bewegten mich, dieses Schriftchen auch der breiteren Öffentlichkeit zugänglich zu machen. Den Ingenieuren und Technikern wird die Arbeit mit Ausnahme einiger wirtschaftlich-theoretischen Untersuchungen im mittleren Hauptteil Neues nicht bieten können, wenn auch vielleicht mancher von ihnen darin eine willkommene Gelegenheit ersehen wird, sich einen Überblick über die gesamten hier vorliegenden techn.-ökonom. Verumstandungen zu verschaffen. Wohl aber glaube ich, der großen Zahl der Nichttechniker und Nationalökonomen, kurz denen, die heute in ihrer praktischen oder wissenschaftlichen Betätigung ohne gründliche Kenntnis der ökonomischen Seite der Krafterzeugungsprobleme nicht auskommen, Nützliches zu bieten.

Gleichzeitig ergreife ich die Gelegenheit, den verschiedenen Firmen sowie Ingenieuren der Wissenschaft und Praxis, die mich durch Übersendung von Material oder liebenswürdige Auskunft bei der Anfertigung der Arbeit unterstützt haben, an dieser Stelle meinen Dank auszudrücken. Besonders aber fühle ich mich Herrn Geh. Hofrat Gothein und Herrn Dipl.-Ing. Dr. Mertens in Heidelberg, für die wertvollen Ratschläge und Anregungen verbunden, die sie mir jederzeit dabei zuteil werden ließen.

Karlsruhe, im November 1910.

Der Verfasser.

Inhaltsverzeichnis.

Einleitung.

A. Allgemeine Ursachen der Steigerung des Kraftbedarfs in der Volkswirtschaft.

Die großen Veränderungen, die das vergangene Jahrhundert auf allen Gebieten des politischen, wirtschaftlichen und sozialen Lebens gezeitigt hat, sind wesentlich mit veranlaßt worden durch die Entwickelung und Ausbreitung der Maschinentechnik. Die vorhergehenden Zeitepochen hatten die gesellschafts- und verkehrswirtschaftlichen Vorbedingungen herangebildet, auf Grund derer die Errungenschaften der Technik zur Durchführung, die Fortschritte zur Wirkung kommen konnten. Die stadtwirtschaftlichen und kleinstaatlichen Gebilde waren in größere territorial und volkswirtschaftlich einheitliche Staatenkörper zusammengefaßt worden. Die Entdeckung der Neuen Welt, des Seewegs nach Indien, und die daran anschließende Handelstätigkeit hatte die Menschen in den Besitz neuer Güter gebracht, der Bedürfniskreis sich gewaltig erweitert. Es war, um mit Schmoller zu reden, „der Menschheit ein unermeßlicher Horizont nach außen eröffnet, wie ihn vorher die Reformation und das Wiedererwachen der Geistes- und Naturwissenschaften nach innen hin geschaffen hatten.“ Die Befriedigung der gewachsenen Bedürfnisse forderte die Steigerung des Intelligenz- und Kraftaufwandes; sie fand in der Dienstbarmachung der Maschine und der durch diese völlig veränderten Produktionsprozesse ihre mächtigste Unterstützung, und mit dem Ende des 18. Jahrhunderts sehen wir eine Wirtschaftsperiode beginnen, deren eigenartiges, durch den epochalen Einfluß der Maschinenverwendung bedingtes Gepräge ihr den Namen des Maschinenzeitalters auferlegt hat.

Betrachten wir die Mannigfaltigkeit des gesamten Maschinenwesens [1]), so sind es zwei Hauptkategorien, die wir mit Rücksicht auf

[1]) Eine allgemein gültige und einwandsfreie Begriffsbestimmung der Maschine zu geben, ist außerordentlich schwierig. Lang hat in seiner Schrift „Die Maschine in der Rohproduktion“, I, die bis dahin vorhandenen, von technischer und nationalökonomischer Seite aufgestellten Definitionen zusammengestellt und aus denselben eine neue herausgearbeitet. Mir scheint die seinige nicht umfassend

ihre Zweckbestimmung grundsätzlich unterscheiden müssen: die arbeitsspendenden und die arbeitsverzehrenden Maschinen, jene, der Verwirklichung des allgemeinen kinematischen Prinzips der Maschine, der Bewegungserzwingung, wie es Reuleaux bezeichnet, dienend, die Kraftmaschinen; diese, zu Trägern jenes und des allgemeinen ökonomischen Prinzips der Maschine, der Arbeitsersetzung, bestimmt, die Arbeitsmaschinen. In der heutigen industriellen Produktion sind beide voneinander abhängig, jede die Voraussetzung und Ergänzung zugleich der anderen. Die Geschichte der modernen Maschinentechnik bietet zahlreiche Beweise für diese gegenseitige Beeinflussung der Entwickelung der Kraft- und Arbeitsmaschinen. Ich sage dabei absichtlich, der „modernen" Maschinentechnik, denn diese Bedingtheit ist erst, ja konnte erst in die Erscheinung treten, nachdem bereits eine beträchtliche Vervollkommnung der Technik, und zwar in Richtung der Ausnützung der Naturkräfte, erfolgt war.

Die Entdeckung und Verwendung der Arbeitsmaschine an sich ging der Zeit nach der Kraftmaschine weit voraus. Primitive Kulturvölker, die über die unterste Stufe technischer Entwickelung noch nicht hinausgekommen sind, erkennen naturgemäß viel eher die gleichsam greifbaren Vorteile der Arbeitserleichterung und Steigerung des Arbeitserfolges durch Zuhilfenahme zweckentsprechender Werkzeuge bzw. den Gebrauch wenn auch einfacher und von Menschenhand bedienter Hilfsmaschinen, als sie die verborgenen Zusammenhänge zwischen der Ausnutzung der Naturkräfte und der eigenen Wohlfahrtsförderung geistig zu durchdringen vermögen. Es entstanden das Göpelwerk, das Schöpfwerk, das Spinnrad, der Webstuhl, die Ziegelpresse u. a. m. Zu ihrem Betriebe reichten, solange die hauswirtschaftliche Produktion noch vorherrschte, Menschen- und allenfalls Tierkräfte aus.

Aber mit dem Wachstum der Bevölkerung, der Änderung der sozialen und wirtschaftlichen Gesellschaftsschichtung, dem Übergang von der Hauswirtschaft zur Verkehrswirtschaft, wurden technische Kulturleistungen erforderlich, Aufgaben des Wegebaus und Bergbaus, Kanalisationen, Meliorationen, die das Maß des üblichen Kraftaufwandes weit überstiegen und eigene neue Arbeitsweisen hervorriefen, solange andere Arbeitskräfte als animalische noch nicht in Anwendung

---

genug. Besser ist vielleicht eine einfache Kombination der in den Reuleauxschen und Sombartschen Definitionen enthaltenen Grundgedanken, von denen jener die technische Seite, dieser die ökonomische wohl bis heute am besten erfaßt hat. Demgemäß ist die Maschine ein die Naturkräfte aufnehmendes oder umsetzendes Arbeitsmittel oder ein Komplex von solchen, das der Mensch bedient und das sich von anderen Arbeitsmitteln durch die Automatisierung seiner Bewegungen unterscheidet.

waren. Sklavenarbeit, Sklavenheere sind die Schlagworte, die diesen Zustand und die Folgen der notwendigen, aber, da der Ansporn des Eigennutzes, die beste Triebfeder der Arbeit, fehlte, nur auf dem Zwangswege erreichbaren Menschenkraftakkumulation kennzeichnen. Staunenswerte Werke sind auf diese Weise geschaffen worden, davon geben die großen Nilregulierungen und Kanalbauten der alten Ägypter, die Straßenbauten der Römer zur Zeit ihres wirtschaftlichen und politischen Hochstandes, beredtes Zeugnis. Auch das Altertum hatte seine Großtechnik; diese konnte sich aber nur auf die Wirkung massenhafter Menschenarbeit stützen, da eine Steigerung der Leistung auf andere Weise nicht möglich war. Solange dem Menschen die Unterstützung einer maschinellen Hilfskraft gerade bei den beschwerlichsten Tätigkeiten des Lastenhebens und Lastenbewegens fehlte, bedingte die Ausführung größerer Kulturleistungen die Unfreiheit der Arbeit, so die Hörigkeit und Sklaverei bei den meisten Völkern des Altertums, in jüngerer Zeit ja auch in Amerika, die Leibeigenschaft und Frondienstleistung im Mittelalter bei den mitteleuropäischen Staaten.

Übersehen wir in großen Zeitabschnitten die historische Entwickelung der technischen Arbeitsmethoden, so läßt sich eine stetige Steigerung der Arbeitsleistung in vertikaler Richtung feststellen. War die Sklavenarbeit die unrationellste Art der Bewältigung großer Kulturaufgaben, so bedeutete schon die Benützung der tierischen Kraft am Göpelwerk einen Schritt nach vorwärts. Jahrhunderte aber vergingen, bis man lernte, die Kräfte organischer Lebewesen durch Zuhilfenahme der frei verfügbaren Wind- und Wasserenergie zu schonen; — bei den kontinentalen Kulturvölkern mag dieser für die Technik fundamentale Abschnitt etwa in den Anfang des 14. Säkulums fallen; — Jahrhunderte vergingen weiter, bis die Dampfmaschine als die letzte und rationellste Stufe der Entwickelung in dieser Richtung die neueste Epoche eines ungeahnten technischen, wirtschaftlichen und sozialen Aufschwungs einleitete, in der wir heute leben.

Nachdem einmal die Vorteile der mechanischen Kraftpotenzierung erkannt waren, da erst erfuhr die Erfindung und Einführung neuer Arbeitsmaschinen in alle Produktionszweige ihren größten Ansporn, und von da an beginnt die gegenseitige Beeinflussung der beiden Maschinenkategorien zur stetigen Vervollkommnung. Ausschließlich herrscht dagegen die Kraftmaschine auf dem großen Gebiete des Verkehrswesens.

In jüngster Zeit ist auf dem Grenzgebiet zwischen Technik und Ökonomik ein Problem entstanden, das Ingenieure und Nationalökonomen beschäftigt, die Frage nach der Wirtschaftlichkeit und Bedeutung der neueren Krafterzeugungsmethoden. Wohl ist es immer das Streben der

Technik gewesen, zu verbessern und zu verbilligen, um mit dem geringsten Aufwand den größtmöglichen Erfolg zu erzielen; aber diese Verbesserungen erfolgten lange nur in der Richtung der Umänderung und Rationalisierung der Produktionsmethoden, betrafen also im wesentlichen das Wirkungsfeld der Arbeitsmaschinen. Erst neuerdings trat dann mit der Entwickelung der gewerblichen Produktion zur Großindustrie in den 70er und 80er Jahren des vorigen Jahrhunderts, der gigantischen Zunahme des Verkehrswesens durch den sich sprunghaft steigernden Verbrauch der Kohle für den mechanischen Kraftbedarf die volkswirtschaftliche Seite dieses Problems in den Vordergrund. Der ökonomisch-technische Optimismus, der, von den erstaunlichen Umwälzungen des Wirtschaftslebens durch die Technik verblendet, ohne Kritik die Vorteile derselben verherrlicht hatte, machte einer ruhigen, sachlichen Betrachtung Platz. Es zeigte sich bald die Tatsache, daß die ausgiebigste Art der Krafterzeugung, die sich in der Dampfmaschine auf den Gebrauch der fossilen Brennstoffe stützte, noch recht verschwenderisch mit den unersetzbaren Nationalgütern umging, und man gewöhnte sich daran, die Krafterzeugung nicht nur vom technischen, sondern auch vom ökonomischen Standpunkt aus zu beurteilen.

Die Bedeutung, welche der Frage nach der Ökonomie dieser Maschinenkategorie zukommt, wird am besten erkenntlich werden, wenn wir die Einflüsse, die auf die Vermehrung des Arbeitsbedarfs für die Volkswirtschaft hinwirkten, im einzelnen darstellen und begründen. Die Steigerung der mechanischen Kraftäußerungen der Menschenhand durch Zuhilfenahme motorischer Kräfte brachte, wie oben erwähnt, eine völlige Veränderung der Produktionsprozesse mit sich, wobei zunächst die beschwerlichsten Arbeiten, die die Menschen nur mit größter physischer Anstrengung zu leisten vermochten, von der Maschine übernommen, also Kraftpotenzierung in vertikaler Richtung erzielt wurde. Aber bald dehnte sie sich auch in horizontaler Richtung aus und ergriff das große Gebiet der Massenproduktion; in der Weise, daß die Maschine die Arbeitsfunktionen des Menschen übernimmt, und dieser nur den Gang derselben überwacht; der Mensch wird der geistige Beherrscher des Arbeitsprozesses. Hat ein Unternehmer aber erst in irgendeinem Gewerbezweige die Produktionssteigerung und die Verbesserung der Güte der Erzeugnisse bei maschineller Produktion erkannt und diese eingeführt, so bleibt bei dem Bestehen freier Konkurrenz auch den übrigen Gliedern desselben nichts übrig, als das gleiche zu tun. Die Folge ist die durchgängige Mechanisierung der Produktion, und man kann wohl behaupten, daß es heute kaum einen Gegenstand der menschlichen Bedürfnissphäre gibt, an dem nicht in irgendeinem Stadium der Entstehung die Wirkung maschineller Arbeitsleistung festzustellen wäre.

Durch die allgemeine Verbreitung der Technik und Kultur wurden neue Bedürfnisse hervorgerufen, und die Befriedigung dieser führte ihrerseits wieder zu einer Erweiterung des maschinellen Wirkungskreises. Oft ist es in unserer Zeit schwierig, manchmal unmöglich, in dieser Entwicklung das Primäre zu erkennen. In vielen Fällen hat der Druck der wirtschaftlichen Verhältnisse einen originären Einfluß auf das Maschinenwesen ausgeübt. Die Dampfmaschine war ein Kind bitterster Not, die Gasmaschine verdankte ihren Ursprung dem Bedürfnis des Handwerks und Kleingewerbes nach einem rationellen Wärmemotor, und andere Beispiele ließen sich noch anführen. Wir werden an späterer Stelle näher darauf einzugehen haben. „Nicht technische Gründe", sagt Schulze-Gävernitz [1]), „waren es, welche den wirtschaftlichen Umschwung gegen Ende des vorigen Jahrhunderts (1800) herbeiführten. Vielmehr war es das Zusammentreffen einer Reihe wirtschaftlicher Momente, welches zu den technischen Fortschritten führte; längst gemachte oder wenigstens halb verwirklichte, aber bisher wirtschaftlich wirkungslose Erfindungen wurden erst damals zum modernen Großbetrieb verwandt." Aber man darf sich durch diese Tatsache nicht zu unrichtigen Verallgemeinerungen verleiten lassen, als ob die wirtschaftlichen Verhältnisse sich nur in einer bestimmten Richtung entwickeln brauchen, um dann immer im geeigneten Moment die Erfindung wie einen Deus ex machina hervorzuzaubern, deren Anwendung Bedingung für das Fortschreiten auf dem eingeschlagenen Wege war. Auch für die umgekehrte Erscheinungsform lassen sich Beispiele anführen, und es ist manche technische Neuerung besonders seit der zunehmenden Ausbreitung der Naturwissenschaften entstanden, die in eigener Schaffenskraft sich ihr Anwendungsgebiet erst erobern mußte und selbst umgestaltend auf das Wirtschaftsleben einwirkte. Es sei hier nur auf die Entdeckung und Ausnützung der Elektrizität hingewiesen. Die Beeinflussung von Wirtschaft und Technik ist eben eine gegenseitige. Es wird immer Menschen geben, die Sinn und Verständnis für technische Neuerungen haben und die Einführung derselben fördern, sei es als Käufer, indem ihnen das technisch Neue bald zu einem unentbehrlichen Bedürfnis geworden ist, sei es als Kapitalgeber aus Gründen verschiedenster Art; und umgekehrt wird die Beobachtung der Entwickelungslinien des Wirtschaftslebens, die richtige Beurteilung seiner mannigfaltigen Bedürfnisse häufig den Ansporn zu neuen Erfindungen geben. Sicher ist nur, daß das ganze Erfindungswesen von den größten bis zu den kleinsten Dingen seine Grenze in der

---

[1]) v. Schulze-Gävernitz in: Der Großbetrieb ein wirtschaftlicher und sozialer Fortschritt. Leipzig 1892.

Nützlichkeit für die Volkswirtschaft, seinen Prüfstein in der wirtschaftlichen Beurteilung findet. Nicht mehr der mechanische Effekt, sondern der wirtschaftliche Erfolg, der im erwerbswirtschaftlichen System in der Hauptsache von dem Aufwand an geldwerten Sachgütern abhängt, die ökonomische Vollendung ist das Ausschlaggebende bei der Maschine.

Die Erweiterung des Bedürfniskreises fand eine wesentliche Unterstützung durch die Vervollkommnung der wissenschaftlichen Forschung und die zunehmende Erkenntnis der Verbesserung der Lebensbedingungen durch gesteigerte Auswertung der Naturerzeugnisse. Eine Reihe neuer Stoffe werden entdeckt und der menschlichen Bedürfnisbefriedigung dienstbar gemacht. Zweifellos haben sich die Staats- und Kommunalbehörden hierbei große Verdienste erworben, indem sie in richtiger Würdigung der Bedeutung der Technik das Hochschul-, Fach- und Gewerbeschulwesen organisiert haben und dadurch sowie durch Subventionen und Unterstützungen verschiedenster Art planmäßig dieser ganzen Entwickelung eine gesunde Grundlage verliehen.

In derselben Richtung der Steigerung des Kraftbedarfs wie die quantitative Zunahme der Verwendung von Arbeitsmaschinen wirkte auch, und in vielleicht noch erhöhtem Maße, die qualitative Umänderung der Arbeitsmethoden, die sich in allen Produktionsgebieten mit dem Übergang zum Großbetrieb einführende Arbeitsteilung, und zwar eine Arbeitsteilung in doppelter Weise, durch Spezialisierung der Branche, und innerhalb dieser selbst durch Normalisierung der Einzelteile zur Ermöglichung der Massenfabrikation. Entsprechend der in den meisten gewerblichen Betrieben moderner Industriestaaten wahrzunehmenden Tendenz, die Produktivität der menschlichen Arbeitsleistung durch Verwendung mechanischer Hilfskräfte in potenziertem Maße zu erhöhen, haben statistische Ermittelungen ergeben, daß der in den hauptsächlichsten Produktionszweigen auf einen Arbeiter entfallende Betrag motorischer Hilfskräfte sich in stetigem Zunehmen befindet. So kamen nach den Ermittelungen Reyers in den 30er Jahren des vorigen Jahrhunderts in England etwa ¼ Pferdestärke auf den Textilarbeiter gegen 2—3 Pferdestärken in den Vereinigten Staaten zur Jetztzeit. Nach desselben Berechnungen dürften im Jahre 1910 etwa 25—30 PS auf einen Arbeiter der Papierindustrie kommen gegen 3 PS in den 70er Jahren. Demgemäß nimmt auch die Produktion rascher als die Arbeiterzahl zu. Organische Arbeitskräfte werden also durch mechanische ersetzt, d. h. mit anderen Worten: An Stelle des mobilen Kapitals in der Produktion tritt mehr und mehr das immobile in den Vordergrund. Da aber der immobile Kapitalanteil, der auf eine bestimmte Produktionsleistung entfällt, billiger ist als die „Menschenmuskelkraft“ zur Hervorbringung desselben Effektes, so wird dies ein Sinken des Preises der Einzelprodukte zur Folge haben und dadurch der Volkswirtschaft zugute kommen.

Diese ganze, auf die Erhöhung der Produktivität gerichtete und ihr Endziel in der völligen Automatisierung der Betriebe findende Entwickelung wurde, abgesehen von den sich selbst stetig weitertreibenden Einflüssen gegenseitiger Unternehmerkonkurrenz, vom Kleinbetrieb zum Großbetrieb, von der handwerksmäßigen zur fabriksmäßigen Arbeitsweise überzugehen, durch das parallellaufende Bestreben beschleunigt, die Menschenarbeit als den ungleichmäßigsten und unsichersten Faktor in der industriellen Produktion auf das technisch zulässige niederste Maß einzuschränken. Denn mit der fortschreitenden Kultur und ihrem Eindringen in die untersten Klassen der Bevölkerung durch die allgemein verbesserte Schulbildung, die Wirkung der Presse und gemeinnützige Veranstaltungen, haben die Menschen ihren inneren Wert mehr und mehr erkennen gelernt, und die Arbeiter heutigentags sind Individualitäten geworden, die nicht mehr willenlose „technische Hilfsmaschinen" im Produktionsprozeß darstellen, sondern die, gestützt auf die Macht, die sie durch den Zusammenschluß und die Organisation ihrer Massen haben, den ihnen zukommenden Anteil an der verbesserten Güterversorgung der Volkswirtschaft und den Kulturfortschritten nachdrücklich fordern. So erfreulich und notwendig nun einerseits die geistige und materielle Hebung der Arbeiterklasse ist, die in einer allgemeinen Arbeitslohnsteigerung mit zunehmender Kultur überhaupt und bei jedem wirtschaftlichen Aufschwung im besonderen zum Ausdruck kommt, so bringt sie andererseits doch eine gewisse Unsicherheit in den gesamten Produktionsprozeß. Die natürliche Folge ist, daß sich die Industrie eben von diesem unsicheren Faktor zu emanzipieren sucht, und es zeigt sich die überaus interessante, von sozialistischer Seite so häufig ausgebeutete Erscheinung, daß eine Erhöhung der Arbeitslöhne die Tendenz mit sich bringt, Maschinenarbeit an Stelle der Handarbeit einzuführen. Am konsequentesten sehen wir dies in Amerika durchgeführt, wo die überwiegend hohen Arbeitslöhne vorherrschen, und auch bei uns finden wir in den Industriezweigen, in welchen die Arbeitslöhne einen ausschlaggebenden Produktionskostenbestandteil bilden, in der Maschinenindustrie und im Bergbau, die zunehmende Verwendung mehr oder weniger automatisch arbeitender Hilfsmaschinen bestätigt.

Der Ersatz der Handarbeit durch Maschinenarbeit ist aber keinesfalls identisch mit der Ausschaltung organischer Arbeit überhaupt, als deren Folge ja zunehmende Arbeitslosigkeit eintreten müßte, sondern bedeutet nur eine relative Zurückdrängung des Arbeitsfaktors an dem Einzelprodukt zugunsten des auf das Produktivkapital entfallenden Kostenanteils. Dieses selbst aber, soweit es durch die Arbeits- und Kraftmaschine repräsentiert wird, stellt nichts anderes dar als die festgehaltene geistige und körperliche Arbeitsleistung vorausgegangener Geschlechter und aufgespeicherte Naturkraft. Dadurch, daß diese von organischen Lebewesen gewissermaßen weggenommen und auf anorganische Stoffe übertragen ist, wurde ihr Dauer verliehen, und in diesem Ansammeln und Aufsparen der geistigen und körperlichen Energien von Generationen liegt m. E. das Rätsel der potenzierten Produktivität der Maschinenarbeit und des außerordentlich schnellen Fortschritts unserer technisch-ökonomischen Entwickelung.

Diese Vergangenheitsakkumulation der Menschenarbeit findet ihre Ergänzung in einer Gegenwartsdistribution der Arbeit, die dabei aber selbst in reichem Maße von der ersteren Gebrauch macht. Es sei an einem Beispiel verdeutlicht. Vergleichen wir etwa das Kesselhaus einer großen modernen Kraftanlage mit selbsttätiger Kohlenzuführung von großen Bunkern aus, oder bequemen mechanischen Kippvorrichtungen, mit einem solchen aus dem Anfang der 90er Jahre, so sehen wir dort vielleicht einen oder zwei Heizer eine lange Reihe von Kesseln beaufsichtigen, während in der älteren Anlage die vielfache Anzahl Bedienungsmannschaften in mühevoller Tätigkeit mit dem Kohlenaufwerfen beschäftigt ist. Die Arbeitsersparnis durch Einführung der automatischen Feuerungen in den Kesselbetrieb wird auch dem Laien sofort in die Augen springen. Für die Arbeitskräfte, die hier frei werden, erfordert aber die Herstellung der selbsttätigen Mechanismen, der Kettenroste oder Wurfschaufelapparate in vermehrter Anzahl eigene geschulte Hilfskräfte; diese bedienen sich selbst wieder komplizierter Werkzeugmaschinen, zu deren Bau ebenfalls Menschen- und Maschinenkräfte erforderlich sind usw. Denn soweit auch die Arbeitsteilung gehen mag in der Richtung der Automatisierung der Produktion, immer werden Arbeitskräfte erforderlich bleiben, und sei es schließlich auch nur zur Rohstoffzugabe und Beaufsichtigung des Produktionsprozesses.

Bei der Untersuchung der Folgen für die Arbeiterschaft, die sich infolge Ersatzes der Handarbeit durch Maschinenarbeit ergeben, ist daher zu unterscheiden, welche Wirkungen für die Einheit der großen Produktionsgebiete der Volkswirtschaft und welche für die einzelnen Spezialzweige resultieren, denen die Änderung der Arbeitsmethoden aufgezwungen wird. Da ist zunächst zu sagen, daß der gesamte Arbeitsbedarf eines Kulturvolkes, der ja im wesentlichen in seiner Bevölkerungsziffer reflektiert, durch die Mechanisierung der Produktion nicht nur keinen Rückgang, sondern im Gegenteil gerade bei den Nationen, die das arbeitsteilige Prinzip am konsequentesten durchgeführt haben, den Vereinigten Staaten, England und Deutschland, eine bedeutende Vergrößerung erfahren hat. Die bevölkerungsstatistischen Daten sind zu bekannt, als daß sie hier besonders aufgeführt zu werden brauchen. Die vielfachen, mehr temporären oder lokalen Verschiebungen der Arbeitsgelegenheiten und des Arbeitsbedarfes gleichen sich in ihrer Wirkung auf das Ganze aus. Der Ausschaltung der Menschenarbeit in dem einen Zweige der Technik folgt die Aufsaugung in einem anderen, wenn wir nur einen genügend großen Zeitabschnitt ins Auge fassen.

Unmittelbare Härten und Schädigungen der Existenzgrundlagen der Arbeiterbevölkerung können sich dagegen im einzelnen ergeben durch Einführung der Maschinen in vom Verkehr abgelegenen und solchen Spezialindustrien, deren Produktion besonders geschultes Personal erfordert, das dann des Vorteils seiner durch jahrelange Übung erreichten Geschicklichkeit und Erfahrung verlustig geht und nunmehr genötigt ist, unqualifizierte, schlechter gelohnte Arbeit in einem anderen Industriezweig anzunehmen. Hier spielen eben räumliche und zeitliche Unterschiede die ausschlaggebende Rolle. Es ist daher begreiflich, daß die Arbeiter, um den für sie oft, wenigstens für die Übergangszeit, empfindlichen Folgen zu entgehen, immer wieder die Einführung neuer Maschinen bekämpft haben; auch heute noch begegnen sie vielfach maschinellen Neuerungen mit Mißtrauen. In unserer Zeit hat dann die Macht und die Anstrengung der sozialgesellschaftlichen Verbände ihren Einfluß auf die Leiter der Produktion in der Weise geübt, daß diese im gegebenen Fall die Durchführung des maschinellen Gedankens nur noch schrittweise vornehmen und entstehende Schädigungen durch Übernahme der freiwerdenden Arbeitskräfte in einen andern, eventuell neu angegliederten Produktionszweig möglichst zu mildern suchen. Ganz beseitigen werden sich diese nachteiligen Übergangserscheinungen wohl nirgends lassen. In vielen Fällen wird auch eine geeignete Sozialpolitik und Wirtschaftspolitik der Staaten und Kommunen vorbeugend oder helfend eingreifen müssen.

An dieser Stelle möge dem immer wieder nicht nur von sozialistischer Seite, sondern auch von bürgerlich-nationaler und selbst technischer Seite trotz zahlreicher Erwiderungen aus den Kreisen der Technik und Nationalökonomie erhobenen Vorwurf, der in der Verwendung der Maschine eine Entgeistigung der für den Menschen übrigbleibenden Arbeit erblickt und schon im Kommunistischen Manifest zur Argumentation vom Existenzminimum des Arbeitslohnes benutzt wurde, entgegengetreten werden: „Die Arbeit der Proletarier“, heißt es da, „hat durch die Ausdehnung der Maschinerie und die Teilung der Arbeit allen selbständigen Charakter und damit allen Reiz für die Arbeiter verloren. Die Kosten, die der Arbeiter verursacht, beschränken sich daher fast nur auf die Lebensmittel, die er zu seinem Unterhalt und zur Fortpflanzung seiner Rasse bedarf. Der Preis einer Ware, also auch der Arbeit, ist gleich ihren Produktionskosten.“ Die Entwickelung der Lohnhöhe wie der gesamten wirtschaftlichen und sozialen Lage der industriellen Arbeiterschaft hat die Unrichtigkeit dieser Sätze zur Evidenz bewiesen. Gerade die Maschine mit ihrer potenziellen Steigerung der Produktivität hat es ermöglicht, höhere Arbeitslöhne zu gewähren und auch den unteren Klassen ihren Anteil an dem Nutzen der verbesserten Güterversorgung zukommen zu lassen. Gerade die Maschine ist es auch, die darauf hinwirkt, die ungelernte Arbeit als die schlechtgelohnteste zu verringern. Sie ist allerdings auch ein Repressivmittel dagegen, daß die Arbeitslöhne nicht ins Ungemessene gesteigert werden können. „An die Stelle der manuellen Ausbildung ist also eine Ausbildung der geistigen Fähigkeiten getreten. Welch ein geistiger Unterschied in der Wartung der Wasserräder, Windrädeı und Göpel der früheren Zeit gegenüber der Tätigkeit eines Maschinisten im Elektrizitätswerk, dem Führer einer Fördermaschine bei den Bergwerken oder der riesigen Reversiermaschine in den Walzwerken [1]).“ Bei den großen, heute üblichen Arbeitsgeschwindigkeiten und der Kompliziertheit der Mechanismen ist der Arbeiter genötigt, in den Geist der Maschine einzudringen, das Ineinandergreifen aller Einzelteile genau verstehen zu lernen, wenn anders er in der Lage sein will, den Produktionsvorgang zu beherrschen und den vollen Wert der Maschine zur Entfaltung zu bringen.

Vielfach wird in Ansehung der automatisch wirkenden Mechanismen auf die entgeistigende Arbeit des Zubringens oder Auflegens des Rohmaterials, des Wegnehmens der Erzeugnisse hingewiesen, und die Richtigkeit dieser Tatsachen kann auch nicht bestritten werden. Aber dabei ist zu beachten, daß Zahl und Nachfrage nach völlig ungelernten Arbeitskräften bei der Mehrzahl der Produktionszweige absolut und relativ in stetem Abnehmen begriffen ist; denn es ist ja das Ziel der Technik, rein mechanische Arbeit zu verdrängen [2]), während die Nachfrage nach

[1]) W. v. Oechelhäuser: Technische Arbeit einst und jetzt. Berlin 1906.

[2]) Die Berufszählung 1907 ist zur Ermittelung dieser Tatsachen nicht zu gebrauchen, da sie noch auf dem alten Einteilungsstandpunkt stehen geblieben, der die gesamte Arbeiterschaft in gelernte und ungelernte Arbeitskräfte einteilt, statt, wie es, um irgend einen Einblick in die Verhältnisse zu bekommen, unbedingt nötig ist, in drei Gruppen zu scheiden, und zwar in 1. die höher qualifizierten, die eine reguläre mehrjährige Ausbildungszeit durchmachen, 2. die niederqualifizierten oder angelernten, die ihre Tätigkeit in mehreren Monaten erlernen können, und 3. die ganz ungelernten Arbeiter, die Taglöhnerdienste, bzw. die mechanische Tätigkeit der Bedienung völlig automatisch arbeitender Maschinen verrichten. Da die Berufszählung Gruppe 2 und 3 zusammengeworfen hat, so sind ihre Ermittelungen diesbezüglich ziemlich unbrauchbar. Unser Urteil stützt sich daher auf die Beobachtung und gelegentliche Erkundigungen in zahlreichen praktischen Betrieben, wobei wir zu der Ansicht gelangt sind, daß es unrichtig ist, den angelernten Arbeiter, der irgendeine Maschine bedient, zu den geistlos Beschäftigten zu zählen.

hochqualifizierten Arbeitskräften oft kaum befriedigt werden kann. Wie groß der Bedarf an solchen ist, das beweisen die zahlreichen Fach- und Gewerbeschulen, die von Staaten, Kommunen oder selbst von Unternehmerkreisen ins Leben gerufen und gefördert werden.

Die Steigerung des Kraftbedarfs in Industrie und Gewerbe, als deren Gründe wir im Vorhergehenden die Zunahme der Mechanisierung und der arbeitsteiligen Produktionsmethoden erkannt haben, erfährt eine große Erweiterung durch die Verwendung der Kraftmaschine im Verkehrswesen, das sie ausschließlich beherrscht. Eisenbahnen, See- und Binnenschiffahrt sind bei dem den gesamten Erdball umfassenden Netz der heutigen Verkehrslinien enorme Kraft- und Kohlenverbraucher. Einen Maßstab für die sprunghafte Entwickelung der Verkehrszunahme auf dem Lande haben wir an der Länge der Schienenwege; dieselbe betrug in Europa Ende des Jahres 1830 245, 1850 24053, 1870 103 013, 1890 223441, 1903 300 429 km; in Deutschland in denselben Zeiten 0, 5856, 18450, 42 869, 59 426. Die Zahl der Lokomotiven in Preußen wuchs von 1500 im Jahre 1862 auf 15074 im Jahre 1907. Als eine Folge der zunehmenden Erhöhung der Geschwindigkeit der Lokomotiven und Dampfschiffe ist in Verbindung mit den großartigen Wirkungen von Post und Telegraph eine völlig veränderte Zeit- und Raumbehandlung eingetreten, die entferntesten Erdteile sind einander nahegerückt. Im Seeverkehr war es neben der Geschwindigkeitserhöhung die Befreiung der Schiffahrt von der Gebundenheit an die Natur, die Unabhängigkeit von Wind- und Wasserströmungen, die dem Dampfschiff seine epochale Bedeutung für die Entwickelung der Volkswirtschaft verlieh. Bei der Unbeständigkeit der unmittelbaren Naturkräfte herrschte natürlich in der Zeitrechnung für die Verkehrsbeziehungen eine große Unsicherheit, wenn man hier von einer Rechnung überhaupt noch reden kann. So brauchte ein Segler am Anfang des vorigen Jahrhunderts für die Reise von Liverpool nach New York je nach der Windströmung 3 Wochen bis 3 Monate, während für die Rückfahrt durch die günstigen Luftströmungen oft 9 Tage genügten. Noch in den 50er Jahren rechnete man für diese Strecke mit dem Segelschiff 6 Wochen, mit dem Dampfer 14 Tage, während heute für diese Reise 6—8 Tage ausreichen. Der Kraftverbrauch der modernen Verkehrsmittel im einzelnen sei an einer späteren Stelle behandelt. Hier sei nur noch darauf hingewiesen, welche umfangreichen Aufträge durch die Ausbildung der Verkehrsmittel der Industrie zugefallen sind. Die Schienen- und Schwellenproduktion, Waggon- und Lokomotivfabriken, Brückenbau, Schiff- und Schiffsmaschinenbau und die große Zahl der für diese Industrien benötigten Arbeitsmaschinen sind von hervorragender Bedeutung für die Höhe des volkswirtschaftlichen Beschäftigungsgrades und die Schöpfung nationalen Wohlstandes geworden.

Das Aufkommen der Elektrizität in den 80er Jahren des vorigen Jahrhunderts und die daran anschließende Änderung der Beleuchtungstechnik, der Übergang von der Gasbeleuchtung zum elektrischen Licht, stellt schließlich die letzte Epoche dar, die in diesem Zusammenhang zu erwähnen ist. Für die ganze Entwickelung aber, die nach obiger Schilderung den Anlaß zu der gewaltigen Erhöhung des Kraftbedarfs gab, ist zu beachten, daß dieselbe sich multiplikativ vollzog, einerseits durch den Kraftverbrauch der Maschinen in der Ausübung ihrer Zweckbestimmung, andererseits durch den Kraftverbrauch, der bei der Herstellung dieser Maschinen selbst wieder erforderlich wurde.

B. Möglichkeit der Deckung des Kraftbedarfs einer Volkswirtschaft.

Die Energiemengen, die dem Menschen zur Deckung dieses Kraftbedarfes zur Verfügung stehen, haben ihren Ursprung, gemäß dem Grundgesetz aller naturwissenschaftlichen Erkenntnis, daß Wärme und Arbeit äquivalente Dinge sind, in der größten und für das organische Leben aller Weltenplaneten einzigen Wärmequelle, der Sonne. Wir unterscheiden zwei Hauptformen der Sonnenenergie, eine Gegenwartsform und eine Vergangenheitsform, und entsprechend zwei Hauptkategorien von Naturkräften: die unmittelbaren, die wir nur einzufangen brauchen und mittels mechanischer Hilfsapparate weiternützen können, und die mittelbaren, deren Auslösung durch chemische Umsetzungsprozesse erfolgt. Zu jenen gehören die animalischen Kräfte, die Wind- und Wasserkräfte, zu diesen die in den sedimentären Ablagerungen fossiler Brennstoffe schlummernden latenten Naturkräfte, die Kohle in ihren verschiedenen Entwickelungsstadien als Steinkohle, Braunkohle und Torf, ferner das Erdöl und das Naturgas. Eine Gegenwartsform der Sonnenenergie repräsentieren auch alle pflanzlichen Stoffe, besonders das für technische Krafterzeugung gelegentlich in Betracht kommende Holz, sie sind aber trotzdem zu den mittelbaren Naturkräften zu zählen, da sie zur Energieabgabe einem besonderen Verbrennungsprozesse unterzogen werden müssen.

Als die älteste Betriebskraft gewerblicher Arbeit ist die animalische, und zwar menschlische oder tierische Muskelkraft anzusehen. Sie stellt sich in unserem Sinne in letzter Linie dar als „eine Verwandlung der mit den organischen Pflanzenstoffen konsumierten, aufgespeicherten Sonnenwärme in mechanische Bewegung.“ Von allen gewerblichen Betriebskräften ist der Mensch die teuerste Arbeitsmaschine. Nach Bauer [1])

[1]) Bauer: „Die sozialpolitische Bedeutung der Kleinkraftmaschinen“ rechnet wie folgt: Die Tagesleistung eines Mannes beträgt gemäß Hütte:

hat der Preis einer von einem Manne geleisteten Pferdestärke-Stunde bei Annahme eines täglichen Verdienstes von 3 M. die Höhe von 6,302 M. Dies hat seinen Grund darin, daß der Nutzeffekt der menschlichen „Muskelkraftmaschine" gering ist im Verhältnis zu den Kosten des aufgewendeten Heizmaterials. Die Kosten für Ernährung und Erhaltung des Menschen sind größer als beim Tiere, und die Erzeugung der tierischen Arbeitsleistung wiederum stellt sich höher als der Betrieb der eisernen Kraftmaschinen, der „legitimen Kinder des ökonomischen Rationalismus", wie sie Sombart bezeichnet. Man hat ausgerechnet [1]), daß sich die Kosten in landwirtschaftlichen Betrieben bei der Verwendung von Pferden oder anderem Zugvieh unter Berücksichtigung des Aufwandes für Futter und Bedienung einschließlich Verzinsung und Amortisation des Anlagekapitals auf 40—50 Pf. pro PS-Stunde belaufen gegen 2 bis 10 Pf. bei Wasser- oder Wärmekraftmaschinen. In China, wo Menschen- und Tierkräfte ausnehmend billig sind, kostet ein Tonnenkilometer 30 bis 40 Pf., während dieselbe Leistung bei deutschen Bahnen sich auf 3—4 Pf., bei Flußschiffen auf 1 Pf. stellt. Nur in den Fällen, in denen, natürlich unter Voraussetzung der gleichen Anwendungsmöglichkeit animalischer oder mechanischer Betriebskraft, die Betriebszeitdauer minimal ist, die Amortisations- und Verzinsungskostenquote also eine sehr hohe würde, oder wo, wie in wirtschaftlich und kulturell wenig entwickelten Ländern, die menschliche Arbeitskraft sehr billig zu haben ist, kann ein ökonomischer Vergleich zwischen Muskelkraft- und mechanischer Kraftmaschine zugunsten der ersteren ausfallen.

Eine weitere elementare Naturkraft, die als die Folgeerscheinung ungleichmäßiger Erwärmung der Erdoberfläche durch die Sonne aufzufassen ist, die atmosphärischen Luftströmungen, d. h. der Wind, ist in früheren Jahrhunderten, solange die Dampfschiffahrt noch nicht bekannt war, besonders für den überseeischen Verkehr als Triebkraft der Segelschiffe von Bedeutung gewesen. Für motorische Zwecke ist die Ausnützung der Windenergie aus technischen und wirtschaftlichen Gründen von jeher beschränkt geblieben. Ein kontinuierlicher Betrieb ist bei der Windmühle ausgeschlossen. Die Möglichkeit eines solchen scheitert an den unberechenbaren und schwankenden Witterungsverhältnissen, von denen diese Kraftquelle abhängig ist. Nur in der

---

„Des Ingenieurs Taschenbuch" 128 570 mkg, die sekundliche Arbeitsleistung ist demnach $\frac{128570}{10 \,.\, 60 \,.\, 60 \,.\, 75} = 0{,}0476$ PS, die täglich 3 M. kosten. Eine PS-Stunde kostet also $\frac{3}{10 \,.\, 0{,}0476} = 6{,}302$ M.

[1]) Siehe: Nachrichten von Siemens und Halske, 1901: Die Elektrizität in der Landwirtschaft.

Landwirtschaft hat dieselbe eine gewisse Bedeutung gehabt, solange die großen Dampfmühlen noch nicht bestanden, als Betriebskraft für kleine Müllereibetriebe und für solche Arbeitsverrichtungsn, die keine bestimmte Zeitdauer zur Voraussetzung hatten. Nach den Angaben Reyers [1]) wurden noch um die Wende des vorigen Jahrhunderts in Norddeutschland 18000 Windmühlen gezählt. Nach desselben Ermittelungen war aber die einzelne Kraftleistung minimal, und die höchste Betriebsdauer betrug, auf das Jahr umgerechnet, nur 2 Monate. Bei einer derart geringen und unsicheren Auswertungsmöglichkeit kann eine Kraftquelle aber, selbst wenn die Kosten ihrer Erzeugung gleich Null wären, eine selbständige Bedeutung für die heutigen Produktionsmethoden nicht erlangen, denn die „Emanzipation von Raum und Zeit" ist ja eine der wichtigsten Vorbedingungen für die wirtschaftlich aussichtsreiche Krafterzeugung der modernen Technik. Auch die Verbindung des Windmotors mit elektrischen Akkumulatoren, von der Zöpfl eine eventuell verbesserte Ausnützung der Windenergie erhofft, ist m. E. hierzu nicht geeignet, weder technisch noch wirtschaftlich; technisch deshalb nicht, weil die Energiemengen, die in dieser Weise gewonnen werden können, an sich beschränkt sind und kaum eine nennenswerte Überschußaufsparung zulassen würden. Vom ökonomischen Standpunkt aber kommt hinzu, daß die Anwendung von Akkumulatoren einen beträchtlichen Kapitalaufwand erforderlich macht, der bei den schon an sich hohen Betriebskosten des Windmotors, die nach Berechnungen von Strecker [2]) 9,06 Pf. für eine PS-Stunde trotz der Unentgeltlichkeit der Energiequelle betragen, schwerlich lohnen könnte. Denn es ist dabei zu beachten, daß der Vorteil der Erhöhung der Betriebsdauer und der sich daraus ergebenden Verminderung der Kostenanteilsquote für Verzinsung und Amortisation wieder ausgeglichen würde durch Vergrößerung des benötigten Anlagekapitals.

Eine weit ausgiebigere, uns von der Natur zur Verfügung gestellte Betriebskraft ist in den Wasserkräften gegeben. Auch sie sind auf die Wirksamkeit der Sonnenwärme zurückzuführen. Zöpfl [3]) stellt den Zusammenhang folgendermaßen dar: „Die Wärmekraftleistung, die uns im fallenden Wasser zur Verfügung steht, hat insofern Ähnlichkeit mit der Dampfkraft, als das Wasser durch die natürliche Wärme, also die Sonnenwärme, verdampft und in die Höhe gehoben wird. Dadurch erst ist die Vorbedingung für die Kraftleistung gegeben, welche dann mit dem wiederherabfallenden Wasser als unmittelbare Naturkraft ge-

[1]) E. Reyer: „Kraft". Leipzig 1908.

[2]) Prof. Dr. Strecker: „Verwendung, Leistung und Kosten landwirtsch. Motoren." Dresden 1901.

[3]) Zöpfl: „Nationalökonomie der techn. Betriebskraft". Jena 1903. S. 30.

wonnen wird. Die Verwertung des Wassers als Betriebskraft besteht in der Rückgewinnung und Nutzbarmachung der Energie, welche dem Wasser durch die atmosphärische Erhebung übertragen worden ist.“ Die so aufgespeicherten Energiemengen sind sehr bedeutend. Technisch ausnützbar sind die natürlichen Wasserfälle, die Wassermassen der Flüsse und Bäche sowie der Seen und die durch Staubecken oder Anlage von Talsperren angesammelten Niederschlagsmengen der Gebirgsgegenden.

Die Entwickelung der industriellen Ausnützung der Wasserkräfte ging viel langsamer vor sich als die ihrer Hauptkonkurrentin, der Dampfkraft. Ehe die Elektrotechnik die Möglichkeit der Kraftverteilung auf weite Entfernungen geschaffen hatte, war die Ausnützung der Wasserkräfte von der Ansiedelung einzelner Gewerbe wie Mühlenbau, Papier- und Textilindustrie, in der Hauptsache solcher, die durch den zu ihrem Produktionsverfahren notwendigen Gebrauch des Wassers an sich schon an die Wasserläufe gewiesen waren, abhängig. Das Haupthindernis für die allgemeine Verwendung dieser Kraftquelle, gegenüber der die Krafterzeugung von räumlichen und zeitlichen Fesseln befreienden Dampfmaschine, lag einmal in der Gebundenheit an die örtliche Lage und dann weiter in der Unregelmäßigkeit und Unsicherheit der Wasserstandsverhältnisse, die durch Wassermangel im Sommer oder Hochwasser in den Frühjahrs- und Herbstmonaten störend auf den Betrieb einwirken. Demgegenüber kommen als Vorzüge im Vergleich mit der Dampfmaschine zunächst die Billigkeit und dann der wichtige Umstand in Betracht, daß die Betriebskostengestaltung bei dieser Art der Krafterzeugung von den Konjunkturschwankungen vollkommen unabhängig ist.

Der erste Hauptmangel ist mit der Anwendung der Elektrizität zur Kraftübertragung auf weite Strecken seit der denkwürdigen Frankfurter Ausstellung 1891, wo es zum ersten Male gelang, auf die 175 km weite Entfernung von Lauffen nach Frankfurt a. M. mit hochgespanntem Drehstrom eine Energie von 300 PS zu übertragen, zum Teil beseitigt worden. Ich sage absichtlich nur zum Teil; denn die Größe der Entfernungen, bis auf welche der elektrische Draht Kräfte übertragen kann, ist keineswegs unbegrenzt, und zwar weniger aus technischen als aus wirtschaftlichen Gründen. Der Wettbewerb der Dampfmaschinen und der übrigen Wärmekraftmaschinen übt einen beschränkenden Einfluß auf die Größe des Aktionsradius aus. Die Anlagekosten einer Wasserkraftanlage für elektrische Übertragung schwanken ferner zwischen einem Maximum und einem Minimum [1]), je nach der Höhe des Wasser-

---

[1]) Nach Eberle: „Kosten der Krafterzeugung“ (Halle 1898) zwischen 100 und 1200 M. für eine Pferdekraft.

gefälles, und zwar steigen sie im umgekehrten Verhältnis des Niveauunterschiedes, d. h. sie werden bei sehr kleinem Gefälle am größten und bei sehr hohem Gefälle am kleinsten. Da nun weiter der Kapitalaufwand für die elektrische Fernleitung unter normalen örtlichen Bedingungen lediglich von der Leitungslänge abhängt, so ist klar, daß diese um so größer werden darf, je billiger die Zentralanlage an sich ist oder, genauer gesagt, je niedriger die Gestehungskosten der Kraft an der Erzeugungsstelle sind. Denn die Gesamtbetriebskosten einer hydroelektrischen Kraft an der Verbrauchsstelle, die sich ja im wesentlichen aus den Amortisations- und Verzinsungsbestandteilen der hydraulischen und maschinellen Anlage sowie des Leitungsnetzes zusammensetzen, dürfen, sofern dieselbe ökonomisch sein soll, nicht höher werden als die Erzeugungskosten einer gleichwertigen Wärmekraftanlage. Der Aktionsradius ist also eine Funktion des relativen Gefälles und des Kohlenpreises [1]). Er findet seine äußere Begrenzung in der Möglichkeit einer gleichwertigen anderen Krafterzeugung. So sind von den großen Zentralstationen am Niagarafall Fernleitungen auf mehrere 100 km mit wirtschaftlichem Erfolg bereits gebaut, während für die bei uns in Deutschland vorkommenden Niveaugefälle die Grenze ökonomischer Übertragung schon in Entfernungen von 50—60 km erreicht wird. Nach dem Gesagten ist ersichtlich, daß die Vorteile der von der Natur unentgeltlich zur Verfügung gestellten Energiequelle um so größer werden, je mehr man sich derselben nähert, und einen unmittelbaren Genuß daraus werden neben den im Aktionsbereich gelegenen Kommunen, Gewerbe- und Bahnbetrieben diejenigen Industrien ziehen können, für welche die Krafterzeugungskosten den ausschlaggebenden Faktor bilden gegenüber anderen Standortsbedingungen, wie Frachtverhältnisse, Rohstoffbezug, Absatzgebiete, Rücksichten auf Arbeiterstamm usw. Zu ihnen gehören verschiedene Zweige der Elektrochemie und Elektrometallurgie, wie die Calcium-Carbid-, die Aluminium- und die Siliciumerzeugung und andere mehr.

Auch den zweiten jeder Wasserkraftanlage anhaftenden Nachteil, die Unregelmäßigkeit und Unsicherheit der Wasserstandsverhältnisse, hat man durch die Vervollkommnung der Wasserbautechnik, durch An-

---

[1]) Es mag auffallen, daß hierbei der Belastungsfaktor, der bei allen Zentralanlagen eine sehr erhebliche Rolle spielt, völlig übergangen ist. Verf. glaubte aber, um den Gedankengang nicht zu komplizieren, dies im obigen Zusammenhang tun zu dürfen. Denn die bezeichneten Einflußmomente bleiben unabhängig von der Belastung bestehen. Auch bei dauernder Vollbelastung findet der Aktionsradius seine äußere Grenze in der Möglichkeit einer andern gleichwertigen Kraftbeschaffung. Praktisch wird nur die Stärke der Wirkung der bez. Einflußmomente durch den Belastungsfaktor variiert, insofern eine Erhöhung des letzteren die Grenzen des möglichen Aktionsradius hinausschiebt.

lage von Talsperren und Stauweihern, ferner durch umfangreiche Stromregulierungen zu mildern verstanden. Zur sicheren Ermöglichung eines kontinuierlichen Betriebes, auch bei großen Schwankungen[1]), stehen dann in der Regel zwei Auswege offen: Entweder man baut die Anlage auf Grundlage der im Lauf der Jahre ermittelten kleinsten vorkommenden Wassermenge aus und muß dann bei höherem Wasserstand das Überschußwasser ungenützt vorbeifließen lassen, oder man richtet sich nach der mittleren Wasserhöhe und ist dann genötigt, eine besondere Dampfreserve zu halten. Dieser Notbehelf bildet natürlich eine erhebliche Verteuerung der Anlage, scheint aber nach dem heutigen Stand der Dinge noch der rationellste zu sein.

Die geschilderten Mängel verbieten von selbst, sich bezüglich des Ausbaues der Wasserkräfte für den Arbeitsbedarf der modernen Volkswirtschaft, deren Voraussetzung die Ubiquität und Universalität der produzierenden Tätigkeit war, utopistischen Hoffnungen hinzugeben. Nach statistischen Feststellungen für die Vereinigten Staaten von Amerika ist der Anteil der Wasserkräfte an der Gesamtstärke der täglichen Betriebskräfte, d. h. also nicht die absolute, sondern die Relativziffer, im steten Rückgange begriffen. Sie betrug 1870 noch 48,3 % und sank bis 1905 auf 11,2 %, trotzdem in Amerika nächst Norwegen die Verhältnisse für den Ausbau günstiger liegen als in den meisten anderen Industriestaaten.

Damit soll aber nicht gesagt sein, daß die Lösung der wasserwirtschaftlichen Fragen eines Landes überhaupt eine untergeordnete Bedeutung habe. Im einzelnen hierauf einzugehen, ginge über den Rahmen dieser Arbeit hinaus. Daß es aber vom volkswirtschaftlichen Standpunkt wünschenswert ist, wenn durch Vervollkommnung der Wasserbautechnik und des Turbinenwesens in Verbindung mit der Elektrizität alles ausgenützt wird, was von dieser frei verfügbaren Kraftquelle, wohlgemerkt, in ökonomischer Weise verwertbar ist, bedarf kaum besonderer Erwähnung. Was die Technik zu diesem Zwecke an Arbeitskraft und Intelligenz leistet, bedeutet einen Gewinn für das Nationalvermögen und durch die gleichzeitige Entlastung des Kohlenverbrauches eine Ersparnis an unersetzbaren Bodenschätzen.

Durch die neueste Errungenschaft der Elektrochemie, die Gewinnung des Stickstoffs aus der Luft nach der Methode der Luftver-

[1]) Vgl. hierüber Bauer in seiner bereits erwähnten Schrift: „Die Messungen, die 1892—1899 im Eschbachtale bei Remscheid durchgeführt wurden, ergaben, daß die Wasserwerksbesitzer wegen Wassermangels im Maximum 159, im Minimum 64, im achtjährigen Durchschnitt 97 Arbeitstage oder 4 Monate ihren Betrieb stillegen mußten, bzw. auf eine Reservemaschine angewiesen waren. Ähnlich ungünstig lauten die Berichte von anderen Wasserläufen."

brennung im elektrischen Ofen oder dem Verfahren der Stickstoffbindung durch Calciumcarbid scheint eine Änderung zugunsten zunehmender Wasserkraftverwertung, ja man kann vielleicht sagen, eine neue Epoche in dieser Entwickelung eingetreten zu sein. Die Erzeugnisse, die auf solche Weise gewonnen werden, die Salpetersäure und der Kalkstickstoff, deren Bedarf für die Bodendüngung in der Landwirtschaft in steter Zunahme begriffen ist, erfordern einerseits zu ihrer Herstellung einen großen Kraft-[1]) und Kapitalaufwand, andererseits aber ist ihre Preisbildung, also auch die Höhe der Produktionskosten abhängig von dem Marktpreise der gleichwertigen Ersatzprodukte, des bergbaulich gewonnenen Chilesalpeters, sowie des als Nebenprodukt bei der Kokserzeugung fallenden schwefelsauren Ammoniums. Es zeigte sich daher die interessante Erscheinung, daß die Produktion des Kunstdüngers aus dem Stickstoff der atmosphärischen Luft nur dann möglich ist, wenn ein bestimmter Maximalsatz der Krafterzeugungskosten nicht überschritten wird. Dieser zulässige Maximal- oder richtiger gesagt Minimalsatz ist erreichbar bei der unmittelbaren Ausnützung besonders günstiger Wassergefälle. Die Verwendung eines anderen Energiemittels, etwa der Kohle, erscheint bei den gegebenen Bedingungen nahezu ausgeschlossen. Da andere Standortsrücksichten als die der Kraftgewinnung hier naturgemäß nicht in Frage kommen, so wird in Konsequenz durch diese Industrie umgekehrt auch die Auswertung aller der Wasserkräfte möglich sein, bei denen die erforderliche Minimalanteilsquote der Produktionskosten erreichbar ist.

Bei der Aufzählung der auf die Wirkung der Sonnenwärme begründeten Naturkräfte findet man häufig eine besondere Besprechung der Aussichten, die ein zweckmäßig ausgebildeter direkter Sonnenmotor für viele Gegenden, hauptsächlich für die tropischen Länder haben könnte. Nichttechniker wie Zöpfl, Reyer u. a., die sich eingehender mit dem Problem der technischen Betriebskräfte befaßt haben, berichten von den Versuchen, die in den 70er Jahren in Amerika von Erikson und in Frankreich von Mouchot zur unmittelbaren Ausnützung der Sonnenstrahlen für die Krafterzeugung durch Konzentration in Hohlspiegeln gemacht wurden. In Süd-Passadena in Kalifornien soll sogar ein solches „Ideal eines Krafterzeugers" zur Bewässerung großer Ländereien in Betrieb gekommen sein. Demgegenüber ist zu sagen, daß die Ausführung eines Sonnenmotors wohl immer mehr ein Projekt utopischer Hoffnungen als praktischer Verwirklichung war und auch bleiben wird. Selbst wenn die Angabe für Süd-Passadena, die der Veröffentlichung in einer

[1]) Die Erzeugung des Kalkstickstoffs mittelbar durch die Verwendung des Calciumkarbids.

amerikanischen Zeitschrift aus dem Jahre 1901 entstammt, richtig ist, so trägt sie doch zu sehr den Stempel der Experimentierkunst, als daß ihr größere Bedeutung beizumessen wäre. Einleuchtende Gründe sprechen gegen die Möglichkeit einer praktischen Verwendung eines Sonnenmotors, und er dürfte in Zukunft kaum mehr als historisches Interesse beanspruchen. Zunächst bedeutete die Einführung desselben einen Rückschritt im Entwickelungsgang der Kraftgewinnungsmethoden. Wie wir gesehen haben, ist die Unregelmäßigkeit und Unbeständigkeit ein allen unmittelbaren Naturkräften anhaftender spezifischer Nachteil, mit dessen Überwindung durch das Aufkommen der Dampfmaschine erst die den mannigfaltigen individuellen Kraftbedürfnissen der modernen volkswirtschaftlichen Produktion genügende Energiequelle gefunden war. Als selbständige Betriebskraft wäre demnach der von den Schwankungen der Sonnenstrahlung nach Tages- und Jahreszeiten und noch mehr von den Witterungsverhältnissen abhängige Sonnenmotor ebenso ungeeignet wie sein nächster Verwandter, der Windmotor, und käme günstigstenfalls nur als Aushilfsmaschine für untergeordnete, an keine Zeit gebundene Leistungen in Frage. Es bliebe seine Verwendungsfähigkeit in tropischen Gegenden. Hinzu kommt aber ein anderer Hinderungsgrund. Das ist die Tatsache, daß der Kostenaufwand für die zur Konzentration der Sonnenstrahlen erforderlichen Hohlspiegel bei den enormen Dimensionen [1]), die schon bei mäßiger Krafterzeugung nötig wären, in keinem Verhältnis zum schließlichen Nutzeffekt stehen würde. Die Wärmewirkung des Spiegels ist nur durch das Zwischenmedium der Dampferzeugung in mechanische Kraftleistung umsetzbar, so daß im besten Fall etwa 15 % der aufgefangenen Sonnenwärme in Arbeit verwandelt werden könnten [2]). Ökonomische Rücksichten sind es also in letzter Linie, die diese Art der Kraftgewinnung unmöglich machen. Denn die Wirtschaftlichkeit ist der Prüfstein aller und jeglicher maschinellen Technik, die menschlicher Erwerbstätigkeit dienen soll.

Nach den vorausgegangenen Darlegungen kommen von den genannten, zur unmittelbaren Verfügung stehenden Betriebskräften für die Deckung des großen Arbeitsbedarfs der Volkswirtschaft in nennenswerter Weise nur die Wasserkräfte in Betracht. Die begrenzte Vermehrbarkeit jedoch, sowie die mannigfaltigen Beschränkungen, die der rationellen Ausnützung entgegenstehen, lassen auch sie in der Klassierung für die allgemeine Krafterzeugung an Bedeutung zurücktreten hinter den

[1]) Zu den kleinen erreichten Leistungen von 1—2 PS, die sich nach den Angaben Zöpfls (i. s. W. S. 29) errechnen lassen, waren schon „riesige Hohlspiegel" nötig.

[2]) Bekanntlich werden bei den guten Dampfmaschinen höchstens 15 % der in der Kohle enthaltenen Wärmemenge in Arbeit umgesetzt, wie später eingehender dargelegt werden soll.

wichtigeren, den mittelbaren von der Natur gebotenen Energiequellen. Hierzu gehören die in den fossilen Brennstoffen, im Erdöl und im Naturgas enthaltenen latenten Wärmemengen, die durch chemische Umsetzungsprozesse in der Dampfmaschine, im Flüssigkeitsmotor und der Gasmaschine in mechanische Arbeit verwandelt werden. Sie sind die für die moderne Produktion hauptsächlich und am ergiebigsten in Frage kommenden Kraftgewinnungsmethoden.

Bis in die 80er Jahre des vorigen Jahrhunderts beherrschte die Dampfmaschine als die wichtigste Vertreterin der Wärmekrafterzeugung alle Gebiete landwirtschaftlicher und gewerblicher Tätigkeit. Sie erst brachte dem Menschen die Freiheit in der Wahl des Produktionsstandorts, sie ermöglichte ihm, sich vom Wasserlauf auf dem Lande, der Windrichtung auf dem Meere zu entfernen, sie erst machte ihn zeitlich und räumlich zum Beherrscher der Produktion. Die epochale Bedeutung der Dampfkraft, die sie befähigte, die im Zeitlauf von Jahrhunderten herausgebildeten Arbeitsweisen mit einem Schlage von Grund aus umzugestalten, lag in drei Dingen: in der Stetigkeit ihrer Wirkung, in der beliebigen Steigerungsmöglichkeit der Kraftpotenz und schließlich in der Ubiquität der Anwendungsfähigkeit.

Die Wirkungen waren so gewaltige, daß man der ökonomischen Seite der Kraftgewinnung, wie eingangs bereits hervorgehoben, lange Zeit nicht die gebührende Beachtung schenkte. Seit etwa 3 Jahrzehnten ist nun, veranlaßt durch den ungeheuer gestiegenen Verbrauch der vordem zur Dampferzeugung ausschließlich verwendeten Steinkohlen, hierin eine Änderung eingetreten. Mehr und mehr trat an die Technik das Erfordernis heran, ihre Aufmerksamkeit außer der Rationalisierung der Produktionsmethoden auch der Ökonomie der Wärmekrafterzeugung zuzuwenden. Minderwertige Brennstoffe wie Braunkohle und Torf, landwirtschaftliche Abfallprodukte, die Überschußgase bei der Eisenerzeugung, werden in der Nähe ihrer Fundstelle allmählich für industrielle Zwecke nutzbar gemacht. Zu der alten unverwüstlichen Dampfmaschine gesellen sich zu gleicher Zeit neue Kameraden, die Dynamomaschinen und Dampfturbinen, die zahlreichen Flüssigkeitsmotoren und Gasmaschinen, welche die Verwendung der meisten flüssigen und gasförmigen Wärmeenergiemittel für gewerbliche und landwirtschaftliche Zwecke ermöglichen, kurzum die Anzahl der dem heutigen Wirtschaftsleben zur Verfügung stehenden Brennstoffe sowie ihrer Auswertungsmöglichkeiten zur Energieerzeugung ist eine sehr mannigfaltige geworden, sodaß es häufig schwierig ist, für den individuellen Produktionszweck das ökonomisch Richtige zu treffen. Einen Vergleich der Wärmekraftgewinnungsmethoden zu geben und ihre Bedeutung für Einzel- wie Gesamtwirtschaft zu untersuchen, ist die Aufgabe der vorliegenden Arbeit.

I. Die Energieträger.

1. Die Steinkohle.

Die für das heutige Wirtschaftsleben ausgiebigste und wichtigste Art der Kraftgewinnung stützt sich auf die Auswertung der fossilen Urstoffe. In Betracht kommen als selbständige Quellen zur Erzeugung der nutzbringenden Energien: Wärme, Licht und Kraft, den drei „Grundfaktoren jeder Industrie", die Steinkohlen, Braunkohlen, Torf, Holz, das Erdöl und in einigen von der Natur besonders begünstigten Staaten Nord-Amerikas das sogenannte Naturgas. Es kann für deutsche Verhältnisse von der Erörterung ausgeschlossen werden, da seine Entstehung mit dem Vorhandensein ausgedehnter und unter hohem Druck stehender Erdölfelder eng verknüpft ist. Soviel mir bekannt, ist vor Jahren einmal im hannöverschen Erdölgebiet eine Naturgasquelle angebohrt worden, aber nur auf die kurze Zeit von wenigen Monaten für industrielle Zwecke verwertbar gewesen. Von diesen primären Wärmekrafterzeugungsstoffen, wie wir sie bezeichnen wollen, waren bis in die neuere Zeit nur die höherwertigen Kohlensorten, die Steinkohlen, allenfalls in besonders waldreichen Gegenden Rußlands und Amerikas das Holz für den Energiebedarf des Gewerbe- und Verkehrslebens nutzbar. Erst in den letzten Jahrzehnten trat hierin eine Änderung ein, indem auch die minderwertigen Brennstoffe, wie Braunkohle und der Torf, ferner in den Petroleumländern Amerika und Rußland das Erdöl zur Krafterzeugung, letzteres hauptsächlich im Schiffs- und Eisenbahnbetrieb, verwendet wurden. Zu den primären Energiequellen kommen die sekundären hinzu, die durch chemische Umsetzungsprozesse als Haupt- oder Nebenerzeugnisse der industriellen Verarbeitung der Urstoffe gewonnen werden, und deren Ausnützung ebenfalls erst einen Erfolg der neuesten Technik darstellt: die Koks, die gasförmigen Kraftstoffe, als Leuchtgas, Generatorgas, Gichtgas und Koksofengas, die Destillationsprodukte des Rohöls, das Petroleum, Naphtha, Benzin usw., und schließlich sind in diesem Zusammenhang noch die landwirtschaftlichen Industrieprodukte und Abfallstoffe, der Spiritus, das Stroh, das Zuckerrohr, Baumwollstengel und ähnliche zu erwähnen.

Entsprechend der großen Zahl der Energielieferungsmittel — im folgenden soll der Kürze halber die Artbezeichnung „Wärme" weggelassen werden und unter Krafterzeugung usw. immer „Wärmekrafterzeugung" verstanden sein — sind auch die Methoden, dieselben auszunützen und in mechanische Arbeitsleistung überzuführen, sehr mannigfaltige geworden. Die verschiedensten Arten der Dampferzeugung mit festem, flüssigem oder gasförmigem Heizmaterial, die Verwendung des Dampfes in Dampfmaschinen oder Dampfturbinen, die zahlreichen Gasmaschinensysteme, die Petroleum-, Öl- und Benzinmotore, teilen sich in gegenseitigem Wettbewerb in die Deckung des großen Kraftbedarfs der Volkswirtschaft.

Ausgenommen die Krafterzeugungsmethoden, die an die Umsetzung der flüssigen Brennstoffe und der landwirtschaftlichen Abfallstoffe anschließen, führen alle anderen auf die kohlehaltigen Urprodukte zurück. Das wichtigste unter diesen ist die Steinkohle. Wohl kein Mineral der Erde hat eine derart gewaltige Bedeutung für die gesamten Daseinsbedingungen und das ganze Wirtschaftsleben eines heutigen Kulturvolks wie die Steinkohle. Nicht allein, daß uns ihre chemische Zerlegung eine Anzahl wertvoller, in ihr selbst enthaltener Stoffe vermittelt, sondern sie ist der Urstoff, auf dem sich unser gesamtes Industrieleben, dessen staunenswerte Entwickelung wir mit Bewunderung sehen, aufgebaut hat, sie ist das Lebenselement des modernen Wirtschaftslebens, das „Brot der Industrie", und damit gleichzeitig die Kohlenproduktion ein Maßstab für die Kulturmacht eines Volkes. Auch rein zahlenmäßig treten alle anderen Mineralien an Bedeutung weit zurück. So betrug der Wert des Kohlenverbrauchs der Welt für das Jahr 1907[1]) etwa 8 Milliarden Mark, die Produktion von Eisen etwa 3½ Milliarden, Gold 1¾, Kupfer 1½ [2]) und Silber ½ Milliarde Mark.

Den überwiegenden Anteil des enormen Kohlenverbrauchs bildet der Industriebedarf und speziell die Verwendung zu Krafterzeugungszwecken. Durch die zunehmende Industrialisierung des Wirtschaftskörpers ist seit der Mitte des vorigen Jahrhunderts eine sprunghafte Steigerung der Kohlenproduktion hervorgerufen worden. Ein Bild der Entwickelung für Deutschland gibt die nebenstehende Tabelle.

Aus den Zahlen ist ersichtlich, daß entsprechend dem sich vermehrenden Verbrauch der Industrie die absolute Zunahme der Kohlenproduktion von 10 zu 10 Jahren in stetem Wachstum begriffen ist. Auch die Höhe der letzten nur 8 Jahre umfassenden Angabe im Ver-

---

[1]) Nach Berechnungen aus dem Statistischen Jahrbuch für das Deutsche Reich 1907.

[2]) Daß der Wert für Kupfer so hoch ist, hängt mit dem abnormal hohen Kupferpreis im Jahre 1907 zusammen.

gleich mit dem vorhergehenden Jahrzehnt deutet auf eine Weiterentwickelung in derselben Richtung hin. Unterzieht man aber die letzte Spalte einer kritischen Betrachtung, so läßt die prozentuale Abnahme der Produktionssteigerung, also die relative Verminderung derselben im Verhältnis zu dem jeweils vorangegangenen Jahrzehnt doch die Vermutung gerechtfertigt erscheinen, daß der Kohlenverbrauch für die Zukunft nicht ins Endlose wachsen, sondern daß er sich schließlich in absehbarer Zeit einem stabilen Zustand nähern wird, um den er dann je nach Konjunkturlage fluktuiert.

Tabelle 1.

Entwickelung der Steinkohlenförderung in Deutschland:

Jahr	Förderung in Tonnen	Absolute Zunahme in Tonnen	Prozentuale Zunahme
1850	5 184 000		
1860	12 384 000	7 200 000	139
1870	27 515 000	15 131 000	123
1880	45 896 000	18 381 000	67
1890	70 395 000	24 499 000	53
1900	106 468 000	36 073 000	51,2
			(1860–1900: in je 10 Jahren)
1901	108 539 000		
1902	107 474 000		
1903	116 638 000		
1904	120 816 000		
1905	121 298 000	41 203 000	38,5 in 8 Jahren
1906	137 118 000		
1907	143 223 000		
1908	147 671 000		

Über die Verteilung des Kohlenbedarfs für die verschiedenen Kultur- und Industriezwecke im einzelnen waren Angaben, die das ganze Deutsche Reich betreffen, nicht zu ermitteln. Genaue Aufzeichnungen sind allein für England vorhanden, während bei uns sich nur ein annäherndes Bild aus den vom Rheinisch-Westfälischen Kohlensyndikat alljährlich herausgegebenen Aufstellungen über den eigenen Kohlenabsatz an die wichtigsten Verbrauchskreise geben läßt. So betrug im Jahre 1906 der Selbstverbrauch der Bergwerke 6 % der Gesamtförderung, der Bedarf für Hausbrand 12,7 %, für Eisenbahn- und Straßenbahnbetrieb 11,50 %, für See- und Binnenschiffahrt 5,2 %, für Gasanstalten 3,6 %, für Hüttenwerke und die metallverarbeitenden Industrien etwa 41 % und für alle anderen Industrien zusammen etwa 20 %. Ein Vergleich mit den bezüglichen Ermittelungen in Großbritannien, die mir allerdings nur für das Jahr 1900 vorliegen, möge Anhaltspunkte für die Korrektur obiger Zahlen bieten. In diesem Jahre betrug in England der Bedarf für Hausbrand, bezogen auf den Gesamtverbrauch, etwa

21 %, für Bergwerke 10,5 %, für Gasanstalten 8,5 %, für Industrie-, Bahn- und Schiffsbetrieb zusammen 60 %. Es fällt zunächst der größere Bedarf für Hausbrandzwecke und für Gasanstalten auf. Demgemäß dürften auch die Zahlen des Rheinisch-Westfälischen Kohlensyndikats ein unrichtiges Bild für den tatsächlichen Bedarf in den entsprechenden Absatzkreisen Deutschlands geben. Die Erklärung ist meines Erachtens darin zu suchen, daß in neuerer Zeit gerade für den Haushalt in ausgedehntem Maße die Braunkohlenbriketts in Wettbewerb mit den Steinkohlen getreten sind, und daß für Gasanstalten die an Bitumen reiche Saarkohle sowie die englische Kohle zurzeit noch vorwiegende Verwendung findet, Tatsachen, die in den Angaben des Rheinisch-Westfälischen Kohlensyndikats natürlich nicht zum Ausdruck kommen können. Legen wir daher die englischen Zahlen als die wahrscheinlicheren für die einzelnen Verbrauchsgrößen moderner Insdustriestaaten zugrunde, so ergibt sich für Industrie, Bahn- und Schiffsbetrieb allein ein Kohlenbedarf von etwa 70 % des Gesamtverbrauchs. Bringt man hiervon den für Heizung und thermische Zwecke der Industrie erforderlichen Aufwand in Abzug, der nur den geringeren Teil ausmachen dürfte, so bleibt als ausschließlicher Bedarf für Krafterzeugung etwa gut die Hälfte des Kohlenkonsums eines Landes übrig. Als interessantes Resultat scheint mir ferner aus den Zahlen über den Selbstverbrauch der Bergwerke hervorzugehen, daß in England offenbar eine verschwenderische und viel unrationellere Art der Energiegewinnung für den Betrieb der Gruben vorherrscht, und in der Tat muß man es dem deutschen Kohlenbergbau gegenüber seinem britischen und erst recht seinem amerikanischen Rivalen lassen, daß er in technisch-ökonomischer Hinsicht mit seinen Abbau- und Fördermethoden an der Spitze steht und auch wegen der ungünstigeren Produktionsbedingungen stehen muß.

Unter allen Wirtschaftsgütern, die die Erde zur Verfügung stellt, den landwirtschaftlichen Bodenprodukten und den Mineralien, nimmt die Kohle eine Ausnahmestellung ein, die ihr eine erhöhte Bedeutung in der Wertschätzung verleiht. Von jenen unterscheidet sie sich durch ihre Unersetzbarkeit, von diesen durch ihr restloses Verschwinden, durch das Aufgehen der physischen Beschaffenheit als substantielle Kohle in gasförmige Verbrennungsprodukte, die nach Vollbringen des gewollten Zweckes, der Wärme-, Licht- oder Krafterzeugung für eine wiederkehrende Nutzung verloren sind. Anders ist es bei den Erzen. Auch diese sind, wenn einmal ihrer Bestimmung zugeführt, als Erze verschwunden, sie bestehen aber in einer verdelten Form als Eisen, Kupfer, Gold oder Silber weiter und behalten, von den unwesentlichen Abnutzungsverlusten abgesehen, ihre dauernde Verwendbarkeit. Wir müssen daher die Kohle und alle mineralischen Brennstoffbestände als unersetzbare Nationalgüter ansehen, die in langsamer, aber stetiger Abnahme begriffen sind. Sie sind unter geologischen Entwicklungsbedingungen entstanden, wie sie der Bildungsprozeß des Erdkolosses schuf, und wie sie für die Dauer des Menschheitsdaseins sich nicht mehr bieten werden. Steinkohlen, Braunkohlen und Torf sind Vermoderungsprodukte von Pflanzenfaserstoffen aus verschiedenen Zeitperioden [1]). Das älteste von ihnen ist der Anthrazit, das Endprodukt des Verkohlungsprozesses, der über die anderen bitumenhaltigen Steinkohlensorten, die Braunkohle und den Torf, hinaufführt zu den jüngsten und sich für menschliche Nutzung selbst erneuernden Pflanzenfaserstoffen der Forst- und Landwirtschaft.

Angesichts der großen wirtschaftlichen Bedeutung der Kohle einerseits, der Erkenntnis von der Entstehung und dem beschränkten Vorkommen andererseits ist es begreiflich, daß die verschiedenen Länder der geologischen Erforschung ihrer Vorräte besondere Beachtung geschenkt haben. Zu einem bestimmten Abschluß ist man aber erst in Deutschland gelangt. In England ist man z. B. noch im Unklaren, ob die dortigen Kohlenschätze nur noch für 250 Jahre oder für 600 Jahre ausreichen werden. So hat der englische Nationalökonom Brown befürchtet, daß bei der großen Produktion und dem starken Export schon in 50 Jahren die Wirkungen der drohenden Erschöpfung der englischen Kohlenfelder in Erscheinung treten würden; in weiteren 50 Jahren aber würde England aus der Reihe der wohlhabenden Nationen verschwinden, wenn man nicht beizeiten schon an vorbeugende Maßregeln denke, um die englische Industrie bei erheblicher Steigerung der Kohlenpreise noch ferner wettbewerbsfähig zu erhalten. Durch die Untersuchungen in neuerer Zeit ist aber nachgewiesen worden, daß die Ablagerungen sich vor allem im Süden Durhams, im Osten Midlands und in dem neuen Bezirk bei Dover viel weiter erstrecken, als man

---

[1]) Die wesentlichen Bestandteile der Holzfaserstoffe sind ja bekanntlich Kohlenstoff, Wasserstoff und Sauerstoff. Bei dem Wachstumsprozeß der Pflanzenwelt unter der Einwirkung der Sonne geht der als Kohlensäure in der Luft enthaltene Kohlenstoff in verschiedenen Verbindungsformen in die Pflanzen über, während der Sauerstoff ausgeatmet wird. Sind diese nun unter Wasser, also bei Luftabschluß, der Zersetzung unterworfen, so entweicht zunächst der in ihnen enthaltene Sauerstoff und Wasserstoff. Je länger dieser Prozeß sich fortsetzt, desto reicher werden die organischen Überbleibsel an Kohlenstoff. Man kann sich eine Vorstellung machen, welche immensen Zeitspannen zur Vermoderung jener urweltlichen Pflanzenstoffe, der Kalonniten, Farnkräuter, Lepidodendren, Sipillarien und wie sie sonst heißen, und ihrer schließlichen Umbildung zu mächtigen Kohlenflözen erforderlich waren, wenn man überlegt, daß zur Bildung einer 1 Fuß dicken Kohlenschicht unter urweltlichen Entwicklungsbedingungen etwa eine Zeit von 10 000 Jahren nötig war.

früher annahm, und die Befürchtung, daß eine Erschöpfung der Kohlenschätze des Inselreiches schon in den nächsten Jahrhunderten zu erwarten sei, hat sich als nicht berechtigt erwiesen.

Für die Versorgung Deutschlands kommen vor allem das westfälische, das sächsische und schlesische Kohlenbecken sowie das Saargebiet in Frage. Auf das Ruhrkohlenbecken entfallen im Verein mit dem Aachener und dem Saarrevier über 60 % der Gesamtförderung in Deutschland, während das ober- und niederschlesische sowie das Zwickauer Revier im Königreich Sachsen zusammen mit nur einem Dritteil an der Förderung teilnehmen. Nach den von den preußischen Bergbaubehörden im Jahre 1900 angestellten Berechnungen über die Flöze in dem zu dieser Zeit bekannten Teil des Ruhrkohlenbeckens würden bei Annahme einer jährlichen Förderung von 100 Millionen Tonnen im Ruhrkohlenrevier — im Jahre 1907 betrug die Produktion etwa 80 Millionen Tonnen — die dort vorhandenen Kohlenschätze bis zu einer Tiefe von 1000 m noch 293, bis zu einer Tiefe von 1500 m noch 543 und bis zur unteren Grenze der Magerkohlenpartieen, die dem Bergbau mit den vollkommensten Mitteln der Technik zugänglich wären, noch 1293 Jahre ausreichen. Nach den Erwägungen Simmersbachs [1]) aber, die dieser auf Grund neuer Bohrfeststellungen in den linksrheinischen und weiter nördlich gelegenen Bezirken angestellt hat, ist anzunehmen, daß zurzeit erst der kleinere Teil der Gesamtkohlenvorräte des Ruhrgebiets erschlossen ist, und daß an eine Erschöpfung der westfälischen Kohlenlager vor einem Zeitablauf von noch mehr als 2 Jahrtausenden nicht zu denken ist. Die Vorräte im Aachener Kohlenrevier, dessen Jahresförderung 2¼ Millionen Tonnen infolge der Konkurrenz der Ruhrkohlen und wegen vorhandener Abbauschwierigkeiten nicht übersteigen dürfte, schätzt er ausreichend auf einen Zeitraum von über 1000 Jahren bei dieser Fördermenge. Das Saarrevier hat bei 20 Millionen [2]) jährlicher Produktion mit dem Übergang auch zu größeren Tiefen noch für etwa 450 Jahre Vorräte. Das oberschlesische Steinkohlenbecken würde mit 50 Millionen Tonnen Jahreserzeugung und Förderung bis auf 2000 m Tiefe noch auf beinahe 3 Jahrtausende ausreichen. Trotzdem die niederschlesischen Kohlenablagerungen die mächtigsten sind, die in Deutschland abgebaut werden, (kommen doch vereinzelt Flöze bis zu 28 m Stärke vor), so wird nach den allerdings hier noch ungenauesten Schätzungen bei einer jährlichen Fördermenge von 5 Mill.

[1]) Siehe: Oskar Simmersbach: „Die Steinkohlenvorräte der Erde" in Stahl und Eisen 1904, Nr. 23.

[2]) Bei den wichtigsten Kohlenrevieren ist entsprechend einer möglichen und für die Zukunft zu erwartenden Produktionssteigerung ein erheblicher Zuschlag zu den heutigen Förderziffern gemacht.

Tonnen eine Erschöpfung schon in einigen Jahrhunderten zu erwarten sein, während die sächsischen Kohlenflöze schon in 70 Jahren abgebaut sein werden. Da der Gesamtkohlenreichtum der übrigen deutschen Kohlenbezirke nur gering ist und auf etwa 400 Millionen Tonnen im ganzen veranschlagt wird, so ergibt sich nach den Zusammenstellungen Simmerbachs folgendes Bild für die Vorräte Deutschlands an Steinkohlen:

Tabelle 2.

Steinkohlenablagerungen	Schätzung 1898. Milliarden Tonnen	Berechnungen auf Grund von Untersuchungen 1903: Aufgeschlossene Milliarden Tonnen	Mutmaßliche Milliarden Tonnen
an der Ruhr	50,0	129,3	258,6
an der Saar	10,4	7,7	11,5
bei Aachen	1,8	1,2	2,4
in Oberschlesien	45,0	140,8	140,8
in Niederschlesien	1,0	0,8	1,2
im Königreich Sachsen	0,4	0,4	0,4
in den übrigen Becken	0,4	0,4	0,4
in Deutschland zusammen	109,0	280,6	415,3

Nimmt man an, daß der Produktionsanteil der zuerst erschöpften Kohlenfelder den ergiebigeren Revieren zufallen wird, so würden die aufgeschlossenen Kohlenschätze unseres Heimatlandes unter Zugrundelegung eines jährlichen zukünftigen stabilen Bedarfes von 250 Mill. Tonnen, ein Betrag, der um annähernd 100 Millionen Tonnen größer ist als der augenblickliche Verbrauch, für noch rund 1100 Jahre genügen, die mutmaßlichen Kohlenschätze aber für über 1600 Jahre ausreichen. Nach den Ermittelungen desselben Autors sind die Vorräte der Vereinigten Staaten von Amerika auf ungefähr 681 Milliarden Tonnen zu veranschlagen. Vergleicht man diese Zahl mit den oben für Deutschland angegebenen, und berücksichtigt man die wesentlich höhere jährliche Kohlenproduktion sowie die Tatsache, daß die amerikanische Gewinnsucht einen uns unverständlichen und durch die geologisch vorteilhafte Lagerung der Flöze begünstigten Raubbau mit ihren unersetzbaren Bodenschätzen treibt, so ergibt sich ein bedeutend ungünstigeres Verhältnis zwischen Gesamtvorrat und Jahresförderung als bei uns, und die Vermutung erscheint gerechtfertigt, daß jene Felder einmal schneller ihrer Erschöpfung entgegengehen werden als die unsrigen.

Von den drei nach dem heutigen Stand der Dinge für die Deckung des Weltbedarfes an Kohlen vorwiegend in Betracht kommenden Ländern Amerika, England und Deutschland ist demnach letzteres, was die voraussichtliche Lebensdauer seiner Bestände betrifft, am gün stigsten gestellt. Zurzeit sind diese Staaten auch die einzigen, die in der Lage sind, jeweils nicht nur den Bedarf des eigenen Landes, soweit man von den durch die wirtschaftsgeographische Lage bedingten Ausgleichsversendungen absieht, ohne fremde Zufuhr zu decken, sondern auch noch die Versorgung des Weltmarktes mit zu übernehmen. Sie beherrschen zusammen etwa 80 % der Weltkohlenproduktion. Nach dem statistischen Jahrbuch für das Deutsche Reich ergeben sich die Produktionsanteile im einzelnen: Es förderten in Prozent des Weltverbrauchs:

Jahr	1860	1870	1880	1889	1896	1902	1903	1904	1905	1906	1907
	%	%	%	%	%	%	%	%	%	%	%
U. S. A. . .	11	15	20,6	26,6	29	34	36	36	37	38,5	40,5
England . .	62	52	44	37	32	29	26	26,6	26,8	25,5	24,7
Deutschland	12	16	17	18	19	19	18	19,1	19	19,35	18,7
Zusammen .	85	83	81,6	81,6	80	82	80	81,7	82,8	83,35	83,9

Noch sind aber die größten Kohlengebiete der Welt, die bekanntlich in China liegen, und in denen glücklicherweise enorme Reserven für die Zukunft enthalten sind, nur wenig erschlossen, und in dem Maße, als sich in ferner Zeit die Abbaubedingungen in den nordamerikanischen und westeuropäischen Revieren verschlechtern sollten, wird eine Verschiebung in der Produktionsverteilung der Weltstaaten eintreten in der Richtung einer zunehmenden Mitwirkung des chinesischen Reiches an dieser Kulturleistung.

Aus dem Vorhergegangenen ist ersichtlich, daß eine übertriebene Ängstlichkeit bezüglich der völligen Erschöpfung der Weltkohlenschätze und der sich daran anknüpfenden Wirkung für die Existenzbedingungen der Menschheit nicht berechtigt ist. Was in vielen Jahrtausenden einmal eintreten wird, wenn der schwarze Urstoff nicht mehr vorhanden, darüber mögen sich spekulativ veranlagte Gelehrte die Köpfe zerbrechen. Damit soll nicht etwa einer verschwenderischen Ausbeutung und Verwertung dieses unersetzbaren Nationalgutes das Wort geredet sein. Tatsächlich bedeutet ein unwirtschaftlicher Verbrauch dieser Güter durch die heutigen Generationen ein Leben im Überfluß auf Kosten der kommenden Geschlechter. Speziell für die deutschen Bergbauverhältnisse ist bekannt, daß bei ihnen mit zunehmendem Verbrauch und dem Vordringen in größere Teufen das Gesetz des abnehmenden Ertrags in Erscheinung tritt, und daß folglich, von allen äußeren Einflüssen zunächst abgesehen, in größeren Zeitintervallen ein allmähliches Ansteigen der Kohlenpreise unvermeidlich ist. Jeglicher unrationelle Verbrauch der Gegenwart wird daher beschleunigend auf eine Belastung der Zukunft hinwirken, und in diesem vorsorgenden Sinne ist vom volkswirtschaftlichen Standpunkt zweifellos jede Verbesserung der Brennstoffverwertung bedeutsam. Umgekehrt könnte auch eine unnatürlich künstliche Einschränkung des Kohlenverbrauchs — es sei z. B. an eine im besonderen Falle unökonomische Ausnützung einer ferngelegenen Wasserkraft an Stelle der Dampfkraftverwendung gedacht — nicht im Interesse der Staatswirtschaft liegen, da dies wiederum eine Belastung der lebenden Generationen zugunsten der kommenden bedeuten würde.

Vom Einzelindividuum wird eine Berücksichtigung nationalökonomischer Gesichtspunkte in den seltensten Fällen zu erwarten sein, wenn nicht die Verfolgung privatwirtschaftlicher Interessen gleichzeitig auf die Wahrung der nationalwirtschaftlichen hinausläuft. Als ein Glück ist es daher zu bezeichnen, daß in vielen Fällen das Zusammenwirken und Übereinandergreifen der sämtlichen Privatinteressen moderner Volkswirtschaften, wenn man nur genügend große Zeiträume und Erscheinungskomplexe in den Kreis der Beurteilung einzieht, von selbst den Regulator für die Wahrung nationalökonomischer Interessen bildet.

Von den drei Hauptkohlenländern hat Deutschland die ungünstigsten Förderbedingungen infolge der großen Tiefe und der allgemeinen geologischen Beschaffenheit seiner Flöze, so daß mit zunehmendem Abbau der Gruben der Reinertrag langsamer wächst als der Rohertrag. Die Produktionskosten der Kohle setzen sich zusammen aus den Gewinnungskosten vor Ort, also bis die Kohle in den Förderwagen geladen ist, und aus den Förder- und Aufbereitungskosten. In den meisten unserer Kohlen reviere erfolgt die Hauer- und Brecharbeit, die eigentliche Gewinnung der Kohle aus den Flözen, von Hand, da deren Lagerungsverhältnisse die Anwendung der Schrämmaschinen lange nicht in dem Maße gestatten, wie dies in Amerika möglich ist. Gegenwärtig soll etwa erst 1 % der geförderten Kohlenmengen mit Schrämmaschinen gewonnen werden [1]. Die Folge ist, daß mit zunehmender Teufe, die in einzelnen Revieren bald 1000 und mehr Meter erreicht, da die Arbeitsbedingungen schwerer werden und demgemäß die Arbeitsleistung zurückgeht, bei dieser Stufe der Kohlenproduktion das Gesetz des abnehmenden Ertrages wirksam wird. Der amerikanische Häuer fördert durch die günstige Verwendungsmöglichkeit des Schrämmverfahrens bei der hohen Lage der Flöze täglich etwa das Doppelte wie der deutsche, und trotz höherer Arbeits-

---

[1]) Siehe Jüngst: „Neuere Entw. d. Ruhrbergbaus“ in „Technik und Wirtschaft“, August 1908.

löhne ist der durchschnittliche Preis der Tonne Kohle an der Grube in den Vereinigten Staaten seit 1883—1906 von 6,5 M. auf etwa 5,9 M. zurückgegangen, während er in der gleichen Zeit in Deutschland von 5,3 auf 8,7 M. gestiegen ist. Glücklicherweise hat die Vervollkommnung der Technik die Mittel geschaffen, diese für die gesamte Volkswirtschaft so bedeutsame Erscheinung der Wirksamkeit des Gesetzes vom abnehmenden Ertrag im deutschen Kohlenbergbau erheblich abzuschwächen. Zunächst geht die zweite Stufe des Produktionsganges, die Förderung aus der Grube und die Aufbereitung, auf maschinellem Wege vor sich, und zwar kommt hierbei durch die intensive Kapitalinvestierung das Gesetz des zunehmenden Ertrags zur Geltung. Zu beachten ist allerdings, daß diese Entwicklung, die zweifellos von wachsendem Einflusse auf die Gesamtgestehungskosten der Kohle ist, sehr bald ihre Grenze hat, da auch die technische Vervollkommnung aus ökonomischen Gründen sich nicht ins Endlose steigern läßt. Als wichtigeres Ausgleichsmoment müssen wir daher die durch die chemisch-technologischen Fortschritte unserer Zeit geschaffene Möglichkeit der Werterhöhung der Kohle durch den Gewinn der Nebenprodukte und mannigfache Veredelungsprozesse ansehen, und in dieser Richtung werden auch für die Zukunft alle Bemühungen, den deutschen Kohlenbergbau aus sich selbst heraus gegenüber seinem englischen und amerikanischen Konkurrenten wettbewerbsfähig zu machen, hauptsächlich zu gehen haben. Es ist kein Zufall und auch nicht allein auf das Konto überlegener Technik und Wissenschaft zu setzen, daß die deutsche Kohlenproduktion und Kohlenveredelung technisch-ökonomisch die amerikanische und englische weit überragt, sondern das Erfordernis der Konkurrenzfähigkeit auf dem Weltmarkt hat in letzter Linie die Notlage geschaffen, die der Lehrmeister des deutschen Bergbaues wurde. Daß die innere Organisation der Kohlenproduktion durch Kartellierung und Konventionen diese Entwickelung beschleunigt hat, ändert an der Tatsache nichts.

Die Eignung der Kohle für die verschiedenen Industriezwecke, insbesondere zur Dampferzeugung, richtet sich sowohl nach den chemischen Eigenschaften wie der physischen Beschaffenheit, der Stückelung. Wir wir gesehen haben, ist die chemische Zusammensetzung im wesentlichen durch die Entstehung bedingt, und je nach der Stellung, die ein Brennstoff in der Stufenreihe der Vermoderungsprodukte vom Holz bis zum Anthrazit hinauf einnimmt, verschieden. Man teilt die Steinkohlensorten in drei Hauptgruppen ein: in 1. die Flammkohlen, die wegen ihres großen Gasgehaltes besonders zur Gasbereitung, aber auch für industrielle Zwecke geeignet sind, 2. die Fettkohlen, die wegen ihrer hohen Heizkraft vornehmlich als Kessel- und Schmiedekohle Verwendung finden, und 3. die Magerkohlen, deren geringe Rauch- und Rußentwickelung sie hauptsächlich für Hausbrandzwecke nützlich macht. Die letzteren, zu denen auch der Anthrazit gehört, werden wegen ihres beschränkten Vorkommens und des dadurch bedingten hohen Preises für die Kesselfeuerung höchstens bei den inmitten größerer Städte gelegenen Fabriken oder Kraftanlagen verwendet, wo die ortspolizeilichen Vorschriften rauchschwache Verbrennung verlangen. Zur Dampferzeugung wird häufig eine Mischung von Fett- und Flammförderkohlen gewählt wegen der sich gerade zur Kesselheizung vorteilhaft ergänzenden Eigenschaften dieser Sorten. Die Flammkohle brennt rascher an als die Fettkohle, während diese im Heizwerte höher steht und eine geringere Gasentwickelung hat als jene.

Diese Hauptgruppen zerfallen nun je nach Stückelung, Wäsche, Melierung und Ort wieder in zahlreiche Untersorten, und zwar schwanken die Preise z. B. für westfälische Kohle am Verkaufsort im Jahre 1908 für die Tonne Fettkohle zwischen 9,50 M. bei gewöhnlicher Feinkohle und 13,50 M. bei Stückkohlen I, für Gasflammkohlen zwischen 9,00 M. bei Nußgruskohlen bis 30 mm und 13,50 M. bei Gasförderkohlen, für Magerkohlen zwischen 9,25 M. bei Fördergruskohlen (10 % St.) und 23,50 M. bei Anthrazitnußkohlen II.

Von besonderer Bedeutung für die Krafterzeugung ist nun der Heizwert der Kohlen [1]; durch die Verbrennung derselben unter dem Dampfkessel wird die in ihr enthaltene Wärme ausgelöst und durch Leitung und Strahlung der Kesselwände in das Wasser übergeführt. Je mehr Wärme nun 1 kg Kohle zu entwickeln vermag bei einmal feststehendem Preise, um so billiger wird dem Unternehmer die Krafterzeugung zu stehen kommen. Den Nutzwert für ihn bildet also die Quantität Heizkraft, die in der gelieferten Kohle enthalten ist. Während es nun in anderen Handelszweigen üblich ist, daß der Käufer seine Ware nach Menge und Qualität bezieht und bezahlt, ist es im Kohlenhandel Gewohnheit geworden, daß der Preis der Ware nicht nach der Qualität, d. h. nach dem doch den richtigsten Bewertungsmaßstab für die Zwecke der Industrie bildenden Heizwert, sondern nach äußeren Merkmalen wie Stückelung und Sortierung variiert wird, die zwar nicht in allen Fällen von untergeordneter, aber doch meist von geringerer Bedeutung für den Käufer sind als der Gehalt der Kohle an Heizkraft. Dies wäre unbedenklich, so lange die Verschiedenheit in dem Heizwert derselben Kohlensorte auf die Dauer nur gering ist. Da aber bei den im Laufe der

[1]) Unter dem Heizwert eines Brennstoffs versteht man die Wärmemenge, die bei seiner Verbrennung frei wird. Die Einheit des Heizwerts, die Kalorie, ist diejenige Wärmemenge, die erforderlich ist, um 1 kg Wasser von 0° C auf 1° C zu erwärmen.

Zeit auftretenden bedeutenden Schwankungen des Schlacken- und Wassergehalts — der erstere schwankt häufig bei Kohlen aus derselben Zeche zwischen 3 und 20 %, der letztere zwischen 1 und 5 % — die Abweichungen mitunter recht beträchtlich werden können, so bringt dies in vielen Fällen eine erhebliche Schädigung der Konsumentenkreise mit sich. Welche Verluste schon bei mäßigen Differenzen für den Abnehmer entstehen können, sei zahlenmäßig in Geld ausgedrückt an einem Beispiel gezeigt. Eine große Maschinenfabrik Süddeutschlands hatte im Jahre 1907 einen Kohlenverbrauch von 20 000 Tonnen bei einem Durchschnittspreis von 16,5 M. pro Tonne frei Verbrauchsstelle. Der Gesamtaufwand für Kohle ergab demnach einen Betrag von 20 000 . 16,5 = 330 000 M. Nehmen wir nun an, daß der tatsächliche durchschnittliche Heizwert 7200 Kalorien pro Kilogramm betrug, daß aber im nächsten Jahre, da ja die Abschlüsse der Großindustrie immer für ein volles Jahr getätigt werden, der Heizwert der Kohlen bei demselben Preise auf 7000 Kal. zurückging, so wäre aus diesem Grunde zu derselben Leistung ein Mehrbedarf an Kohle von $20\,000 \cdot \frac{200}{7000} = 570$ Tonnen erforderlich, was einem Geldwert von 570 . 16,5 = 10 000 M. gleichkäme. Die Beträge, die in solchen Fällen dem Käufer verloren gehen können, sind also immerhin beachtenswert und wohl geeignet, bei der Jahresbilanz eines Einzelwerkes eine Rolle zu spielen. Es wäre daher dringend wünschenswert, daß bei der Festsetzung der Kohlenpreise der Heizwert in irgendeiner Weise berücksichtigt würde, bzw. beim Abschluß der Lieferungsverträge zwischen Käufer und Verkäufer Garantien bezüglich der Qualität der Ware gegeben würden. Daß dies bis jetzt nicht geschieht, hat seinen Grund einmal in einer gewissen Umständlichkeit und Kostspieligkeit der Prüfungsverfahren. Da es jedoch durchaus nicht erforderlich wäre, diese auf alle Einzellieferungen auszudehnen, sondern Stichproben genügen würden, so halten wir diese Schwierigkeit nicht für sehr erheblich. Dann aber, und das ist das Ausschlaggebende, ist es die Macht der Produzentenverbände, die jeder Änderung und jeglichem Eingriff in die ihr zweckmäßig dünkenden Geschäftsgewohnheiten energischen Widerstand entgegensetzt.

Nur wenige Großkonsumenten beziehen ihren Brennstoffbedarf nach besonders detaillierten Angaben. So in Deutschland die Berliner Gasanstalten auf Grund genauer Vergasungsproben, die Bahnen und Behörden in Deutschland, in der Schweiz und Ungarn, die in ihre Verträge allenthalben die Heizwertgarantie aufgenommen haben. Von privaten Abnehmerkreisen haben es bis jetzt nur wenige, besonders die größeren Elektrizitätswerke, durchgesetzt, ihre Bezüge mit Rücksicht auf die Höhe des Heizwertes der wasserfreien Kohle abzuschließen.

Auch die generellen Unterschiede, die in der Güte zwischen den Förderprodukten der verschiedenen Kohlenreviere Deutschlands bestehen, kommen im Preise keineswegs zum Ausdruck. Die beste Kohle, die bei uns gefunden wird, ist die Ruhrkohle, deren Heizwert zwischen 7000 und 7800 Kal. schwankt. An zweiter Stelle kommt die Saarkohle mit einem durchschnittlichen Heizwert von 6500—7200 Kal.; es folgen dann die sächsische, böhmische, schlesische und oberbayerische Kohle, letztere mit einem Heizwert von nur 4500—5000 Kal. Trotz des geringeren Brennwertes der Kohle sind nun die Preise an der Saar durchweg höher als an der Ruhr. Es hängt dies allerdings zum einen Teil mit den unvermeidlichen höheren Gestehungskosten zusammen. So verhalten sich die Produktionskosten an Grube in Oberschlesien, Ruhrrevier und Saarrevier etwa wie 1 : 1,32 : 1,5. Betrachtet man aber andernteils die Preise, die für oberbayerische Förderkohle, die nach obigem die geringwertigste Steinkohle in Deutschland ist, gezahlt werden und in gar keinem Verhältnis zur Qualität der Ware stehen, so drängt sich die Frage von selbst auf, wodurch die Konkurrenzfähigkeit dieser Sorten überhaupt gestützt wird, und da zeigt sich der große Einfluß, den die Transportkosten auf die Bildung von Monopolpreisen ausüben. Durch ihre Wirksamkeit entsteht für jedes Kohlenrevier ein sogenanntes unbestrittenes Absatzgebiet, und in diesem können die Grundpreise der lokalen Kohle so weit erhöht werden, bis sie den Gesamtgestehungspreis der Konkurrenzkohle, der sich aus Grundpreis und Transportkosten zusammensetzt, erreicht haben. Wenn auch die oberbayerische Förderung zur Deckung des interlokalen Bedarfs nicht ausreicht und von einem unbestrittenen Gebiet für sie daher nicht gesprochen werden kann, so ist doch die Möglichkeit der Durchhaltung eines Preises, der für München zwischen 16 und 22 M. schwankt, allein auf ihre durch die ungünstige wirtschaftsgeographische Lage bedingte Monopolstellung zurückzuführen.

Überhaupt ist die geographische Lage der verschiedenen Industriegegenden Deutschlands zu den gegebenen Kohlenzentren, die für den für jede Industrie unentbehrlichen Brennstoffbezug in Frage kommen, vielfach von ausschlaggebender Bedeutung für die Produktionsbedingungen und die Existenzfähigkeit derselben.

Denn für das Privatwirtschaftsleben von Wichtigkeit ist eben nur der Preis des Brennstoffs an der Verbrauchsstelle, der sich zusammensetzt aus Handelspreis und Frachtspesen.

Am ungünstigsten für die Deckung ihres Kohlenbedarfs sind die süddeutschen Staaten und unter diesen besonders Bayern gestellt. In der folgenden Tabelle sei eine Übersicht über die Preisunterschiede der in den größeren deutschen Staaten für Krafterzeugungszwecke ver-

wandten Kohlensorten gegeben, und zwar nach dem Stande der Großhandelspreise vom Frühjahr 1909 in Mark pro Tonne:

Berlin	Oberschlesische Stückkohle:	
	a) frei Bahnhof	23,40—24,20
	b) beim Bezug zu Wasser	21,00—21,50
	Westfälische Förderkohle	21,00
Danzig	Schottische Masch.-Kohle	12,50
	Englische Masch.-Kohle	15,00
Stettin	Westhartley Steamkohle	18,00
	Schottische Steamkohle	16,75
Posen	Stück- und Würfelkohle	21,10
Breslau	Stück- und Würfelkohle, Nußkohle I	18,50
	Steinkohlenbriketts	20,00
Düsseldorf	Fettförderkohle	11,50—12,00
	Beste melierte Kohle	12,50—13,00
	Briketts	11,50—14,25
Magdeburg	Schlesische Stückkohle, Würfelkohle	23,00—24,00
	Englische Steamkohle	22,00—23,00
Altona	Westhartley Steamkohle	14,00—17,50
	Schottische Steamkohle	12,00—13,50
Elberfeld	Ia Kesselkohle	11,75
	Förderkohle	12,00
München	Oberbayrische Stück- und Würfelkohle	21,10—22,00
	Ruhrkohlen	29,00—29,50
	Saarkohlen	27,40—27,60
Nürnberg	Ruhrförderkohle	26,00
	Saarstückkohle	24,50
	Ruhrbriketts	27,00
Leipzig	Steinkohlen, Ölsnitzer Bezirk	21,60
	Steinkohlenbriketts	18,70
	(im übrigen sehr viel Braunkohle verfeuert)	
Lübeck	Westfälische Steinkohle	21,00
	Englische Steinkohle	17,80
	Westfälische Briketts	22,00
Bremen	Westfälische Fettförderkohle	17,10—17,60
	Englische Fett-Steamcoals	21,90—24,10
	Schottische Flammnußkohle	18,10—18,70

Aus der Tabelle ist ersichtlich, welche Zuschläge durch die Frachtspesen zu den Grundpreisen [1]) im Kohlengebiet selbst — für die Ruhr können etwa die Angaben für Düsseldorf als Normalien gelten— hinzukommen. So betragen für Nürnberg, und München die Transportkosten etwa 100 % des Kohlenpreises. Daher ist es erklärlich, daß von der bayerischen Industrie nur die hochwertigsten Sorten der Ruhr und Saar bezogen werden, damit wenigstens nur wirklich brauchbares Material

[1]) Daß die Preisgestaltung in bestrittenen Gebieten noch von anderen Faktoren als nur Grundpreis und Frachtkosten abhängig ist, ist dem Verfasser wohl bewußt. Immerhin sind diese beiden in ihrem Einfluß vorwiegend, und glauben wir die anderen in diesem Zusammenhang übergehen zu dürfen.

und nicht die nutzlosen Verunreinigungen durch Aschen- und Wassergehalt an der großen Frachtverteuerung teilnehmen.

Die Entwickelung der Grundpreisbildung im allgemeinen unter dem Einfluß der Kartelle und Verkaufsvereinigungen, die für unser gesamtes Industrieleben von grundlegender Bedeutung ist, und die Organisation der Steinkohlenproduktion sowie des Steinkohlenhandels unter der Machtsphäre dieser modernen Wirtschaftsgebilde hat zu viel Anfeindungen Anlaß gegeben, u. E. nicht mit Recht. Es läßt sich nicht bestreiten, daß seit der Bildung des führenden Kartells, des Rheinisch-Westfälischen Kohlensyndkaits, im Jahr 1893, die Kohlenpreise eine außerordentliche Stabilität erlangt haben. Wenn wir die Entwickelung des jeweilig für die verschiedenen Kohlenreviere ermittelten jährlichen Durchschnittspreises am heimischen Markte seit den 50er Jahren verfolgen, so läßt sich ein fortwährendes Schwanken in den weitesten Grenzen beobachten von einem Tiefstand von 4,73 M. pro Tonne bei schlechter Konjunktur bis zu einem Höchststand von 16,84 M. in wirtschaftlicher Blütezeit. Seit dem Jahre 1893 aber sind jedenfalls erhebliche Schwankungen nicht mehr vorgekommen, die Kohlenpreise sind im großen und ganzen der Konjunktur gefolgt, die unnatürlichen Spannungen zwischen Verkaufspreis und Gestehungskosten haben aufgehört. Daß die Preisminderung bei rückläufiger Konjunktur vielleicht manchmal den wirtschaftlichen Verhältnisen hätte rascher folgen können, wie es geschehen ist, mag zugegeben werden. Trotzdem ist diese Tatsache nicht so bedeutungsvoll, daß deshalb über die Preispolitik des Rheinisch-Westfälischen Kohlensyndikats der Stab zu brechen wäre. Vergleicht man die Preisschwankungen auswärtiger Kohlen in den Jahren aufsteigernder Geschäftsentwickelung mit denen des Rheinisch-Westfälischen Syndikats, so erkennt man deutlich die Durchführung einer konsequenten und maßhaltenden Preispolitik. In Belgien, Frankreich, Österreich stiegen während der Hausse 1900 die Kohlenpreise um 100 %, in Deutschland nur um 20 %. Im September 1898 standen die Kohlen in Cardiff 16 sh und stiegen 1900 auf 30 bis 35 sh. In derselben Zeit erhöhten sich im Ruhrgebiet die Preise nur von 9,60 M. auf 11,10 M. Welche Gründe und welche Wirkungen für die heimische Kohlenindustrie dieses Maßhalten gehabt hat, darauf einzugehen ist hier nicht der Platz. Für die Konsumentenkreise aber und insbesondere für die Industrie ist die Stetigkeit der Preisbildung dieses für ihre Existenzfähigkeit wichtigsten Rohstoffes von weittragender Bedeutung, und es wäre zu wünschen, daß mancher der zahlreichen anderen Rohstoffverbände sich an der Preispolitik des größten der Kohlensyndikate ein Beispiel nehmen wollte. Denn ganz allgemein ist die Stabilität der Rohstoffpreise für die weiter verarbeitenden Industrien von größter Wichtigkeit. Bei ihnen machen sich die Konjunkturschwankungen am ersten und am stärksten geltend. Die Gewinne, die sie daher bei aufstrebender Wirtschaftsentwickelung durch eine Steigerung der eigenen Produktionspreise bei mäßigem Mehraufwand für die Rohstoffe erzielen, machen sie widerstandsfähig für die Zeit des Niederganges. Die Widerstandsfähigkeit der Halbstoff- und Fertigindustrien aber bei schlechter Geschäftslage und die Macht der Rohstoffkartelle, auch bei rückläufiger Konjunktur die Preise zu halten, indem sie auch dann nur allmählich derselben Rechnung tragen, üben einen stabilisierenden Einfluß auf die Produktion aus und haben dadurch die segensreiche Wirkung für das gesamte Wirtschaftsleben, die Berge und Täler der Wirtschaftswellen auszugleichen und die periodisch wiederkehrenden Krisen abzuschwächen.

Bezüglich der Gefahren aber, die im Falle einer rigoroseren Preispolitik der Kohlenkartelle für die Volkswirtschaft eintreten könnten, und der monopolistischen Entwickelungstendenz der Verbände ist zu sagen, daß diese zwar in dem beschränkten Vorkommen des unentbehrlichen Brennstoffes sowie in dem zur Ausbeutung der Kohlenschätze erforderlichen großen Kapitalbedarf eine Stütze findet, daß aber doch auch Gegengewichte vorhanden sind, die diese Tendenz in Schranken zu halten vermögen. In Betracht kommen zunächst der Wettbewerb der verschiedenen Kohlengebiete Deutschlands untereinander, dann die Einflußmacht des Fiskus durch seinen Anteil an der Gesamtförderung, die Konkurrenz der ausländischen Kohle sowie die zunehmende Verwendung der Braunkohle und schließlich nicht zum wenigsten die Repressivgewalt des Staates, die dieser durch den Besitz der Eisenbahnen mit tarifpolitischen Maßnahmen einerseits, andererseits als größter Einzelkonsument an Kohle auszuüben vermag.

Die Transportfrage spielt nicht nur für die inländische Verteilung des Kohlenverbrauchs, sondern auch wegen der Auslandskonkurrenz eine bedeutsame Rolle. „England besitzt in unmittelbarer Nähe der Kohlenfelder rund 90 Häfen und vermag die große Seeausfuhr seiner Kohle sozusagen direkt von den Gruben aus zu besorgen; Deutschland dagegen fehlt dieser wirtschaftlich wichtige Vorteil. Für unseren Kohlenbergbau bildet daher die Transportfrage das Hauptmoment, um der Größe der deutschen Steinkohlenvorräte und ihrer Bedeutung für die heimische und ausländische Industrie gerecht zu werden [1])." Infolge dieser günstigen natürlichen Bedingungen tritt die englische Kohle in den Nord- und Ostseehäfen sowie auch einem großen Teile des norddeutschen Binnenlandes, ja längs des Rheins bis nach Süddeutschland herauf in erfolg-

---

[1]) Oskar Simmersbach in seiner erwähnten Abhandlung, Stahl und Eisen 1904, Nr. 23.

reichen Wettbewerb mit deutscher Kohle. Zu der Einfuhr von dieser Seite kommt das Eindringen der böhmischen Braunkohle in Süddeutschland, so daß der Gesamtverbrauch ausländischer Kohle in unserem Heimat land nicht unbeträchtlich ist. Demgegenüber steht als Ausgleichsgröße die Ausfuhr vor allem des Rheinisch-Westfälischen Syndikats nach Belgien und Holland, die die Gesamteinfuhr überschreitet. Der Vorwurf, der wegen dieses Auslandsversands und besonders der dabei geübten Preispolitik häufig den Kohlenkartellen gemacht wird, scheint mir nicht gerechtfertigt. Vielfach argumentiert man, der Kohlenexport Deutschlands bedeute nichts anderes als eine Kraftvergebung an fremde Völker, die damit höherwertige Erzeugnisse schaffen. Würde es mit diesem Kraftmaterial selbst differenzierte Fertigprodukte schaffen und diese exportieren, so hätte es den ganzen Arbeitswert und Arbeitsgewinn in der eigenen Tasche. Dieser Vorwurf könnte bei Ländern wie England und Amerika, die erheblich mehr Kohle produzieren, als zur Deckung des Eigenbedarfs nötig wäre, bis zu einem gewissen Grade berechtigt sein, wenn man auf dem neomerkantilistischen Standpunkt steht, daß der Export von Produktionsmitteln „volkswirtschaftlichen Selbstmord" bedeute [1]). Für Deutschland treffen aber die Voraussetzungen hierfür gar nicht zu. Von einer Verschleuderung der unersetzbaren Nationalschätze dürfte doch erst dann die Rede sein, wenn die Produktion und also der Verkauf um ein beträchtliches größer wäre als der gesamte Inlandsverbrauch. Vergleicht man aber die Ein- und Ausfuhrziffern des Deutschen Reiches an Steinkohle, Braunkohle und Koks, letzteren auf Kohle umgerechnet, so ergibt sich nur ein geringer Ausfuhrüberschuß im Verhältnis zur Gesamtproduktion an fossilen Brennstoffen, wie für die letzten Jahre aus den umstehenden Zahlen [2]) ersichtlich wird.

Bei diesem Überschuß von nur einigen Prozent kann m. E. von einer Verschwendung des Nationalgutes an das Ausland nicht die Rede sein. Vielmehr bedeutet die Ein- und Ausfuhrpolitik der deutschen Kohlenkartelle bei normaler Konjunktur in der Hauptsache nichts anderes als eine Verschiebung in der Versorgung der Verbrauchsgebiete aus wirtschaftsgeographischen Gründen unter dem bedingenden Ein-

---

[1]) Vgl. die bez. Dietzelsche Schrift: „Bedeutet Export von Produktionsmitteln volkswirtschaftlichen Selbstmord?" (Berlin 1907), dessen Auffassung hierüber ich mich durchaus anschließe. Denn der Ausschluß der Kohle, dieses für die Bedürfnisbefriedigung der Menschheit unentbehrlich gewordenen Rohstoffs, aus den weltwirtschaftlichen Verkehrsgütern durch „nationalwirtschaftliche Einkapselung" wird sich bei dem modernen, auf den gegenseitigen Austauschverkehr aller Völker untereinander angewiesenen Wirtschaftsleben, niemals durchführen lassen.

[2]) Die Zahlen sind dem „Statistischen Jahrbuch für das Deutsche Reich" entnommen.

Tabelle 3.

		1900	1901	1902	1903	1904	1905	1906	1907	1908
Einfuhr in Tonnen	Braunkohlen (böhmische)	7 960 313	8 108 943	7 882 010	7 962 123	7 669 098	7 945 261	8 430 441	8 963 103	8 581 966
	Steinkohlen . . .	7 384 049	6 297 389	6 425 658	6 766 513	7 299 041	9 399 693	9 253 711	13 721 549	11 661 503
	Koks (in Kohlen umgerechnet) .	732 000	572 000	516 000	620 000	785 000	1 000 000	810 000	835 000	820 000
	Gesamt	16 076 362	14 978 332	14 823 668	15 348 636	15 753 139	18 344 954	18 494 152	23 519 652	21 063 469
Ausfuhr in Tonnen	Braunkohlen . .	52 749	21 717	21 766	22 499	22 135	20 118	18 759	22 065	27 877
	Steinkohlen . . .	15 275 805	15 266 267	16 101 141	17 390 000	17 996 726	18 157 000	19 550 964	20 061 400	21 190 177
	Koks (umgerechnet)	3 180 000	3 000 000	3 120 000	3 600 000	3 860 000	3 940 000	4 880 000	5 410 000	5 120 000
	Gesamt	18 508 554	18 287 984	19 242 907	21 012 499	21 878 861	22 117 118	24 449 723	25 493 465	26 338 054
Ausfuhrüberschuß		2 432 192	3 309 652	4 419 239	5 663 863	6 125 722	3 772 164	5 955 571	1 973 813	5 274 585
[1]) in Prozent der Gesamtproduktion in Steinkohlen und Braunkohlen		1,98 %	2,62 %	3,53 %	4,17 %	4,35 %	2,65 %	3,74 %	1,17 %	3,02 %

[1]) Um eine angenäherte Vergleichsbasis zu gewinnen, sind bei der Berechnung der Prozentzahlen die Produktionsziffern für Braunkohle der Tab. 4, S. 40 durch 2,5 dividiert und dann erst zu den Produktionsziffern für Steinkohle addiert. Vgl. hierzu später S. 42 i. d. Mitte.

fluß der Transportverhältnisse; in schlechten Zeiten kann sie außerdem ein sehr willkommenes Auslaßventil gegen die Folgen verminderten Verbrauchs des Inlands werden. Und so kommt sie schließlich auch dem heimischen Markt zugute, insofern dadurch dem Bergbau eine gleichmäßige Ausnützung der Betriebseinrichtungen ermöglicht und eine Erhöhung der Generalunkostenquote, die ja doch der Konsument tragen müßte, vermieden wird. Hierdurch ist auch ein gewisser Ausgleich gegenüber der Benachteiligung des heimischen Marktes geschaffen, die darin besteht, daß die Auslandsverkäufe entsprechend der Weltmarktkonkurrenz zu niedereren Grundpreisen getätigt werden als die Inlandsverkäufe. Hinzu kommt schließlich, daß die exportierte Kohle außerdem als der „frachtenzahlende Ballast“ der ausgehenden Schiffe anzusehen ist, was wiederum den Inlandskonsumenten in der dadurch ermöglichten Erniedrigung der Einfuhrfrachten Nutzen bringt.

2. Die Braunkohle.

Wie die Steinkohle ist auch die Braunkohle ein Vermoderungsprodukt von Pflanzen, jedoch viel jüngeren Ursprungs wie jene. Dies hat zur Folge einerseits, daß der Brennstoff noch sehr viel Wasser- und Aschebestandteile enthält und deshalb einen entsprechend niederern Heizwert besitzt; andererseits aber sind die Abbaubedingungen wesentlich leichtere als bei den älteren Kohlenformationen. Denn die Braunkohle befindet sich in den oberen Schichten der Erdrinde und hat z. B. in Deutschland nur 10—50 m Deckgebirge, in den mitteldeutschen Revieren im Durchschnitt 10—20 m. Außerdem ist die Mächtigkeit der Flöze sehr groß, häufig 30 m und mehr, im Rheinland sogar bis zu 100 m. Sie sind zwischen erdigen Schichtungen gebettet, während die Steinkohlenflöze meist zwischen felsigen harten Gesteinsmassen eingezwängt sind. Die günstige Folge dieser Lagerungsverhältnisse ist die, daß die Kohle überwiegend im Tagebau gewonnen werden kann. Nur durch dieses Äquivalent denkbar niederer Förderkosten und demgemäß niederen Preises der Rohkohle ist es möglich, daß die Braunkohle bei ihrem geringen technischen Wert an sich überhaupt in Wettbewerb mit den Steinkohlensorten treten konnte. Man muß nun, wenn man von Braunkohle spricht, zweierlei, ihrer Beschaffenheit wie ihrer technischen Bedeutung nach, verschiedene Produkte unterscheiden: 1. die Braunkohle als Rohkohle und 2. als brikettierte Kohle.

Jene ist das Produkt, wie es aus der Grube gefördert wird, und hat, wenigstens bei den deutschen Erzeugnissen, einen durchschnittlichen Heizwert von nur 2200—3000 Kal. (gegen 6500—8000 bei den Steinkohlen). Die Produktionszahlen der amtlichen Statistik beziehen sich nur auf diese Rohkohle. Als solche ist sie aber wegen ihres im Verhältnis zum Heizwert großen Volumens und der sich daraus ergebenden hohen Frachtkosten nur in unmittelbarer Nähe der Grube verwertbar.

Für ihre allgemeine Verwendung in entfernteren Landgebieten muß sie erst einem Veredelungsprozeß unterworfen, d. h. sie muß brikettiert werden. Zu diesem Zwecke wird die Rohkohle in fein zermahlenem Zustand in einem dampfgeheizten Zylinder getrocknet und hierauf unter Anwendung sehr hoher Drucke in beliebige Formen gepreßt. Dadurch wird der Wassergehalt des Rohproduktes, der zwischen 20—60 % schwankt, auf etwa 15—17 % heruntergebracht, der Heizwert auf 4500—5000 Kal. erhöht, und gleichzeitig die Kohle in eine kompendiöse und bequem stapelfähige Façon gebracht. In der Regel sind 2,4—2,7 Tonnen Rohkohle zu einem Durchschnittspreis von 2,4 bis 2,7 M. pro Tonne auf 1 Tonne Briketts mit einem Durchschnittspreis von 8—9 M. pro Tonne ab Werk erforderlich. Die folgende Tabelle gibt einen Überblick über die Entwickelung der Braunkohlenförderung in Deutschland von 1880—1908.

Tabelle 4.

Jahr	Preußen	Deutsches Reich
	Menge in 1000 Tonnen	
1880	9 875	12 144
1885	12 387	15 355
1890	15 468	19 053
1895	20 115	24 788
1898	26 036	31 049
1900	34 008	40 498
1901	37 491	44 480
1902	36 276	43 126
1903	38 460	45 956
1904	41 127	48 500
1905	44 128	52 474
1906	47 891	56 241
1907	56 400	62 500
1908	—	67 615

Man sieht, daß Preußen den überwiegenden Anteil an der Produktion für sich in Anspruch nimmt. Die wichtigsten Distrikte in Deutschland sind die Provinzen Sachsen und Brandenburg, es folgen dann das Rheinland, Bayern und Hessen. Außerdem stellt für die Braunkohlenversorgung in unserem Lande Böhmen ein nicht geringes Kontingent.

Die böhmische Braunkohle ist ihrer Struktur nach offenbar ein geologisch wesentlich älteres Erzeugnis als die deutsche. Infolge ihrer tiefen Lage — die Flöze haben etwa 350—450 m Deckgebirge — hat sie einen geringen Wassergehalt und entsprechend hohen Heizwert von 4000—5600 Wärmeeinheiten. Eine Brikettierung ist daher nicht nötig und ließe sich nach der chemischen Zusammensetzung dieser Kohle auch gar nicht durchführen. Sie kommt als Rohkohle großenteils auf dem Wasserweg nach Deutschland. In den 80er und Anfang der 90er Jahre war ihr Anteil am Gesamtverbrauch prozentualiter recht bedeutend, ist jedoch seit Mitte der 90er Jahre stagnierend geworden. Die Höhe der Einfuhr bewegt sich von 1896 bis 1908 in Grenzen von 7,6—8,6 Mill. Tonnen und geht seit Ende des vorigen Jahrhunderts relativ zum Gesamtverbrauch stetig zurück [1]). Der Grund dafür ist einmal in der fortschrittlichen Entwickelung des deutschen Braunkohlenbergbaues zu suchen [2]), der den im Januar 1900 ausgebrochenen großen böhmischen Bergarbeiterstreik geschickt zu benutzen wußte, um viele neue, bis dahin von Böhmen versorgte Absatzgebiete an sich zu reißen; dann aber haben tarifarische Maßnahmen der deutschen und österreichischen Bahnen bezüglich der Kohlenverfrachtung seit Ende der 90er Jahre die Einfuhr der böhmischen Braunkohle erschwert. Die preußische Bahnverwaltung hatte nämlich den seit 1. Februar 1890 bestehenden Rohstofftarif (2,2 Pf. pro tkm bis 350 km Streckenlänge und dann anstoßend 1,4 Pfg. pro tkm), der nur für landwirtschaftliche Produkte Anwendung fand, am 1. April 1897 auch auf den Kohlenverkehr ausgedehnt, jedoch nur für Verfrachtungen ab Produktionsstätte, so daß also ausländische Erzeugnisse von dieser Vergünstigung ausgeschlossen waren [3]). Zur selben Zeit etwa wurde außerdem noch der böhmische Exporttarif erhöht, so daß in der Wettbewerbsfähigkeit der böhmischen zur deutschen Braunkohle eine gründliche Verschiebung eintreten mußte. In großen Mengen ist die erstere heute in der Hauptsache an denjenigen Umschlagsplätzen anzutreffen, die ihr zu Wasser erreichbar sind; und vielleicht wäre sie auch hier schon mehr verdrängt, wenn die deutsche Braunkohlenindustrie sich dazu entschließen würde, auch ihrerseits die Wasserverfrachtung mit zu Hilfe zu nehmen, statt wie bisher allein die Bahnverfrachtung. Der Grund, warum dies bis jetzt noch nicht geschieht, ist die Scheu vor übermäßig großem Bruchgang beim Ein- und Ausladen der Schiffe. In absehbarer Zeit aber wird es der Verladetechnik nicht schwierig sein, die Mittel und Wege zur Vermeidung allzu

---

[1]) Nur im Hochkonjunkturjahr 1907, in dem die Einfuhr 8,9 Mill. t betrug, war hierin eine Ausnahme zu verzeichnen. Bereits das Jahr 1908 aber brachte wieder einen Rückgang auf 8,5 Mill. t.

[2]) Vgl. Dr.-Ing. Randhahn: „Der Wettbewerb der deutschen Braunkohlenindustrie gegen die Einfuhr der böhmischen Braunkohle". Jena 1908.

[3]) Siehe Hermann Zickert: „Das Eindringen der böhmischen Braunkohle in ihr gegenwärtiges Absatzgebiet". Dissert., Heidelberg 1907.

großen Bruchganges zu finden, wenn erst aus den Braunkohleninteressentenkreisen die nachdrückliche Anregung hierzu erfolgt.

Was die Weltproduktion anlangt, so nehmen zurzeit Deutschland und Böhmen die führende Stelle ein. Neuerdings sind in den Vereinigten Staaten (Kalifornien) und in Australien (Queensland) größere Braunkohlenflöze aufgeschlossen und ihr Abbau bereits in Angriff genommen worden. Die Förderung der übrigen Länder ist minimal. Über die Vorräte der Erde an Braunkohlenschätzen bestehen allgemeine geologische Untersuchungen noch nicht. Man weiß weder Genaues über die Verteilung der Fundgebiete noch über die Mächtigkeit der bereits erschlossenen Vorräte. Es besteht nur die Vermutung, daß dieselben sehr beträchtlich sind, und daß Amerika auch in dieser Hinsicht von der Natur besonders begünstigt ist.

Bisweilen findet man die Förderzahlen des Braunkohlenbergbaues unmittelbar mit denen der Steinkohle verglichen, derart, daß es z. B. heißt: Die Fördermenge an Braunkohlen im Verhältnis zu der an Steinkohlen stieg von etwas über ¼ im Jahr 1880 auf nicht ganz ½ im Jahre 1908 usw. Ein solcher Vergleich ist, absolut genommen, richtig, gibt aber einen grundsätzlich falschen Begriff von der Wertbedeutung der beiden Produkte für das Wirtschaftsleben. Wie wir oben erwähnt, wird die deutsche Rohbraunkohle für Versandzwecke brikettiert, wodurch sich die Erzeugungsmengen um etwa das 2—2½ fache reduzieren. Erst als Brikett tritt die Braunkohle in eigentlichen Wettbewerb mit der Steinkohle. Will man also ein ungefähres Bild von der Mengenbedeutung dieser Produkte haben, so muß man die Zahlen der Tabelle 4 durch 2,5 dividieren und dann vergleichen [1]). Denn erst mit der Entwickelung des Brikettierungsverfahrens seit Ende der 80er Jahre konnte die Braunkohlenindustrie einen nennenswerten Aufschwung nehmen.

Die Verwendung als unaufbereitete Rohkohle war vorher und ist auch heute noch in wenigen Spezialindustrien, die sich in unmittelbarer Nähe der Gruben niedergelassen haben oder sonst standortsmäßig dorthin verwiesen waren, durchgeführt. Es sind dies besonders die Zucker- und Kaliindustrie in Sachsen, die Ziegeleien, Ton- und keramische Industrien auch in anderen Provinzen. Die brikettierte Kohle jedoch ist überallhin transportfähig und wird wegen des Vorzugs rauchschwacher Verbrennung besonders gern in Großstädten verwandt. Während früher hauptsächlich die Industriegegenden Mitteldeutschlands und die norddeutschen Großstädte als Absatzgebiete in Frage kamen, ist es in neuester Zeit den Anstrengungen der rheinischen

---

[1]) Dies trifft jedoch nur für die deutsche, nicht für die böhmische Braunkohle zu.

Produzentengruppe gelungen, auch in die südwestdeutschen Staaten — nur Bayern besitzt eigene ergiebige Braunkohlengruben — mit ihren Produkten Eingang zu finden, allerdings bei der derzeitigen Preisgestaltung vorläufig meist nur für Hausbrandzwecke.

Über die Verteilung des Braunkohlenverbrauchs für Kraftzwecke und Nicht-Kraftzwecke sind einwandsfreie Aufzeichnungen leider nicht zu erhalten gewesen. Die Ausnützung zur Energieerzeugung geschieht in der nächsten Umgebung der Werke als Rohkohle auf Treppenrosten unter Dampfkesseln, in anderen Gegenden als Briketts entweder zur Dampferzeugung [1]) oder aber letztlich vielfach in Braunkohlengeneratoren zur Gaskrafterzeugung (näheres hierüber siehe später auf Seite 57 u. 58), und zwar ist die Form nicht die der großen Briketts, wie man sie für Hausbrandzwecke hat, da diese bei der Rostfeuerung zuviel Luft durchlassen und eine schlechte Verbrennung ergeben würden. Vielmehr sind es würfelförmige Briketts, die gegenüber der Steinkohle noch den Vorzug haben, daß sie kaum backen und wenig Schlacke geben, was sie besonders für die Verwendung zum Generatorbetrieb geeignet erscheinen läßt.

Um die für den Konsum „freien" Mengen zu ermitteln, muß man von den Zahlen der Tabelle 4 erst den Eigenverbrauch der Gruben selbst für die Kraft- und Brikettierheizungszwecke in Abzug bringen. Die Beträge hierfür sind recht erheblich und machen etwa 30—33 % der Förderquantitäten aus. Interessant sind die Angaben eines rationell betriebenen Braunkohlenwerkes, nämlich des „Brühl-Unkelschen Werkes" im Rheinland über die spezielle Verwendung der Fördermengen.

Verwendung der im Bergwerk Brühl-Unkel geförderten Braunkohle in Prozent der Gesamtförderung:

Jahr	1905	1904	1903	1902	1901
Rohkohlenabsatz	13,3	14,1	14,2	15,0	14,0
Zu Briketts verarbeitet	54,8	54,7	53,8	51,0	53,0
Selbstverbrauch (einschließlich Feuerkohlen der Brikettfabriken)	31,9	31,2	32,0	34,0	33,0

Der Rohkohlenabsatz erscheint hier mittelmäßig hoch. In Gegenden, in denen keine Zucker- oder Kaliindustrie besteht, ist er in der Regel

[1]) Daß die Dampferzeugung nicht nur für die Energieleistung, sondern auch zu Heizungs- und Kochzwecken geschieht, mag hier nur angedeutet sein. Prozentual ist die letztere Verwendungsart unbedeutender wie die erstere. Die genaueren Zahlen können übergangen werden und liegen auch nur für einen Staat, nämlich Bayern, vor. Vgl. aber später auf den S. 165 u. 166.

niederer, etwa nur 6—7 %, in Sachsen und Brandenburg dagegen höher. Den Selbstverbrauch wird man überall mit 30—33 % annehmen können.

Über das Verhältnis des Umfangs der Braunkohlenverwendung zur Steinkohlenverwendung für Energieleistung können nur zerstreut vorliegende Angaben aus den einzelnen Staaten Deutschlands gemacht werden, die immerhin einen gewissen Anhalt bieten. Dieselben betreffen die Ausnützung zur Dampferzeugung. Es sind aber nur Relativzahlen. Über die Verwendung zur Gaskrafterzeugung liegen solche nicht vor, sie wären aber jedenfalls, verglichen mit der Bedeutung der vorhergehenden, zur Zeit noch unerheblich. Für Preußen [1]) haben wir folgende Aufzeichnungen finden können. Es wurden geheizt:

	Am 1. Januar 1894		Am 1. April			
			1900		1901	
Von der Gesamtzahl der vorhandenen feststehenden Kessel, die sich belief auf	55 605		68 550		70 832	
		in %		in %		in %
mit Steinkohlen	37 720	68	47 622	69,5	49 277	69,5
mit Braunkohlen	6 216	11,2	7 538	11	7 863	11
mit gemischtem Brennstoff, wobei zweifellos auch viel Braunkohle enthalten ist	6 995	12,6	7 643	11,2	7 665	10,8

und man kann annehmen, daß die nicht unbeträchtliche Verwendungsgröße der Braunkohlen für Preußen (zumal wenn man noch den in den gemischten Brennstoffen enthaltenen Anteil zu den feststehenden Zahlen zuschlägt) in den letzten Jahren, in denen die deutsche Braunkohlenindustrie sich mächtig entfaltet hat, absolut und relativ jedenfalls nicht abgenommen, sondern eher zugenommen hat. Nach der bayerischen Statistik [2]) wurden von den in Bayern vorhandenen Dampfkesseln gefeuert nach dem Stand vom 31. Dezember 1907:

	feststehende Kessel		bewegliche Kessel	
	absolut	%	absolut	%
mit Steinkohlen	4126	43,6	1408	31,3
mit Braunkohlen	2415	25,5	252	5,0
gemischtes oder unbestimmtes Material	1674	17,7	2191	48,6

[1]) Aus der „Zeitschrift des Kgl. Preuß. Statist. Landesamts". Berlin 1901.

[2]) Siehe: Die Dampfkraft in Bayern nach dem Stande vom 31. Dezember 1907, Heft 73 der Beiträge zur Statistik des Königreichs Bayern. Herausgegeben vom Kgl. Statist. Landesamt. München 1909, S. 63.

und statistisch entwickelungsmäßig wurden von je 100 feststehenden Kesseln geheizt:

	am 1. Januar 1879	am 1. Januar 1889	am 31. Dez. 1907
mit Steinkohlen	58,8	59,6	43,6
mit Braunkohlen	5,1	10,4	25,5
gemischtes oder unbestimmtes Material	22,8	16,2	17,7

In der Hauptsache hat also das Erbe des im Rückgang befindlichen Steinkohlenverbrauchs die Braunkohle angetreten, deren Verwendung für Bayern, das selbst eine große Braunkohlenproduktion hat und außerdem von Böhmen aus zu günstigen Preisen versorgt wird, sich natürlich billiger stellt als die der durch die hohen Frachten verteuerten Steinkohlen.

In Baden ist die Braunkohle zur Dampfkesselheizung nicht zur Einführung gelangt, wohl wegen des hohen Preises im Verhältnis zur Steinkohle (vgl. die Tabelle S. 124/25). Von den vorhandenen Kesseln wurden [1]) 1905 nur zwei, 1907 nur noch einer mit Braunkohle gefeuert.

Noch bedeutender als in Bayern ist dagegen die Verwendung in Sachsen. Es entfielen nämlich von sämtlichen Dampfkesseln auf Beheizung:

mit	1879	1891	1901
	in Prozent		
Steinkohlen	50,86	44,00	33,31
Braunkohlen	24,57	24,05	33,43
gemischtem und unbestimmtem Material	22,48	27,80	29,93

Auch über die Verteilung auf die einzelnen Gewerbegruppen gibt die bayerische Statistik einen Anhalt. Der Verbrauch ist relativ am stärksten bei der Industrie der Steine und der Erden [2]). Es folgen dann die Industrien der Nahrungs- und Genußmittel, die Textilindustrie, die Metall- und Maschinenindustrie, die noch in erheblichem Umfang Braunkohle für die Dampferzeugung verwenden.

Bezüglich der Produktionsgestaltung und Absatzorganisation können wir uns, da sie nichts Besonderes bietet, kurz fassen. Der weit überwiegende Teil der Erzeugung liegt in privaten Händen. Der preußische

---

[1]) Siehe „Statistisches Jahrbuch für das Großherzogtum Baden". 36. Jahrgang, S. 175.

[2]) Der Grund dafür dürfte wohl der bereits erwähnte sein, daß diese Industrie gleichzeitig für die Brennzwecke ihres Produktionsprozesses die Braunkohle wegen ihrer feuerungschemischen Eigenschaften besser gebrauchen kann als die Steinkohle.

Fiskus hat nur 6 Werke von im ganzen etwa 5—600 Werken in Deutschland. Seine Förderungsmenge z. B. für 1906 und 1907 ist minimal, noch nicht $^1/_{100}$ der Gesamtfördermenge. Etwa $^2/_3$ der gesamten „freien“ Produktion, d. h. der Produktion nach Abzug des Eigenverbrauchs, sind syndiziert. Im ganzen bestehen [1]) 9 Verkaufsvereinigungen für Braunkohlenprodukte, von denen 6 eine gemeinschaftliche Verkaufsstelle besitzen, während 3 sich auf die Festsetzung von Mindestpreisen beschränkt haben. Die Mehrzahl von ihnen ist erst in neuester Zeit, nach 1903 gegründet worden [2]). An Bedeutung das wichtigste Syndikat ist die Preisvereinigung mitteldeutscher Braunkohlenwerke [3]), am festesten organisiert ist der „Braunkohlen-Brikett-Verkaufsverein Köln“. Über die Preisgestaltung selbst für Briketts gibt die Tabelle auf Seite 124/25 Aufschluß. Dieselbe ist keine objektiv freie, sondern bis zu einem gewissen Grad von der Preisgestaltung der Steinkohlensorten abhängig. Die Preise gelten für die Verwendungsstellen der verschiedenen Gegenden Deutschlands, zuzüglich Frachtkosten, bei Bezug in 10 Tonnenwaggons, und es sind unter Berücksichtigung des jeweiligen Heizwerts die Gestehungskosten pro 10 000 WE. ermittelt, wodurch ein unmittelbarer Vergleich mit der Steinkohle an denselben Plätzen ermöglicht ist. Dabei zeigt sich (vgl. die Spalten 5 und 17 der Tabelle), daß in Sachsen, Bayern, Brandenburg der Preis des Braunkohlennutzwertes niederer ist wie der des Steinkohlennutzwertes, wodurch ohne weiteres die starke Verwendung dieses Produktes in jenen Ländern erklärlich wird. Sie liegen hier eben in der Fracht so günstig, daß Steinkohle nicht konkurrieren kann. Andererseits stellen sich in Mannheim die Braunkohlen erheblich teuerer als die Steinkohlen. Hier ist es demnach gerade umgekehrt, und darin ist jedenfalls auch der Grund für den minimalen Industrieverbrauch in Baden zu erblicken. Im ganzen ist zu sagen, daß die Entwickelung der deutschen Braunkohlenindustrie außerordentlich zu begrüßen ist, daß sie noch große Absatzgebiete erobern und dadurch mit der Zeit ein dem gesamten Wirtschaftsleben zugute kommendes Gegengewicht gegen eine eventuelle autokratische Preispolitik der Steinkohlenproduzenten bilden wird.

---

[1]) Vgl. die Denkschrift über das Kartellwesen in Deutschland. Berlin 1906.

[2]) Nach Angaben des Berliner Handelskammerberichts 1902 wurde das Fehlen jeglicher Produktions- und Preisregulierung in den meisten Braunkohlendistrikten als großer Mißstand empfunden, da die Verhältnisse der Preisbildung recht unklar und unstetig waren. Es ist interessant, daß gerade aus industriellen Konsumentenkreisen dieser freie Wettbewerb als unzweckmäßig angesehen, und eine Bindung nicht ungern begrüßt wurde.

[3]) Dasselbe ist, wie ich der „Deutschen Kohlenzeitung“ vom 1. Januar 1910 entnehme, augenblicklich in einem Umbildungsprozeß zu festeren Formen begriffen.

3. Der Torf.

Den jüngsten Platz in der Stufenfolge der natürlichen Pflanzenvermoderungsprodukte nimmt der Torf ein, der heute noch in einem fortwährenden Um- und Neubildungsprozesse begriffen ist in den sogenannten Torfmooren (Holland, Ostfriesland, Dänemark, Hannover, Westfalen, am Bodensee usw.). Die Größenangaben der Moorgebiete im deutschen Reiche sind ziemlich unzuverlässig wegen der verschiedenartigen Auffassung über den Begriff des Moores. Man schätzt, daß Deutschland etwa 500 Quadratmeilen Moorfläche habe, von denen allein 400 auf die norddeutsche Tiefebene entfallen würden. Die Verwendung dieses Vermoderungsproduktes für Heiz- und Kraftzwecke ist trotz großer Bemühungen und zahlreicher Experimente, die besonders von seiten des preußischen Staates [1]), der der Hauptinhaber dieser Torfländereien ist, schon seit langer Zeit betrieben werden, erst letztlich über das Anfangsstadium hinausgekommen. Die Gründe hierfür lagen 1. in der Umständlichkeit und relativen Kostspieligkeit des Abbaus und der Trocknung des Torfs, 2. in der Unmöglichkeit der Versendung infolge des unzulänglichen Heizwertes des Materials im Verhältnis zum Volumen und 3. in der in früherer Zeit geringen Verwertungsgelegenheit der gewonnenen Nebenprodukte. Die Gewinnung des Rohtorfs erfolgt bei uns in Deutschland nach zwei verschiedenen Methoden, entweder nach dem Stechverfahren oder als sogenannter Maschinentorf. Nachdem die Moorflächen durch eine Reihe in der Regel kreuz und quer angelegter Kanäle entwässert sind, wird mit dem Abbau begonnen [2]). Welche Herstellungsweise vorzuziehen ist, hängt von der Beschaffenheit des Moores ab. Durch Trocknung der erhaltenen Formstücke entweder in besonderen Öfen oder bei günstiger Witterung an der Luft wird ihr Wassergehalt von 80—90 % auf etwa 20—25 % heruntergebracht. Nach Beendigung dieses Verfahrens erreicht dann das fertige Produkt einen Heizwert von etwa 2500 bis günstigstenfalls 3500 Wärmeeinheiten, wobei der Stichtorf im Verhältnis zur Steinkohle das 6,3 fache, der Maschinentorf das 4 fache Volumen hat. Es ist verständlich, daß das Produkt in dieser Form nur in allernächster Nähe der Fundstelle selbst für Kraft- und Heizungszwecke nutzbar ist. Dementsprechend ist auch die statistisch

[1]) Die preußische Regierung hat schon vor vielen Jahren zur Hebung der Torfverwertung Moorkommissionen gebildet und Versuchsstationen eingerichtet. Ebenso hat auch Bayern schon vor 50 Jahren große Summen für denselben Zweck ausgegeben.

[2]) Die Verwendung des oberen leichten Moortorfes geschieht in der Torfstreuindustrie, deren Bedeutung jedoch gering ist. Für Energieerzeugungszwecke handelt es sich aber nur um die unteren Schichten des schweren Schwarztorfes der Moore.

nachgewiesene Verwertung zur Dampfkesselfeuerung in Deutschland unbedeutend, in Preußen ist sogar ein absoluter Rückgang in der Zahl der damit beheizten Kessel festzustellen. Es wurden mit Torf geheizt im Jahre 1894 701, 1900 noch 639 und 1901 633 Kessel oder nicht ganz 1 % der vorhandenen Gesamtzahl [1]). Etwas mehr sind es in Bayern, nämlich 1,4 % der feststehenden und 2,9 der beweglichen Kessel für das Jahr 1907. Aber auch in Bayern ist statistisch entwickelungsmäßig ein absoluter und relativer Rückgang vorhanden [2]), indem nämlich 1879 4,6 %, 1889 noch 3,6 % und 1907 nur noch 1,4 % der feststehenden Kessel mit Torf befeuert wurden. Für Baden ist eine minimale Zunahme zu verzeichnen, die jedoch bei der Kleinheit der Absolutzahl der damit geheizten Kessel (1907 waren es 12 bei einer Gesamtzahl von 4559) kaum erwähnenswert ist.

Eine größere Bedeutung der Torfproduktion für Kraftzwecke scheint sich erst seit ganz wenigen Jahren durch die neuesten Errungenschaften der Technik auf dem Gebiete der Vergasung minderwertiger Brennstoffe anbahnen zu sollen. Jedoch wird auch so die Bedeutung des Torfbrennstoffes nie eine allgemeine, sondern immer nur eine standortsmäßig begrenzte werden können. Trotzdem man sich bislang immer bewußt gewesen war, daß auch selbst bei systematischer Inangriffnahme des Abbaues der Moorflächen die Herstellung des Torfes als Brennmaterial nie Endzweck, sondern immer nur sekundärer Zweck sei, indem ja als Ziel die Gewinnung neuen Landes, fruchtbaren landwirtschaftlichen Bodens, vor Augen schwebte, der schließlich den Unternehmer, sei es als Staat oder Private, für seine Aufwendungen entschädigen mußte, trotzdem erschienen die Gewinnungsmethoden, dann aber auch die Verwendungsmöglichkeiten so wenig lukrativ, daß niemand Lust verspürte, an diese volkswirtschaftlich so bedeutsame Sache mit Ernst und Ausdauer heranzugehen. Durch die Vergasungsverfahren von Dr. Caro und Professor Frank-Charlottenburg, nach denen der Torf in großen Generatoren in Gasenergie umgesetzt — wobei außerdem noch als Nebenprodukte Torfkoks und schwefelsaures Ammoniak gewonnen werden — und vermittels Gas- und Dynamomaschinen darauf in elektrische Energieform gebracht wird, sowie durch das gleichzeitige Zuhilfekommen des Überlandzentralenproblems ist es möglich geworden, den Abbau der Moorflächen in großem Maßstabe in Angriff zu nehmen, wodurch er allein wirtschaftlich zu gestalten ist, und dann die erzeugte Kraft an die in der weiteren Umgebung gelegenen Städte, Industrien, Dörfer oder die

---

[1]) Neuere Zahlen haben wir leider nicht finden können.

[2]) Vgl. die früher angeführte statistische Veröffentlichung: „Die Dampfkraft in Bayern". S. 63.

Landwirtschaft abzugeben. Bei der Neuheit der ganzen Sache liegen Erfahrungen natürlich nicht vor. Jedoch ist bereits gegen Ende des vorigen Jahres im ostfriesischen Hochmoor ein derartiges Elektrizitätswerk [1]) in Betrieb genommen worden, das die Aufgabe hat, unter allmählicher Abtorfung der dortigen ausgedehnten Moorflächen, die nach eingehenden Berechnungen auch bei sehr hohem Kraftverbrauch auf mindestens 100 Jahre hinaus ausreichend erachtet sind, die Städte und größeren Gemeinden Ostfrieslands mit billigem elektrischen Strom für Licht- und Kraftzwecke zu versorgen. Im Interesse der Volkswirtschaft wäre es wünschenswert, daß dieses Unternehmen, sofern es sich als wirtschaftlich und lebenskräftig erweist, auch in anderen Torfländereien Nachahmung findet, um gleichzeitig mit der industriell zu nützenden Abtorfung der Wildmoore jungfräulichen und für die landwirtschaftliche Ansiedlung fruchtbaren Grund und Ackerboden zu schaffen, und so dem Nationalbesitz neue Werte zuzuführen.

4. Die flüssigen Brennstoffe und deren Derivate.

Von den flüssigen Brennstoffen, die der Verwendung zu Energieerzeugungszwecken dienen können, führt ein Teil auf die besprochenen Urstoffe Steinkohle und Braunkohle zurück, ein Teil leitet sich von einem neuen Urstoffe, dem Erdöl — in diesem Sinne ist natürlich nicht das Raffinatprodukt Petroleum, sondern das als sog. „Rohöl“ [2]) zutage kommende Material gemeint — ab. Seiner chemischen Zusammensetzung nach ist das Erdöl ein Gemenge der verschiedenartigsten Kohlenwasserstoffe mit geringen, und je nach der Fundstelle wechselnden, Bestandteilen von Stickstoff-, Sauerstoff- und Schwefelverbindungen. Zu den Derivaten desselben gehören die mehreren Stufen der Petroleumraffinate, das Ligroin und Benzin. Als Abkömmlinge der Steinkohle kommen die Steinkohlenteeröle in Betracht. Sie entstehen als Nebenprodukte der Kokserzeugung und der Gasfabrikation. Durch Destillation des Steinkohlenteers werden dann ferner das Benzol und Ergin, des Braunkohlenteers das Solaröl und Paraffinöl gewonnen. Auch sie sind nichts anderes als flüssige Kohlenwasserstoffverbindungen. Schließlich kommt noch der Spiritus als letztes der in flüssiger Form erscheinenden und für Energieleistung verwendbaren Brennmaterialien hinzu. Bei der Besprechung desselben müssen wir uns, um Wiederholungen zu vermeiden, etwas be-

[1]) Von den „Siemens Elektrische Betriebe in Berlin“.

[2]) Der hohe Heizwert der flüssigen Brennstoffe wurde erst anfangs der 70 er Jahre erkannt, und in dieser Zeit beginnen auch die Versuche, denselben für technische Zwecke auszunützen.

schränken, da auch an späteren Stellen bei Erörterung der Anwendungsmöglichkeiten des Zusammenhangs halber öfters darauf einzugehen war.

Die Ausnützung dieser Brennstoffe zur Krafterzeugung kann auf zwei grundsätzlich verschiedenen Wegen erfolgen, entweder direkt durch Umsetzung der Wärmernergie in Arbeitsleistung in den Zylindern der Explosionsmotoren, oder indirekt über den Umweg der Dampferzeugung durch Verbrennung unter den Dampfkesseln. Für das deutsche Binnenland kommt diese letztere Art fast gar nicht in Betracht. Hier sind es nur die Derivate, sowohl des Erdöls, wie auch des Steinkohlen- und Braunkohlenteers, die direkt in den Motoren zu Energiezwecken verwertet werden. Das Rohöl selbst eignet sich für diese Verwendung weniger, dagegen sehr wohl für die Verfeuerung unter Kesseln durch Zuhilfenahme besonderer Apparate, wie sie in anderen Ländern, in Österreich, Rußland, Amerika, dann aber auch in ausgedehntem Maße auf den Schiffen verschiedener Mutterländer durchgeführt ist. Der Grund, warum in Deutschland das Rohöl nicht auch zur Dampferzeugung genutzt wird, ist einfach der, daß wir selbst keine ausgiebigen Quellen besitzen und in unserem Bezug überwiegend auf das Ausland augewiesen sind. Die drei in Deutschland vorhandenen Erdölgebiete in Hannover (Wietze), im Elsaß und am Tegernsee sind in ihrer Ergiebigkeit unbedeutend, sie erzeugen zusammen etwa nur ¼ % der Gesamtweltproduktion. Das Wenige, was sie produzieren, wird in der Hauptsache zu Schmierölen verarbeitet, die Rückstände wohl auf den Werken selbst zu Heiz- und Feuerungszwecken.

Die wichtigsten Erdölfelder der Welt [1]) sind diejenigen des appalachischen Bassins, die von Lima-Indiana, Texas und Kalifornien in Nordamerika, die kaukasischen in Rußland und endlich die karpatischen in Galizien und Rumänien. Diese Länder sind es auch, in denen in starkem Maße Rohöl für Energieleistungszwecke verwendet wird, und zwar machen besonders die Bahnen und Schiffe hiervon ausgiebig Gebrauch; so ein Teil der österreichischen Bahnen, der russischen, mehrere der größten transkontinentalen Linien Nordamerikas, die kalifornischen und mexikanischen Bahnen. Ferner die sämtlichen russischen Schiffe, die die Wolga befahren, die Küstenfahrzeuge an der mexikanischen und kalifornischen Küste, viele der ostasiatischen Handelsdampfer, die Borneo, Java und Sumatra anlaufen, und andere mehr. Man sieht daraus, daß die Bedeutung des Rohpetroleums, entweder in dem Zustand wie es aus der Erde kommt, oder wie es als Rückstand bei den Raffi-

[1]) Das Geburtsjahr der Petroleumindustrie fällt in das Jahr 1859. Damals wurden in Pennsylvanien die ersten Erdölfelder der Welt angebohrt und systematisch ausgebeutet.

nationsprozessen bleibt, eine nicht geringe und zwar „lokalisiert" internationale ist. Was die Größe der auf dem Erdball vorhandenen Mengen an diesem Urstoff betrifft, so sind mir Schätzungen nicht bekannt geworden; die zunehmende Entdeckung zahlreicher neuer Petroleumquellen aber, sowohl in den genannten, wie auch in anderen Erdölgegenden des Erdkörpers, läßt darauf schließen, daß man es hier mit einem sehr ausgiebigen und in absehbarer Zeit nicht erschöpfbaren Material zu tun hat.

Kehren wir aber zur Verwendung der flüssigen Brennstoffe in Deutschland, soweit sie der Krafterzeugung dienen, zurück. Von den Rohöldestillaten[1]) ist es zurzeit in erster Linie das Benzin, das hier in Frage kommt[2]). Es destilliert bei 80—100° C über und hat einen Heizwert von rund 10 000 WE. Die Mengen, die bei uns eingeführt werden, sind ziemlich bedeutend, 1908 ca. 110 000 Tonnen, und dienen als Brennstoff für Grubenlampen, dann aber überwiegend für automobile Zwecke und für die Benzinmotoren, die als Kraftmaschinen im Kleingewerbe eingeführt sind. (Vgl. näheres hierüber S. 104 f.)

Da wir die Kraftmaschinen, die im Klein- und Nahverkehr gebraucht werden, wie Motorräder, Automobile, Kleinbahnmotoren, von unseren Erörterungen ausgeschlossen haben, so kommt nur der letzte der genannten Verwendungszwecke in Frage. Das Benzin, das für gewerbliche Zwecke eingeführt wird, ist, in Mengen unter 10 000 Kilo und unter Kontrolle bezogen, zoll- und außerdem steuerfrei. Ein Hauptnachteil ist sein unsteter Preis. Das Benzingeschäft in Deutschland liegt in den Händen der Shell-Transport- und Treading Co., einer englischen Gesellschaft mit dem Sitz in London und der mit dieser kapitalistisch verbundenen Asiatic-Petroleum-Co., einer Tochtergesellschaft der großen Königl. Niederl. Petroleumgesellschaft, denen es durch allerlei Machinationen gelungen ist, das Geschäft dadurch sozusagen zu monopolisieren, daß sie die meisten der deutschen Raffinerien in ein Abhängigkeitsverhältnis

[1]) Der Destillationsprozeß besteht darin, daß das flüssige Urmaterial durch Hitzewirkung zunächst verdampft und dann wieder durch Abkühlung in besonderen Kühlschlangen flüssig gemacht wird. Die Unreinheiten bleiben als Rückstände zurück, und es entsteht so ein Raffinatprodukt, das, je öfter der Prozeß wiederholt wird, um so reiner und edler wird. Ferner ist aber auch je nach dem Hitzegrad, unter dem die Destillation erfolgt, das Produkt ein anderes. Auf diese Weise entstehen zahlreiche Stufendestillate, von denen jedes seine besondere chemische Zusammensetzung und seine besonderen physikalischen Eigenschaften hat.

[2]) Der Petroleummotor als Explosionsmotor ist heute wegen des lästigen Geruchs der Abgase und der großen Verschmutzung fast völlig verschwunden und nur noch in Kraftanlagen, die aus früheren Jahren stammen, anzutreffen. Ebenso hat sich auch die Verwendung von Ligroin und Solaröl als unzweckmäßig erwiesen.

gebracht haben, wodurch diese gezwungen sind, ihr Rohmaterial durch die genannten Firmen zu beziehen. In den letzten Jahren sind die Verhältnisse dadurch besser geworden, daß sich die Konkurrenz der Steinkohlenteer- und Braunkohlenteer-Destillate fühlbar machte, die von den betroffenen Motorbesitzern mit Freuden begrüßt und teilweise als willkommenes Ersatzmittel aufgenommen wurden. Wenn auch die Produktion an diesen Stoffen noch nicht so groß ist, daß sie den Benzinbedarf für motorische Zwecke völlig decken könnte, so hat doch die Furcht vor der aufkommenden Konkurrenz bei der betreffenden englischen Gesellschaft auf eine Änderung und Milderung der rigorosen Preispolitik hingewirkt.

Die Steinkohlenderivate, das Benzol und Ergin, haben einen etwas höheren Heizwert als das Benzin (ca. 10 500 WE.) und sind billiger als dieses. Sie werden als Nebenprodukte auf unseren Kokereien gewonnen und sind früher, so lange dieNebenproduktengewinnung noch in ihren Anfängen war, ausschließlich zur Teerfarbenfabrikation verwendet worden. Mit der zunehmenden Modernisierung unserer Kokereien wurden aber die Mengen an diesen Erzeugnissen immer größer, das alte Absatzfeld reichte nicht mehr aus. Man mußte ein neues suchen und fand dieses in der Ausnutzungsmöglichkeit für motorische Zwecke. Wenn auch die erzeugbaren Quantitäten an Ergin und Benzol eine Grenze haben, da sie ja in enger Abhängigkeit von der Koksproduktion stehen, so ist heute noch lange nicht der Höhepunkt ihrer möglichen Produktionsmengen erreicht. Von den 94 Kokereien des rhein.-westfäl. Kohlensyndikats 1907 wurde nur auf 40 Benzol gewonnen, teils weil die anderen noch keine modernen Koksöfen mit Nebenproduktengewinnung besitzen, teils weil sie andere Nebenprodukte erzeugen und nur keine Einrichtung für Benzolausbeute haben. Es ist also zu erwarten, daß in absehbarer Zeit noch eine erhebliche Quantitätssteigerung dieses Stoffes eintreten wird, und daß in demselben Maße sich die Beeinflussung der Benzinpreise verstärken wird. Der Verkauf des Ergins und Benzols liegt in den Händen des Benzolsyndikats. Die Produkte sind bei Gebrauch für gewerbliche Zwecke einer Besteuerung nicht unterworfen.

Von den Braunkohlendestillaten eignet sich für motorische Zwecke nur das Paraffinöl. Dasselbe findet aber nicht in eigentlichen Explosionsmotoren Verwendung, sondern in den sogenannten Verbrennungsmotoren[1]), speziell in dem Dieselmotor. Es wird auf den Braunkohlenschwelereien in der Nähe von Halle gewonnen, wo eine bedeutende Industrie die Verwertung der Schwelkohle zur Öl- und Paraffinproduktion betreibt.

---

[1]) Über den Unterschied zwischen Explosions- und Verbrennungsmotoren siehe später auf S. 99.

Es hat ebenfalls einen Heizwert von annähernd 10 000 WE. und wird von dem Verkaufssyndikat für Paraffinöle in Halle a. S. über ganz Deutschland vertrieben. In geringem Maße wird wohl auch gelegentlich das von der Gewerkschaft Messel bei Darmstadt aus bituminösem Schiefer hergestellte Gasöl und die Rohöle der Pechelbronner Ölbergwerke in Dieslemotoren verwendet, mit größerem Erfolge dagegen neuerdings das Steinkohlenteeröl, meist in Mischung mit anderen Ölen.

Was schließlich die Ausnützung des Spiritus zur Energieleistung betrifft, so ist nur zu sagen, daß seine Verwendung hierfür, die am Anfang dieses Jahrhunderts mit großem Schwunge einsetzte, in wenigen Jahren praktisch zur Bedeutungslosigkeit herabgesunken ist, und daß es heute höchstens noch vereinzelte Brennereien gibt, die diesem Kraftmittel aus naheliegenden Gesichtspunkten heraus treu geblieben sind. Da wir auf die Gründe dieser Tatsachen in anderem Zusammenhang genauer eingehen müssen, so seien sie hier übergangen.

5. Die gasförmigen Brennstoffe.

a) Das eigentliche Generatorgas.

Eine besondere Gruppe von Kraftspendern stellen die gasförmigen Brennstoffe dar. Sie sind nach ihrer Entstehung ausnahmslos auf chemische Umsetzungsprozesse der Kohle zurückzuführen. Sie bilden daher keine selbständige, sondern nur eine sekundäre Kraftquelle, die in Abhängigkeit von den Produktionsbedingungen der fossilen Urstoffe wie diese erschöpflich ist. Die Ausnützung der Gase zur Krafterzeugung kann entweder direkt in Gasmaschinen oder auf dem Umwege der Dampferzeugung durch Verbrennung in Dampfkesseln erfolgen. Im allgemeinen ist zu sagen, daß die erstere Art der Gasverwendung vom wärmetechnischen Standpunkt die ökonomischere ist, und daß hierbei von derselben Menge Gas etwa die $2^1/_2$fache Kraftleistung hervorgebracht wird wie im zweiten Falle.

Jede Gasmaschinenanlage besteht wie auch jede Dampfanlage aus zwei in ihrer Zweckbestimmung völlig verschiedenen Teilen, dem kraftstoffwandelnden Generator und dem kraftstoffverbrauchenden Motor. Der wirtschaftliche Wert der brennbaren Gase richtet sich wie bei den Urstoffen nach ihrer Heizkraft, und unter diesem Gesichtspunkt kann man zwei Gruppen unterscheiden: erstens die reichen Gase mit einem Heizwert von 4000—6000 Kal. pro Kubikmeter, die durch Entgasung bitumenreicher Kohle, Braunkohle oder Torf in luftabgeschlossenen Räumen gewonnen werden. Zu ihnen gehören das Leuchtgas und die bei der Kokserzeugung auf den Zechenbetrieben fallenden Koksofengase. Hierbei werden der Rohkohle nur die in ihr enthaltenen flüchtigen

Bestandteile entzogen, während der Kohlenstoff in reiner Form als Koks erhalten bleibt. Zweitens die armen Gase mit einem Heizwert von nur 1000—1500 Kal. pro Kubikmeter, die durch völlige Vergasung unter gleichzeitiger Zuführung von Luft und Wasserdampf entstehen. Wir wollen sie im folgenden, dem allgemeinen Sprachgebrauch entsprechend, als eigentliche „Generatorgase" bezeichnen. Eine Sonderstellung nehmen ihrer Entstehung und chemischen Zusammensetzung nach die bei der Roheisenproduktion im Hochofen fallenden Gichtgase ein. Sie gehören mit einem Heizwert von 800—900 Kal. zu den armen Gasen.

Für die ökonomische Würdigung wichtiger erscheint mir aber die Einteilung nach der Zweckbestimmung der Umsetzungsvorgänge, aus denen die gasförmigen Kraftstoffe hervorgehen, zu sein. Demgemäß sind zu unterscheiden: solche, bei denen die Energieträgererzeugung Haupt- oder Endzweck des Gasungsprozesses ist, das Leuchtgas, sowie alle Arten von eigentlichen Generatorgasen, und solche, die nur als Nebenprodukte einer Rohstoffverarbeitung gewonnen werden und sich gewissermaßen unentgeltlich der Verwertung darbieten, die Gichtgase bei der Eisen- und Kupferverhüttung und die Koksofengase der Kokereibetriebe. Wie wir sehen werden, haben diese in kurzer Zeit für unser Wirtschaftsleben eine größere Bedeutung erlangt als jene.

Die Gasmaschine verdankt ihre Entstehung dem Bedürfnis des Kleingewerbes und Handwerks nach einer ihren eigenartigen Betriebsverhältnissen angepaßten Kleinkraftmaschine. Zur Erhöhung der Leistungsfähigkeit gegenüber der stark drückenden Konkurrenz der Großbetriebe mußte auch das Kleingewerbe die Mechanisierung seiner Produktionsmethoden aufnehmen. Da aber hier die Maschinenkraft nur zur Unterstützung der Handarbeit und nicht als selbständiges dauerndes Produktionsmittel verwendbar war, kam rationellerweise nur eine Betriebskraft in Frage, die jederzeit zur Auslösung gebracht und nach Gebrauch wieder stillgesetzt werden konnte. Ist nun für die intermittierenden Arbeitsweisen die Dampfmaschine an sich schon ungeeignet, so kommt noch hinzu, daß ihre Aufstellung unter bewohnten Räumen durch ortspolizeiliche Vorschriften verboten ist und aus diesem Grunde wohl für die meisten Werkstättenbetriebe ausschalten muß. Als eine willkommene und von den lästigen Konzessionsbedingungen unabhängige Betriebskraft erschienen in den 60er Jahren des vorigen Jahrhunderts die Ottoschen atmosphärischen Flugkolbenmaschinen, die, auf der Explosionswirkung eines Leuchtgas-Luftgemisches beruhend, trotz ihrer technischen und wirtschaftlichen Unvollkommenheit damals in großer Zahl verwendet wurden. Mehr als 5000 Maschinen von $1/3$ bis 3 Pferdestärken sollen in jener Zeit gebaut worden sein, ein Beweis, ein wie starkes Bedürfnis nach einer brauchbaren Kleinkraftmaschine bestand.

Die Umsetzung der in den Gasen enthaltenen Wärmeenergien in Arbeitsleistung erfolgt dadurch, daß in einem geschlossenem engen Raum, dem Zylinder, ein explosibles Gas- und Luftgemisch zur plötzlichen Verbrennung, d. h. zur Explosion gebracht wird. Der Explosionsdruck wird von einem beweglichen Kolben aufgenommen und so in arbeitverrichtende Bewegung umgesetzt. Die Flugkolbenmaschinen wurden bald durch einen neuen Gasmotor von demselben Erfinder, den Ottoschen Viertaktmotor, überholt, der auf der Pariser Weltaussstellung im Jahre 1878 zum erstenmal der Öffentlichkeit vorgeführt wurde. Das Ottosche Viertaktverfahren bedeutete den wichtigsten Markstein in der Entwickelung der Gasmaschinen. Es besteht darin, im Arbeitszylinder während eines Saughubes das Luftgasgemenge anzusaugen, es darauf zur Erhöhung der Explosionswirkung im Kompressionshub zu verdichten, dann im dritten Hub durch besondere Vorrichtungen Entzündung, d. h. die Explosion zu bewirken und durch Ausdehnung Arbeit zu leisten, und endlich im vierten Hub die Abgase ausströmen zu lassen bzw. auszudrücken. In dieser Weise arbeitet heute die überwiegende Mehrzahl aller Explosionsmotoren. Zum Unterschied von der bei der Dampfmaschine üblichen Wirkungsweise, wo jeder zweite Hub Arbeit verrichtet, ist bei der Gasmaschine immer erst der vierte Hub nutzbar, während die anderen nur die Kraftwirkung vorbereiten. In neuester Zeit ist noch ein anderes Verfahren, die Zweitaktarbeitsweise nach den Patenten v. Oechelhäusers, besonders für Großgasmaschinen auf Hütten- und Bergwerken in Aufnahme gekommen, bei welcher durch komplizierte Vorrichtungen ermöglicht ist, wie bei der Dampfmaschine jeden zweiten Hub zum Arbeitshub zu gestalten. Beide Systeme, Zweitakt und Viertakt, haben Vorzüge, die sie jeweils für besondere Betriebsverhältnisse wertvoll machen, und kann von einer absoluten Überlegenheit des einen über das andere weder in technischem, noch ökonomischem Sinne gesprochen werden, wie es ja überhaupt bei der überaus mannigfaltigen Differenzierung industrieller Kraftbedürfnisse nie eine absolute, sondern immer nur eine relative Vollkommenheit einer spezifischen Krafterzeugungsmethode gibt.

Bis um die Wende des vorigen Jahrhunderts war die wichtigste gasförmige Kraftquelle das durch die trockene Destillation der Steinkohlen in besonderen Retortenöfen erzeugte Leuchtgas. Die Verwendung desselben war sehr bequem und durch den einfachen Anschluß des Motors an eine vorhandene Gasleitung zu erreichen. Allein der hohe Preis des Triebmittels ließ es schon für mittlere Kraftleistung von über 20 PS für die allgemeine Verwendung als ungeeignet erscheinen. In dem Bestreben, eine wirtschaftlich brauchbare Gasquelle für größere Maschineneinheiten sowie für das Kleingewerbe an Plätzen, an denen ein Gaswerk nicht vorhanden war, zu schaffen, ging man dazu über, das für den Ofenbetrieb auf Hüttenwerken, in Glasschmelzereien und chemischen Fabriken seit mehr als 50 Jahren verwendete Heizgas, das sogenannte Siemensgas, das durch Vergasung geringwertiger Kohle in Schachtöfen bei ungenügendem Luftzutritt gewonnen wird, auch für die Krafterzeugung nutzbar zu machen. Die erste derartige Anlage, die ihr Triebmittel selbständig herstellte, wurde 1886 von der Gasmotorenfabrik Deutz als Druckgasanlage ausgeführt. Sie beruhte auf einem Verfahren des Engländers Dawson, dem es durch Zuführung von Luft und Wasserdampf während des Vergasungsvorgangs in den Generator gelungen war, ein brennbares und für Verwendung in der Maschine geeignet zusammengesetztes Kraftgas zu erzeugen[1]). Technische Mängel verhinderten aber eine ausgedehntere ökonomische Ausnützung dieser neuen Energiequelle. Hinzu kam, daß sie zur Herstellung des erforderlichen Wasserdampfes, der außer seiner kühlenden Wirkung auf den Gasungsvorgang die Funktion hatte, das Gas aus dem Generator in die Maschine zu drücken, eines besonderen Dampfkessels bedurfte und dadurch wieder in jedem Falle an die vielfach so lästig empfundene Konzessionspflichtigkeit durch die Behörden gebunden war. Die befriedigende Lösung des Gaskraftproblems hat erst das letzte Jahrzehnt durch das Aufkommen der Saugegasmaschine gebracht. Bei ihr wird die physikalische Wirkung der Kolbenbewegung benützt, durch Bildung eines Unterdrucks im Zylinder bei jedem Hube ein bestimmtes Gasquantum aus dem Generator anzusaugen. Damit wurde gleichzeitig auch das Erfordernis eines besonderen Dampfkessels überflüssig. Es ist charakteristisch für die wechselseitigen Beziehungen, die zwischen Technik und Wirtschaftsleben bestehen, daß die Einführung dieser neuen Kraftquelle, deren Ökonomie man anfänglich weit überschätzte, in eine Zeit wirtschaftlichen Tiefstandes, etwa in das Jahr 1901 fällt, wo man, gezwungen durch die schlechte allgemeine Konjunkturlage, sich genötigt sah, zu sparen, und in einer Verbilligung der Betriebskraft einen willkommenen Angriffspunkt für die Verwohlfeilung der Produktion erblickte. Zuerst ging man nun, da dies die geringeren technischen Schwierigkeiten brachte, daran, nur die bitumenarmen Brennstoffe, die Koks und Anthrazite zur Krafterzeugung zu verwenden und die hierfür geeigneten Generatoren zu schaffen. Der hohe Preis dieser Brennstoffe aber, der zudem mit

[1]) Das sog. „reine“ Wassergas, das entsteht, wenn man nur Wasserdampf über eine glühende Brennstoffschicht leitet, eignet sich technisch auch für Motorbetrieb, ist aber wegen seiner hohen Gestehungskosten allgemein zur Krafterzeugung nicht brauchbar. Man findet es als solches zu Energiezwecken verwendet wohl nur auf Glashütten, wo es ohnedies im Produktionsprozeß benötigt wird. Im übrigen dient es besonders als Zusatzgas bei der Leuchtgasbereitung.

der ausgedehnten Verwendung der Anthrazitgeneratoren und der dadurch bedingten Erhöhung des Konsums in jener Zeit eine erhebliche Steigerung erfuhr, drängte die Industrien, die sich auf den Bau dieser Kraftgasanlagen eingerichtet hatten und infolge der hierfür gemachten Kapitalaufwände das Hauptinteresse an der Erweiterung oder wenigstens Erhaltung eines stabilen Absatzmarktes besaßen, von selbst dazu, auch der Vergasung der billigeren bitumenreichen Kohlensorten, der Steinkohlen, Braunkohlen und schließlich des Torfs ihr Augenmerk zuzuwenden. Die technischen Schwierigkeiten, die sich der Nutzbarmachung ursprünglich entgegenstellten, waren hauptsächlich veranlaßt durch die Verunreinigungen dieser Gase mit teerhaltigen Kohlenwasserstoffdämpfen, die durch die rasche Verschmutzung der Rohrleitungen und Ventile einen geregelten Betrieb unmöglich machten. Es gelang auch bald, diese Aufgabe zu lösen, und heute ist es möglich, nicht nur die oben bezeichneten Brennstoffe, sondern auch die zahlreichen kohleenthaltenden Abfallmaterialien im Bergbau, die Wasch- und Klaubeberge, Lesebandabfälle usw., deren Anhäufung den Zechen oft lästig ist, da ihre Beseitigung große Unkosten verursacht, durch Vergasung zur Energieerzeugung nutzbar zu machen.

„In der Tat gibt es heute keine noch so geringwertige Kohlensorte, deren Verwertung auf unlösbare technische Schwierigkeiten stoßen dürfte [1]).“ In Storetitsch, einem Stadtteil Londons, ist eine Müllverbrennungsanstalt in Betrieb, in welcher in Generatoren der Müll vergast wird. Das Gas wird unter Dampfkesseln verbrannt und liefert die Kraft für eine Dampfdynamo von 950 PS. Ähnliche Anlagen bestehen in Brüssel und in einzelnen deutschen Großstädten. Während die Leuchtgas-, Koksgas- und Anthrazitgas-Verwendung [2]) für die Energiegewinnung durch die Konkurrenz anderer Krafterzeugungsmöglichkeiten, der Dampfmaschinen, elektrischen Maschinen und Flüssigkeitsmotoren teilweise schon wieder zurücktritt, gewinnt das Problem, die minderwertigen Brennstoffe durch Vergasung in Energie umzusetzen, zusehends an Bedeutung. Es ist weniger mehr ein Problem der Energieerzeugung als der Energieverteilung und gibt, nach dem Mondschen Verfahren im großen durchgeführt, außerdem als Nebenprodukt noch eine Ausbeute an dem für die Stickstoffdüngung in der Landwirtschaft wertvollen schwefelsauren Ammonium. Im Verfolg dieser Entwicklung werden sich neue Wertungsmöglichkeiten für das Nationalvermögen schaffen lassen. So gibt es in Deutschland Braunkohlengegenden im Westerwald, zerstreute Plätze am Rhein, in Hessen, Sachsen, Branden-

---

[1]) Junge: „Auswertung der Kohle“. Berlin 1909. S. 54.

[2]) Unterscheide Koksgas und Koksofengas. Jenes wird in besonderen Generatoren, dieses auf den Kokereien gewonnen.

burg, Posen und Schlesien, die bis jetzt nicht abbauwürdig sind, da die Kohle wegen ihrer chemischen Zusammensetzung oder der strukturellen Beschaffenheit zur Brikettierung ungeeignet ist, ein Versand des sperrigen Rohmaterials aber infolge des Frachtzuschlags, der in keinem Verhältnis zum Werte des Brennstoffs stehen würde, ausgeschlossen bleibt. Die vielen Abfallkohlen auf den Zechen, die Staubkohlen, Waschberge, der Koksgrus, die gar nicht oder nur sehr schwer unter Kesseln zu verfeuern sind und vielfach wieder in die Gruben wandern, manche Flöze, deren Unreinheit früher den Abbau nicht gelohnt hatte, da die Absatzwege zu weit und die erforderlichen Aufbereitungsverfahren zu kostspielig waren, letztlich auch der Torf werden auf dem Umweg der Vergasung und Umsetzung in elektrische Energie für die industrielle Verwertung nutzbar, indem der sich aus ökonomischen Gründen von selbst verbietende Brennstofftransport auf den Schienen durch die rationellere Versendung des elektrischen Stromes auf dem Drahte ersetzt wird [1]).

b) Das Gichtgas.

Neben diesen in Generatoren besonders hergestellten Kraftgasen haben die industriellen Abfallgase eine hervorragende Bedeutung. Es war eine der gewaltigsten Leistungen der Technik unserer Zeit und von epochalem Einfluß für die Entwickelung der Berg- und Hüttenindustrien, als es dem rastlos vorwärtsdrängenden Ingenieurgeist gelang, die Mittel und Wege zu finden, die zur Ausnützung der gewaltigen und für die Nationalwirtschaft bisher überwiegendenteils verloren gegangenen Energiebeträge führten, die in den Gicht- und Koksofengasen unserer Zechen- und Hüttenbetriebe aufgespeichert sind. Die Verwertung derselben in Gasmaschinen stellt einen Markstein dar in der vom nationalwirtschaftlichen Standpunkt aus hochwichtigen Entwickelungstendenz der modernen Technik, alles, was an Wärme und Kraft in den erschöpflichen Kohlenschätzen unserer Erde enthalten ist, für die Produktion nutzbar zu machen. Als die größten Kraftgasgeneratoren, die es gibt, können wir die der Verarbeitung der Eisenerze dienenden Hochöfen ansehen. Bekanntlich wird bei der Verhüttung der Erze zur Erzeugung von 1 Tonne Roheisen etwa ebensoviel Koks verbraucht. Mit den dabei entstehenden Gichtgasen wußte man ursprünglich nicht viel anzufangen. Einen kleinen Teil derselben verbrauchte man seit den 40er und 50er Jahren des vorigen Jahrhunderts zur Vorwärmung des zu dem Schmelzprozeß

[1]) Auf vier Zechen des Ruhrreviers waren 1907 Einrichtungen zur Vergasung der Waschberge und Lesebandabfälle vorhanden. In österreichischen Berg- und Hüttenbetrieben waren zur gleichen Zeit etwa 30 Generatoranlagen zur Verwertung von Stein- und Braunkohlenabfällen im Betrieb.

erforderlichen Gebläsewindes, den großen Rest ließ man ungenutzt ins Freie ausblasen. Welche Energiemengen auf diese Weise verschwendet wurden, davon vermag sich der eine Vorstellung zu machen, der auf der Fahrt durch die Gebiete unserer Schwerindustrien vor noch nicht allzu langer Zeit die Feuersäulen aus den Hochöfen mit schaudernder Bewunderung gen Himmel aufsteigen sah. Ein erheblicher Fortschritt war es schon, als in den 90er Jahren vereinzelte Betriebe dazu übergingen, diese Abgase unter die Dampfkessel zu leiten und in besonderen Gasfeuerungen zu verbrennen. Die Schwierigkeiten, die sich der technisch und wirtschaftlich rationelleren Verwertung in Gasmaschinen so lange entgegengestellt hatten, bestanden zum Teil darin, daß man es früher nicht verstand, Motoren von solchen Dimensionen zu bauen, wie sie für das Kraftbedürfnis der Hüttenwerke zweckmäßig waren; zum Teil lagen sie auch hier auf dem Gebiet der Gasreinigung, indem die großen von den Gichten mitgeführten Staubmengen in kostspieligen, umständlichen Wasch- und Skrubberapparaten bis auf einen Minimalbetrag von 0,02 g Staubgehalt pro Kubikmeter entfernt werden müssen, bevor das Triebmittel in die Kraftzylinder gelangt. Heute ist es möglich, die erforderlichen Einheiten bis zu Größen von 3000 PS herzustellen, und auch die Reinigung der Gase läßt sich in jeder gewollten Feinheit erreichen. Dem deutschen Vorbilde, durch die Verwendung der kostenlos zur Verfügung stehenden Energiequelle der Privatindustrie und Volkswirtschaft neue ökonomische Werte zuzuführen, folgen neuerdings auch andere Staaten nach, und die Berg- und Hüttenindustrien fast der meisten Industrieländer gehen dazu über, zur Deckung ihres enormen Kraftverbrauches die in ihren Produktionsprozessen fallenden Überschußgase, soweit es die Betriebsverhältnisse zulassen, als willkommenes Ersatzmittel für die teuere Kohle zu verwenden.

Die Energiebeträge, die in den Gichtgasen aufgespeichert sind, lassen sich in einfacher Weise aus der Roheisenproduktion der einzelnen Länder berechnen. Die stündliche Leistung einer Pferdestärke in der Großgasmaschine erfordert einen durchschnittlichen Wärmeaufwand von 2000—2500 WE. Da nun nach früherem ein Kubikmeter Gichtgas eine Heizkraft von 800—900 WE. enthält, so ergibt sich ein Gasverbrauch von $\frac{2000/2500}{900/800} \cong$ 2,2 bis 2,8, im Mittel 2,5 Kubikmeter für die Pferdestärkestunde. Bei dem Verhüttungsprozeß der Eisenerze werden nun pro Tonne hergestellten Eisens abzüglich des für die Winderhitzung benötigten Gasverbrauchs 2500 cbm Gichtgas frei, von denen etwa noch ein Bedarf für 6 PS zum Betrieb der Gebläsemaschinen erforderlich und in Abzug zu bringen ist. Für jede täglich produzierte Tonne Roheisen wird also eine Gasmenge verfügbar, die für eine Energieleistung von

$\frac{2500}{24 \,.\, 2{,}5} - 6 \cong 41{,}6 - 6$, also rund 35 PS ausreichen würde. Wählen wir z. B. einen Hochofen mit einer mittleren Tagesproduktion von 150 t, so entspräche dieser einer Kraftquelle von 150 . 35 = 5250 PS. Bei einer Jahreserzeugung von 12 Millionen Tonnen Roheisen, wie sie in den Jahren 1906 und 1907 in Deutschland sogar noch überschritten wurde, ergibt sich demnach eine in ununterbrochenem Betrieb frei für die Produktion verfügbare Energiemenge, die zu einer Kraftleistung von $\frac{12\,000\,000 \,.\, 35}{360}$ = annähernd 1,2 Millionen Pferdestärken ausgereicht hätte. Zum Vergleich sei angeführt, daß zur Erzeugung derselben Leistung in rationell arbeitenden Dampfmaschinen oder Dampfturbinen ein Kohlenquantum von nahezu $6\frac{1}{2}$ Millionen Tonnen oder einem Geldwert von etwa 65 Millionen Mark erforderlich wäre.

Im allgemeinen wird nun die Rücksicht auf die Betriebsverhältnisse und die Möglichkeit, für die zur Verfügung stehenden Energiebeträge auch Verwendung zu finden, beschränkend auf die Verwertung der vorhandenen Gichtgase einwirken. Eine restlose Ausnützung wird schon wegen der mit der Konjunkturlage auf- und niederschwankenden Größe der Eisenerzeugung niemals möglich sein. Durch die moderne Produktionsorganisation in unserer deutschen Hüttenindustrie aber, die Kombination von Hochofenanlagen mit Stahl- und Walzwerken, und die Verschmelzung dieser Kombinationsbetriebe wieder mit Kohlenzechen und Kokereien ist diese ganze Entwickelung wesentlich begünstigt worden, oder man muß vielleicht richtiger sagen, daß die Rücksicht auf eine ökonomische Energieerzeugung und Energieverwendung vielfach mit den Anlaß zur Fusionierung in unserem Berg- und Hüttenwesen gegeben hat. Die „reinen“ Hochofenwerke nämlich, die die Erze schmelzen und in flüssiges Roheisen verwandeln, haben im eigenen Betrieb nur für den geringsten Teil ihrer Überschußkräfte ein Absatzfeld. Einen um so größeren Kraftbedarf haben dagegen die „reinen“ Stahl- und Walzwerke, welche den von jenen gelieferten Rohstoff weiterverarbeiten. Es sind wohl diejenigen Industrien, die unter allen Industriezweigen des Wirtschaftslebens mit die größte Kraftpotenzierung für ihren Produktionsprozeß bedürfen [1]), denen aber gerade die günstige Energiequelle der Hochofenwerke fehlt. Eine Zwischenstellung nehmen die Kohlenzechen ein, die ebenfalls einen sehr erheblichen Kraftverbrauch haben, die aber einen Teil desselben durch ihre überschüssigen Koksofengase decken können.

---

[1]) Neuerdings ist durch das Verfahren der Stickstoffgewinnung aus der Luft eine Industrie entstanden, die ebensolche oder vielleicht noch größere Energiekonzentration erforderlich macht.

Je nach dem Umfang der Kokereianlagen sind zwar die Energiemengen, die hier frei werden, mehr oder weniger beträchtlich, im ganzen aber viel geringer als die in den Gichtgasen aufgespeicherten Beträge und reichen nicht immer aus, die großen auf den Zechenanlagen erforderlichen Arbeitsleistungen befriedigen zu können. Die gegenseitige Abhängigkeit dieser Werke voneinander, die durch den möglichst billigen und unmittelbaren Bezug der für den Produktionsprozeß gebrauchten Rohstoffe bedingt ist, weist schon naturgemäß diese Betriebe in die Gebiete, wo Kohle bzw. Erze gefördert werden. So haben sich die deutschen Schwerindustrien in drei große Bezirke konzentriert, das oberschlesische, das rheinisch-westfälische und das südwestdeutsch-luxemburgische Gebiet. Durch den Mangel eigener Kohlen für seine Hüttenwerke ist das letztere gegenüber den beiden ersteren wesentlich im Nachteil und in seinem Bezug auf die Ruhr- und Saarkohlen angewiesen. Um so wichtiger ist daher für dieses Gebiet die in den Gichtgasen seiner Hochöfen enthaltene Kraftquelle. — Durch die Einführung der Elektrizität in die Berg- und Hüttenbetriebe ist nun der Aktionsbereich [1]) wirtschaftlich möglicher Kraftverteilung von den großen Energiezentralen der Hochöfen so weit ausgedehnt worden, daß dadurch in gewissem Sinne für jede Anlage ein unbestrittenes natürliches Kraftversorgungsgebiet geschaffen ist. Für alle in diesem Gebiet liegenden Werke muß es daher vorteilhaft erscheinen, sich diese billige Energiequelle durch Angliederung zunutze zu machen, und umgekehrt haben die Hochofenbetriebe an dem Zusammenschluß ein gleich starkes Interesse, indem ihnen damit eine sichere Verwendungsmöglichkeit für ihre in elektrische Kraft umgesetzten Gichtgase gewährleistet ist, was weiter für sie eine wertvolle Verbilligung ihres Produktionsprozesses bedeutet. In der englischen Hüttenindustrie z. B. kann die Großgasmaschine aus dem Grund mit Vorteil nicht zur Einführung gelangen, weil durch die örtliche Entfernung der Hochöfen von den Stahl- und Walzwerken über den wirtschaftlichen Aktionsradius elektrischer Kraftübertragung hinaus die erforderliche Verwertungsgelegenheit für den Gasüberschuß fehlt. Daß noch eine Reihe anderer Gründe, die hier nicht zu erörtern sind, auf die Fusionierung in unserer Eisen- und Kohlenindustrie eingewirkt haben, soll deshalb nicht unterschätzt werden; sicher aber steht fest, daß bei all den Trustgebilden, die auf diese Weise entstanden sind, ausnahmslos die Zentralisierung und der gegenseitige Ausgleich der Krafterzeugung und Kraftversorgung eine der hauptsächlichsten Änderungen der Pro-

[1]) Zu dem wirtschaftlichen Aktionsbereich gehören die Gebiete, für welche die Kostenerhöhungen der Zentralenenergie durch die Länge der Kabelleitungen noch nicht so groß ist, daß es für die Verbrauchsstelle billiger wäre, den nötigen Kraftbedarf in eigenen Dampfmaschinen zu erzeugen.

duktionsorganisation geworden ist. Denn „die großen Vorteile, welche die „gemischten" Werke aus der guten Ausnützung des Kraftüberschusses ihrer Hochöfen ziehen, verleihen ihnen im Wettbewerb einen beträchtlichen Vorsprung vor den „reinen Werken", und die schwierige geschäftliche Lage der letzteren beruht zu einem Teile mit darauf, daß ihnen diese günstigen Kraftverhältnisse nicht zu Gebote stehen" [1]). Bei niedergehender Konjunktur kann allerdings aus der Verknüpfung der Roheisenerzeugung mit dem Kraftbedarf der Stahl- und Walzwerke eine bedenkliche Notlage dann entstehen, wenn die Hochofenwerke den gesamten Energiebetrag derselben liefern, und besondere Dampfreserven nicht vorgesehen sind. Die reinen Werke können in solchen Zeiten ungehindert ihren Hochofenbetrieb „dämpfen", während die gemischten Werke in der Rohstofferzeugung durch die für den Kraftbedarf ihrer übrigen Betriebe benötigten Gichtgasmengen festgelegt sind und eine Dämpfung nur in dem Maße der in diesem möglichen Produktionseinschränkung vornehmen können. Die infolge davon sich ansammelnden Überschußbestände an Rohmaterialien drücken dann auf die Marktlage und bergen in sich die Gefahr, eine rückläufige Konjunktur noch zu verschärfen, wie es in der jüngsten Zeit vorgekommen ist. Es liegt hier eine ähnliche Verkettung der Produktionsbedingungen vor wie auf den Kokereianlagen der modernen Zechen, auf welchen die Abhängigkeit des primären Produktionsprozesses der Kokserzeugung von dem sekundären Prozeß der Nebenproduktengewinnung und Krafterzeugung [2]) aus den freiwerdenden Koksofengasen bei schlechter Konjunktur häufig ebenfalls die den Absatzverhältnissen entsprechende Betriebseinschränkung verhindert hat.

Von diesen Nachteilen aber, die mehr eine Folge fehlerhafter Produktionsorganisation wie ein in der Sache selbst begründeter Mangel sind, abgesehen, ist vom nationalwirtschaftlichen Standpunkt aus die Verwendung der Gichtgase in doppeltem Sinne vorteilhaft, sowohl durch die Möglichkeit der Verbilligung der Eisenproduktion wie durch die große Ersparnis an unersetzbaren Kohlenmengen.

Für den Produzenten kommt natürlich nur die Verfolgung privater Interessen in Frage. Die Hochofenwerke, die ihre Kraftzentralen nach kaufmännischen Grundsätzen betreiben, berechnen die Gestehungs-

---

[1]) Siehe hierzu und zum folgenden Prof. Bonte: Antrittsrede an der Techn. Hochschule Karlsruhe. Zeitschr. d. Ver. deutsch. Ing. 1908, S. 1915.

[2]) In dem Geschäftsbericht der Concordia-Bergbau-A.-G. Oberhausen vom Jahre 1908 hieß es an einer Stelle: „Da nach den heutigen Einrichtungen der gesamte Bergbau von der Krafterzeugung aus den Koksofengasen abhängig ist, so kann die Kokserzeugung nicht in dem Umfang eingeschränkt werden, wie es zur Anpassung an die Absatzmöglichkeit nötig wäre."

kosten der Energie, die sie an andere Betriebe abgeben, in der Regel in der Weise, daß sie den vollen Geldwert der Kohlenmengen, die dem Heizwert der zur Kraftleistung verbrauchten Gasquantitäten entsprechen, in Ansatz bringen. Somit müssen die an die Zentrale angeschlossenen Werke einen relativ hohen Kraftpreis auf ihren Produktionsprozeß übernehmen und haben scheinbar keinen erheblichen Vorteil von der an sich kostenlosen Energiequelle. Dies trifft jedoch nur für die freien, die selbständigen Kraftkonsumenten zu. Bei den fusionierten Werken aber kommt der Gewinn dem Gesamtbetrieb zugute und wird in einer Verwohlfeilung der Roheisenerzeugung dadurch konzipiert, daß von den Produktionskosten des Hochofenprozesses die Einnahmen für die gleichzeitig gelieferten Energiemengen in Abzug zu bringen sind.

Da der Preis der Eisenprodukte auf die Dauer seine untere Grenze in den Produktionskosten des unter den ungünstigsten Bedingungen arbeitenden Werkes findet, das eben noch zur Versorgung des Marktes herangezogen werden muß, so ergibt die Ausnützung der Gichtgasenergie in den „gemischten“ Werken eine Differentialrente gegenüber allen Werken, die diese Kraftquelle nicht besitzen. Die Konsumentenkreise werden daher den vollen Nutzen aus der Einführung der Hochofengasverwertung erst dann ziehen können, wenn die „reinen“ Werke, die jetzt noch zur Deckung des Bedarfs gebraucht werden, sich entweder selbst zusammengeschlossen haben, oder aber die „gemischten“ Werke leistungsfähig genug sind, die Versorgung des Marktes allein zu übernehmen.

c) Das Koksofengas.

Die Ausnützung der bei der Kokserzeugung entstehenden überschüssigen Abfallgase für Energieleistungszwecke ist älter als die der Gichtgase, jedoch älter nur insofern, als es sich um die Verwendung derselben zur Dampferzeugung, also die unrationellere der beiden Verwertungsarten, handelt. Zurzeit steht Deutschland auf dem Weltkoksmarkt hinter der nordamerikanischen Produktion an nächster Stelle. In der Technik seiner Verkokungsverfahren übertrifft es alle anderen Länder bei weitem. Während in England und Nordamerika noch der überwiegende Teil der Kokserzeugung in den sog. Bienenkorböfen vor sich geht, das sind Öfen, bei denen die Verkokungsgase mit allen in ihnen enthaltenen wertvollen Stoffen frei in die Luft ausblasen, und die infolgedessen mit besonderem Brennmaterial geheizt werden müssen, ist man in Deutschland längst zu rationelleren Methoden übergegangen. Man verkokt die Kohlen bei uns entweder in den Koksflammöfen, das sind solche ohne Gewinnung der Nebenprodukte, oder in solchen mit Gewinnung der Nebenprodukte, den sog. Destillationsöfen. Die ersten

Destillationsöfen wurden bereits 1882 in Deutschland errichtet. Bei den älteren, den Flammöfen, werden die Destillationsprodukte, d. h. also die Verkokungsgase, in den seitlich der eigentlichen Verkokungskammern liegenden Heizkanälen unter besonders geregelter Luftzuführung verbrannt, um zunächst die Kammerwände selbst zu heizen, und alsdann werden sie zur restlichen Ausnützung der noch in ihnen enthaltenen Wärme in die Dampfkessel geleitet, wo sie durch ihre „Abhitze" wirken. Der Vorteil gegenüber den Bienenkorböfen ist also bei diesem älteren, heute schon wieder verschwindenden System ein doppelter, indem der Prozeß nicht nur das zu seiner Durchführung nötige Heizmaterial selbst hergibt, sondern weiterhin noch einen Wärmeüberschuß zu Krafterzeugungszwecken liefert. Schon Anfang der 70er Jahre gelangten diese Öfen bei uns zur Einführung, und nach statistischen Angaben wurde bereits Ende der 70er Jahre im Ruhrrevier die Abhitze von 20 % der dort vorhandenen Koksflammöfen, Ende der 80er von 75 % und um die Jahrhundertwende von sämtlichen Koksöfen unter Dampfkesseln ausgenützt. Nachdem man aber in den 80er Jahren erkannt hatte, welche Menge chemisch wertbarer Produkte in diesen Abgasen enthalten war, ging man dazu über, anstatt der gewöhnlichen Flammöfen die Destillationsöfen einzuführen, bei welchen den Verkokungsgasen, bevor sie zur Beheizung in die Kokskammern gelangen, erst die in ihnen enthaltenen wertvollen Nebenbestandteile, das schwefelsaure Ammonium, der Teer, das Benzol u. a. entzogen werden. Der Unterschied des Koksausbringens aus einer Tonne Kohle in den alten Bienenkorböfen und den modernen deutschen Öfen beträgt etwa 8—10 % Mehrertrag bei den letzteren. Gegen Ende 1905 waren in Deutschland nahezu die Hälfte der vorhandenen Kokereien auf die Gewinnung der Nebenprodukte eingerichtet, während in Nordamerika im Jahre 1906 erst 12,5 % der Koksproduktion in Nebenproduktenanlagen gewonnen wurden, der übrige Teil aber aus den ganz veralteten Bienenkorböfen hervorging, ein deutliches Beispiel, wie verschwenderisch man im „Lande der unbegrenzten Möglichkeiten" noch mit den vorhandenen Naturschätzen umgeht.

Die Flammöfen werden mit ihrer ganzen Gasmenge geheizt und liefern nur Abhitze, d. h. verbrannte Gase, deren Temperatur noch 1100 ^{0} beträgt. Mit der Abhitze von 1 kg Kohle werden beim Durchströmen der Feuerzüge der Dampfkessel etwa 1,2 kg Wasser verdampft, also der sechste Teil der in der Kohle enthaltenen und auf dem Umwege der Dampferzeugung realisierbaren Arbeitsenergie wird außer dem eigentlichen Endprodukt des Prozesses, der Koks, wiedergewonnen. Während bei den Flammöfen für die Energie kein Gas, sondern n u r die Abhitze der heißen Verbrennungsbestandteile zur Verfügung steht, also für die Ausnützung derselben die Gasmaschine nicht in Frage kommt, liefern die Destillationsöfen Abhitze **und außerdem** noch unverbranntes Koksofengas. Den bei der Verkokung entstehenden Gasen werden zunächst die Nebenprodukte entzogen, und dann wird ein Teil zur Beheizung der Öfen verbrannt. Diese verbrannten Gase werden als Abhitze zur Dampferzeugung verwendet. Der noch verbleibende Rest, der Gasüberschuß, der aber nur gering ist, kann dann entweder direkt in Gasmaschinen oder durch Verbrennung unter Dampfkesseln in Energieleistung umgesetzt werden. Abhitze und Abgase der Nebenproduktenöfen zusammen verdampfen pro 1 kg Kohle nur 0,8—0,9 kg Wasser, d. h. ihre Energieentfaltung ist geringer wie bei den Flammöfen. Eine wesentliche Verbesserung dieser Nebenproduktenöfen ist nun um die Jahrhundertwende erfolgt durch die Einführung des **Regenerativsystems**, wodurch der für Krafterzeugungszwecke verfügbare Gasüberschuß von 60—70 cbm pro Tonne eingesetzter Kohle bei den älteren Destillationsöfen auf 110—130 cbm bei den modernsten erhöht wurde.

Das Wesen des Regenerativverfahrens besteht darin, daß in besonderen Räumen die bei der Verbrennung der Koksofengase zum Zwecke der Beheizung der Kokskammern erforderliche Luft durch die Abhitze dieser verbrannten Gase vorgewärmt wird. Durch diese Vorwärmung ist es ermöglicht, mit einem erheblich geringeren Betrag der Koksofengase zur Durchführung des Verkokungsprozesses selbst auszukommen, so daß ein größerer freier Gasüberschuß für die weitere Krafterzeugung verbleibt. Die Regenerativöfen liefern daher keine Abhitze mehr, sondern **nur** noch Abgase. Ihre Einführung auf den Kokereibetrieben wurde dadurch von besonderer Wichtigkeit, daß die großen Energiebeträge, die sie in den Überschußgasen offenbar lieferten, den Hauptanstoß gaben, der zur Verwendung der Gasmaschinen im Bergbau führte.

Die Kraftleistungen [1]), die sich auf diese Weise aus den Überschußgasen ziehen lassen, sind etwa 2½ mal so groß als bei dem alten Verfahren, die Gase zur Dampferzeugung zu nutzen, d. h. aber in ökonomischem Sinne gesprochen, durch das Aufkommen des Regenerativsystems bei den Destillationsöfen ist der Wert der verfügbaren Überschußenergien um mehr als das Doppelte gesteigert worden. Der Vorteil muß sioh also schließlich wie bei der Gichtgasausnützung in einer Verwohlfeilung der Koksproduktion als solcher geltend machen.

Die Größe der Energieleistung, die sich, bei allgemeiner Verwendung des Regenerativverfahrens, in Gasmaschinen für das Wirtschaftsleben

[1]) Neuerdings geben einzelne Zechen auch einen Teil ihrer Überschußgase für Beleuchtungszwecke an Kommunalverbände ab. Die Stadt Mülheim a. d. R. hat sogar vor kurzem mit der Friedrich-Wilhelms-Hütte einen Vertrag auf völlige Versorgung der Stadt mit Gas abgeschlossen und will ihr bisheriges Gaswerk stillegen.

nutzbar machen ließe, ist aus der jeweiligen jährlichen Gesamtkoksproduktion leicht zu berechnen. Im Jahre 1906 betrug dieselbe für Deutschland 20 266 000 Tonnen. Hierzu waren bei Annahme eines Koksausbringens von 70 % aus 1 Tonne Kohle $\frac{20\,266\,000}{0{,}7} \cong 29\,000\,000$ t Kohlen erforderlich. Nach früherem ergibt sich pro Tonne verkokter Kohle ein Überschuß von 120 cbm Gas mit einem durchschnittlichen Heizwert von 3200 W. E. pro cbm. Da nun der Wärmeverbrauch der Koksgasmaschinen für die Pferdestärkestunde im Mittel 2200 W. E. beträgt, so resultiert ein Gasverbrauch von $\frac{2200}{3200} \cong 0{,}69$ cbm, und jeder Tonne verkokter Kohle entspricht eine mögliche ununterbrochene Energieleistung von $\frac{120}{24\,.\,0{,}69} \cong 7{,}2$ PS. Bei einer jährlichen Gesamtmenge verkokter Kohlen von 29,0 Millionen Tonnen läßt sich demnach ein Energieüberschuß erzielen von $\frac{29\,000\,000}{360} \times 7{,}2 \cong 580\,000$ PS. Das Quantum an Kohlen, die zur Erzeugung dieser Leistung in Dampfmaschinen verfeuert werden müßten, beträgt etwa 3,2 Millionen Tonnen oder in Geldwert ausgedrückt rund 32 Millionen Mark. Wenn augenblicklich noch der größere Teil der Überschußenergien bei der Koksbereitung auf deutschen Zechen zur Dampferzeugung und nicht zur unmittelbaren Umsetzung in Gasmaschinen verwendet wird, so hängt dies in erster Linie damit zusammen, daß bis heute noch die Mehrzahl der Koksöfen ohne Regeneration arbeitet, und daß eine Änderung hierin sich wegen des mit dem Umbau oder der Neuanlage von Kokereien verbundenen Kapitalbedarfs nur sehr langsam vollziehen kann. Jedenfalls geht aber aus den berechneten Zahlen hervor, welche gewaltigen Ersparnisse durch zunehmende Einführung der Großgasmaschinen in die Bergbaubetriebe sich mit der Zeit für die nationale Produktion noch machen lassen.

Als weitere Energiequellen sind in diesem Zusammenhang die bei der Verhüttung der Kupfererze fallenden Kupferofengichtgase zu erwähnen, die neuerdings ebenfalls zur Krafterzeugung verwendet werden. Hatte man ursprünglisch schon große Zweifel in die Verwertbarkeit der auf den Hochöfen fallenden Gichtgase mit ihrem geringen Heizwert von nur 900 WE. für maschinelle Zwecke gesetzt, so mußten die Bedenken bei den noch ärmeren Kupfergichtgasen, die wenig mehr als 600 WE. haben, um so gerechtfertigter erscheinen. Doch ist es zuletzt auch hier gelungen, der Schwierigkeiten Herr zu werden. So hat vor mehreren Jahren die Mansfeldsche Kupferschiefer bauende Gewerkschaft in Eisleben auf ihren Werken eine Gichtgaszentrale angelegt, die den Kraftbedarf fast ihrer sämtlichen Betriebe zu decken vermag. Schließlich ist noch die Ausnützung der auf den Braunkohlenwerken bei der Paraffinproduktion frei werdenden Schweelgase zur Krafterzeugung anzuführen, die schon früher, als dies auf den Eisenhütten geschah, eingeführt wurde und die Werke der großen Belästigung durch diese Gase überhob. Solche Anlagen sind auf den Ribeckschen Montanwerken bei Oberröbblingen unweit Eisleben und den Wersch-Weißenfelser Werken bei Streckau schon viele Jahre in Betrieb und sollen den an sie gestellten Erwartungen bis heute voll entsprochen haben. Zusammenfassend kann man also sagen, daß durch das Aufkommen der Großgasmaschinen eine Reihe neuer Energiequellen für die verschiedensten Industrien der Rohstofferzeugung erschlossen wurde, und es ist vom volkswirtschaftlichen Standpunkte nur zu wünschen, daß alles, was an industriellen Abfallgasen genützt werden kann, auch wirklich genützt wird und so zur Verwohlfeilung der Produktionsmethoden beiträgt.

6. Die landwirtschaftlichen und industriellen Abfallprodukte.

Zur Vervollständigung der bisherigen Auslassungen über die Wärmeenergiequellen sei noch kurz eine Reihe von Stoffen erwähnt, die nicht wie die früher besprochenen von prinzipieller Bedeutung für die Krafterzeugung einer Volkswirtschaft sind, sondern nur gelegentlich aushilfsweise oder in ganz bestimmten Spezialfällen hierzu herangezogen werden. Es sind: das Holz und die mannigfachen Abfallstoffe und Abhitzegase, die in den landwirtschaftlichen und gewerblichen Produktionsprozessen fallen.

Zum Unterschied von den bereits besprochenen sind hierunter die Gase zu verstehen, die z. B. aus den Schweißöfen großer Walzwerke und Maschinenfabriken oder aus Drehrohröfen der Zementfabriken entweichen, und deren teilweise noch ziemlich hohe Temperaturen dadurch, daß man sie durch die Feuerungszüge der Dampfkessel leitet, bevor sie in den Schornstein kommen, also einfach durch die Abhitzewirkung, zur Energieerzeugung genutzt werden. An wärmewertbaren Abfallstoffen der Landwirtschaft ist das Stroh zu nennen. Bei den gewerblichen Betrieben kommen solche hauptsächlich in den Industrien der Nahrungs- und Genußmittel sowie der Holz- und Schnitzstoffe vor als Zuckerrohrrückstände, Sägespäne und sonstige Holzabfälle; auch Baumwollstengel und Gerberlohe werden in den betreffenden Fabriken verfeuert, entweder als einziges Brennmaterial oder vermischt mit anderen. Eigenartige Brennstoffe sind der Kamelmist und der Lamamist, die in einzelnen Gegenden Ägyptens und der baumlosen Hochebene

Boliviens verfeuert werden. Der letztere bildet dort sogar das wichtigste Heizmaterial für Hausbrand und industrielle Betriebe. Er wird in frischem Zustand an der Sonne getrocknet, bis sein Wassergehalt auf weniger als 10 % zurückgegangen ist. Die fast völlig geruchlose Masse wird dann von den Indianern gesammelt und in Taschen auf den Markt gebracht. Sie soll einen Heizwert von etwa 3300 WE. haben.

Feuerungen mit Holz, das ausschließlich zu diesem Zweck aus den Wäldern geschlagen wird, sind in modernen Industrieländern beinahe so gut wie unmöglich, dagegen in Ländern mit großem Waldbestand und gleichzeitiger unrationeller Forstwirtschaft an der Tagesordnung. Die Holzfeuerungen, die in deutschen gewerblichen Betrieben für Krafterzeugungszwecke anzutreffen sind, sind wohl ausnahmslos zur Verwertung vorhandener Holzabfälle und Sägespäne eingerichtet.

Von den in einer modernen Volkswirtschaft vorhandenen Energieträgern ist schließlich noch auf einen hinzuweisen, und zwar den, welcher gerade in neuester Zeit die ganzen Kraftversorgungsprobleme von Grund aus umgestaltet hat, den elektrischen Strom. In diesem Zusammenhang müssen wir ihn aber übergehen, da die Elektrizität ja nicht als primäre, sondern nur als sekundäre Energie anzusehen ist, die selbst erst durch eine der besprochenen Wärmekräfte oder Wasserkräfte erzeugt werden muß. Für den Kleingewerbetreibenden allerdings bedeutet sie nichts anderes als den „Brennstoff" des Motors, den man von irgendeinem Elektrizitätswerk zu irgendeinem Preis bezieht wie das Gas vom Gaswerk. Da wir an späterer Stelle genau darauf einzugehen haben, so möge dieser Hinweis einstweilen genügen.

II. Vergleich der Wärmekraftmaschinen.

1. Die verschiedenen Arten derselben.

a) Terminologisches und allgemeine Entwicklungstendenzen.

Im Vorhergehenden wurden die Energiestoffe behandelt, die der mittelbaren Krafterzeugung dienen können, und dabei festgestellt, daß es für alle dasselbe Agens ist, die Wärmeenergie, welche die Umsetzung der organischen Naturstoffe in mechanische Arbeit ermöglicht. Naturgemäß werden wir uns jetzt mit den maschinellen Vorrichtungen zu beschäftigen haben, die diese Umsetzung vermitteln und zur Auslösung bringen.

Bis vor etwa zwei Jahrzehnten gab es sozusagen nur eine Maschinengattung, die diesen Zweck erfüllte, die Dampfmaschine, die der ganzen Wirtschaftsentwickelung des vorigen Jahrhunderts ihr Gepräge aufgedrückt hat, allenfalls noch seit den 60er Jahren die Gasmaschine. In der neueren Zeit ist nun die Anzahl der Wärmekraftmaschinen, d. h. der Gattungen derselben, eine sehr mannigfaltige geworden. Mit der stetig weitergehenden Spezialisierung der Wirtschaftszweige und der Entwickelung der verschiedenartigen Betriebsformen differenzierten sich auch die Anforderungen an die Krafterzeugung, denen die Technik dann im Laufe der letzten 20 Jahre mit mehr oder weniger Glück sich anzupassen versucht hat. In Betracht kommen heute folgende Gruppen, die wir zunächst nach ihrem charakteristischen Arbeitsprozeß geschieden aufzählen wollen:

1. Diejenigen Kraftmaschinen, die die Wärme des Brennstoffes durch ein Mittelglied, den Dampf, zur Arbeitsumsetzung bringen: die Dampfmaschinen, und zwar im allgemeinen Sinne gesprochen. Zu ihnen gehören im besonderen: a) die stationären Dampfmaschinen, b) die Lokomobilen und c) die Dampfturbinen.
2. Diejenigen, welche den Brennstoff unmittelbar, entweder durch Explosion oder Verbrennung, zur Arbeitsleistung bringen: die Explosions- bzw. Verbrennungsmotoren. Zu ihnen gehören: a) alle Arten von Gasmaschinen, als Großgas- [1]), Sauggas- und Leuchtgasmaschinen, b) der Diesel- und die anderen Flüssigkeitsmotoren, als Benzin-, Petroleum- und Spiritusmotoren.

---

[1]) Unter „Großgasmaschinen" werden hier nur die Gichtgas- und Koksofengasmaschinen verstanden zum Unterschied von den Sauggasmaschinen. Auch die Großgasmaschinen saugen mitunter den Brennstoff selbsttätig an, werden aber trotzdem nicht als eigentliche Sauggasmaschinen bezeichnet.

3. Diejenigen, die die Wärmeenergie durch eine zweite Energieform, die elektr. Energie, hindurch in die dritte, die mechanische Arbeitsleistung, überführen: die Elektromotoren, als Gleichstrom-, Wechselstrom- oder Drehstrommotoren.

Wichtiger als die technischen Unterscheidungsmerkmale scheint mir aber für den vorliegenden Zweck der ökonomische Gesichtspunkt der Einteilung nach Größenklassen zu sein, die Gruppierung der Kraftmaschinen nach der Möglichkeit ihrer Verwendung in großindustriellen, Mittel-, Klein- und handwerksmäßigen Betrieben [1]).

Als Kraftmaschinen für großindustrielle Betriebe (in unserem Sinne, vgl. die Anm.) kommen in Betracht:

1. Zunächst in Einheiten von 800 PS und darüber die stationären Dampfmaschinen, Dampfturbinen und Großgasmaschinen, die speziell der Verwertung der Gicht- und Koksofengase dienen.
2. In Einheiten von 300 bis ca. 800 PS die unter 1 aufgeführten Gattungen, zu denen sich noch der Dieselmotor [2]) gesellt.
3. Für Mittel- und größere Betriebe in Einheiten von etwa 15 bis 300 PS die stationären Dampfmaschinen und Lokomobilen, Saugegasmaschinen und Dieselmotoren.

   Für diese Größeneinheiten schalten bereits die Dampfturbinen und Großgasmaschinen aus. Neu sind dafür die Lokomobilen und Saugegasmaschinen hinzugekommen. Für Größen unter 15 PS finden der Dieselmotor und die Saugegasmaschine in den üblichen Typen weniger Verwendung, wohl darum, weil sie infolge der notwendigen sorgfältigen Herstellung hier zu teuer werden [3]).

---

[1]) Dem Verfasser ist wohl bewußt, daß die Größe der erforderlichen Kraftmaschine nicht in allen Fällen einen sicheren Anhalt für die Größe des Betriebes bietet. Z. B. wird der Kraftbedarf für hausindustrielle und manufakturelle Produktionsweise nur klein oder mittelgroß sein, während der Betrieb selbst sehr wohl ein Großbetrieb im ganzen Umfang des Wortes sein kann. Mit Absicht ist oben auch der Ausdruck Großbetrieb durch „großindustriellen Betrieb" ersetzt, um damit dem vulgären Sprachgebrauch, der eine Manufaktur- oder Hausindustrie nie als großindustriellen Betrieb bezeichnen wird, gerecht zu werden. Immerhin wird aber für die meisten nicht manufakturellen Betriebe die Größe der Kraftmaschine einen gewissen Maßstab für den Betrieb selbst abgeben, und möge daher diese Ungenauigkeit im Ausdruck gestattet sein. Hinzu kommt, daß uns auch aus rein formalen Gründen die im folgenden zugrunde gelegte Größenklassifikation als die zweckmäßigste und übersichtlichste erscheint.

[2]) Der Dieselmotor wird neuerdings in Größen von bis zu 2000 PS von den liefernden Firmen angeboten. Jedoch glauben wir die Verwendung in solchen Einheiten zu den Ausnahmen (wenigstens für deutsche Verhältnisse) rechnen und daher obige Einteilung unbedenklich beibehalten zu dürfen.

[3]) Vgl. die Tabellen über Dieselmotoren und Saugegasmaschinen, S. 112 und 114.

Nur die Lokomobile läßt sich mit rationellem Gesamtwirkungsgrad auch für kleinere Einheiten bis herunter zu 5 PS bauen und ist in manchen Fällen daher auch für „Kleinbetriebe" geeignet. Wir kommen so

4. zur letzten Gruppe, den typischen Kleinkraftmaschinen in Einheiten von 1—25 PS. Es sind die Elektromotoren, die Leuchtgasmaschinen, die Benzin-, Benzol- und Spiritusmotoren.

Die Einreihung des Elektromotors unter die Kleinkraftmaschinen mag auf den ersten Blick befremden, da sich gerade der Elektromotor heute in jeder beliebig gewollten Größe bis zu mehreren tausend Pferdestärken bauen läßt und auch vielfach in diesen Größen gebraucht wird. Andererseits ist bei dieser Maschine auch jede beliebige Kleinheit möglich. Es kommen Motoren von $1/2$, $1/4$ bis zu $1/40$ Pferdestärken herunter vor. Wenn in diesem Zusammenhange trotzdem eine ganz bestimmte Größenklasse aus der Gesamtheit herausgegriffen wird, so geschieht dies aus folgenden Gründen: die Großelektromotoren von etwa 25 PS an sind, sofern sie an selbständige elektrische Zentralen angeschlossen sind, nur dann mit anderen Maschinengattungen konkurrenzfähig, wenn sie ihre Kraft nach speziellen Bezugsbedingungen, d. h. zu außertarifarischen Preisen erhalten. In diesem Falle sind sie natürlich zu einem Vergleichsbild, wie wir es in diesem Abschnitt zwischen den verschiedenen Wärmekraftspendern entwerfen wollen, ungeeignet. Auch die Motoren von Fabrikbetrieben, die mit selbst erzeugtem Strom gespeist werden, schalten hier aus. Denn sie sind nicht als selbständige Kraftmaschinen, sondern nur als Appendix, als Unterglied der Hauptanlage aufzufassen. Wir betrachten hier nur die Betriebe, welche den Motor als verselbständigte Maschine aufstellen und den Strom von der Zentrale als verselbständigtes Triebmittel, gewissermaßen als Brennstoff, zu bestimmten Bedingungen und Preisen beziehen müssen. Nur diese Gruppe von Elektromotoren können wir in unmittelbaren Vergleich mit den übrigen Kleinkraftmaschinen bringen. Was die ganz kleinen Einheiten unter 1 PS betrifft, so können wir auch sie weglassen, da in den Fällen, wo so kleine Kräfte gebraucht werden, heute eine andere Kraftquelle als die elektrische überhaupt nicht in Betracht kommt. Damit soll nicht gesagt sein, daß die Anzahl der Verwendungsmöglichkeiten unbedeutend sei; im Gegenteil, eine große Menge Spezialmaschinen und -maschinchen sind in der Folge mit diesen Zwergmotoren entstanden und leisten in allen möglichen Wirtschaftszweigen wertvolle Dienste. Allein, da die Elektrizität in diesen Fällen die einzig mögliche Kraftquelle ist, so wäre die Untersuchung auf ihre Wirtschaftlichkeit ein zweckloses Beginnen. Denn die Untersuchung irgendeines Arbeitsmittels auf seine Wirtschaftlichkeit setzt voraus, daß es mehr als einen Weg gibt, zu dem gewollten Endziel zu gelangen. Was also hier über die ökonomische Bedeutung der Elektromotoren gesagt wird, hat nur auf die oben präzisierte, ganz bestimmte Gruppe der Verwendungszwecke elektrischer Energie Bezug. Über die Bedeutung derselben im allgemeinen und speziell über die elektr. Kraftübertragung wird später eingehend gehandelt werden [1]).

Was die Leuchtgasmaschinen betrifft, so finden auch sie in größeren Einheiten Anwendung, bis zu 50 und 100 PS [2]), jedoch nur in solchen Fällen, in denen der Kraftkonsument das Gas in eigener Regie erzeugt, bei kommunalen Betrieben, wie Wasserwerks- und Kanalisationsanlagen, auch Elektrizitätsanlagen, wo das Gas sozusagen „nichts kostet", und die Leuchtgasmaschine auch in den großen Einheiten wirtschaftlich arbeitet.

Überhaupt ist über die vorgenommene Größenklassifikation zu sagen, daß dieselbe keine scharfe Abgrenzung der in den einzelnen Gruppen angegebenen möglichen Maschineneinheiten, weder nach oben, noch nach unten, geben soll; zwischen der dritten und vierten Gruppe ist die Feststellung einer bestimmten Grenze z. B. unmöglich; aber auch in den anderen kommen Ausgreifer der einen in die andere vor. Immerhin bestätigen sie als solche gerade die Zweckmäßigkeit der gemachten Einteilung. Sie haben ihre Ursache meist in dem Vorliegen besonderer Betriebsbedingungen, wie sich aus den mir zur Verfügung gestellten Lieferungsverzeichnissen der maßgebenden Firmen ersehen läßt.

Bevor wir nun zur Untersuchung der mannigfaltigen Maschinengattungen auf ihre Wirtschaftlichkeit und zur Besprechung des Tabellenwerkes übergehen, wollen wir erst die ökonomischen Entwickelungstendenzen, die sich bei verschiedenen der Kraftmaschinen gleichmäßig feststellen lassen, an einem typischen Beispiel erörtern und alsdann noch kurz die technischen und ökonomischen Besonderheiten der einzelnen

---

[1]) Man könnte vielleicht einwenden, daß die elektrische Energie gar nicht immer als Wärmeenergie oder Umsetzung einer solchen angesehen werden kann und daher nicht ohne weiteres in diesen Zusammenhang, wo es sich nur um Wärme- bzw. mittelbare Kraftgewinnung handelt, gehört. Hierzu ist unter Hinweis auf bereits in der Einleitung Gesagtes zu bemerken, daß für die kontinentalen Länder mit Ausnahme einzelner weniger Gegenden die Größe der hydroelektrisch gewonnenen Energiemengen im ganzen weit hinter den thermoelektrischen zurücksteht, und daß speziell die deutschen städtischen Zentralen überwiegend auf die Erzeugung thermoelektrischer Energie angewiesen sind. Rücksichtlich dessen wird also die Besprechung des Elektromotors auch in diesem Zusammenhang gerechtfertigt erscheinen.

[2]) Der größte von der Gasmotorenfabrik Deutz gebaute Leuchtgasmotor ist nach den mir vorliegenden Lieferungslisten dieser Firma der im Jahre 1905 für das Elektrizitätswerk Dessau gelieferte mit 260 PS. Immerhin geht aus denselben Listen hervor, daß Einheitsgrößen über 30 PS nur vereinzelt vorkommen, und dann fast nur in kommunalen Betrieben.

Maschinengattungen behandeln. Bei allen denjenigen derselben, die eine gewisse historische Entwicklung durchgemacht haben, den Dampfmaschinen, Lokomobilen, Gasmaschinen und Dampfturbinen, tritt deutlich die Tendenz der stetig zunehmenden Erhöhung der Wärmeökonomie hervor, bei allen läßt sich in fortschreitenden Zeitperioden zahlenmäßig die Minderung des für die Krafteinheit erforderlichen Brennstoffverbrauchs feststellen. Im allgemeinen läuft damit parallel eine Verbesserung der Wirtschaftlichkeit [1]) überhaupt, indem gleichzeitig infolge der werkstattmäßig und wissenschaftlich vervollkommneten Maschinentechnik auch die Kapital- und sonstigen Betriebskosten pro Nutzleistungseinheit zurückgehen. Seit der Wende des Jahrhunderts etwa ist darin ein Stillstand eingetreten, ist die Technik des Kraftmaschinenbaues auf einem solchen Höhepunkt angelangt, daß heute technische Verbesserungen durchaus nicht immer generell auch wirtschaftliche Vorteile im Gefolge haben, weder privatwirtschaftlich noch nationalwirtschaftlich. Der Unterschied der jetzigen Entwickelung gegen die frühere läßt sich vielmehr dahin präzisieren: während früher fast grundsätzlich eine Erhöhung des thermischen Wirkungsgrades eine solche des gesamtwirtschaftlichen Wirkungsgrades bedingte, ist dieser Zusammenhang heute in vielen Fällen verschwunden und die durchsichtige Entwickelung in dieser Beziehung beendet. Was in Zukunft an Erfindungen und Verbesserungen im Kraftmaschinenwesen zum Vorschein kommen wird, sollte sich mehr in der Richtung einer Ausmerzung betriebstechnischer Mängel und einer weitergehenden Anpassung der Energieerzeugung an die differenzierten Bedürfnisse der mannigfaltigsten Produktions- und Wirtschaftszweige bewegen, als in den übertriebenen Bestrebungen aufzugehen, Ersparnisse an Brennstoffverbrauch von minimalen Bruchteilen eines kg. zu machen. Eine interessante Tatsache ist es, daß die neueren Kraftmaschinen, die etwa seit einem Jahrzehnt auf dem Markt erschienen sind, die Dieselmotoren, Saugegasmaschinen und Großgasmaschinen wärmewirtschaftlich in sozusagen vollkommenem Zustand, den sie später kaum mehr überholt haben, in die Technik eingeführt wurden. Sie mußten es, wollten sie mit den in dieser Zeit schon auf ihrem Höhepunkt kalorischer Vollendung stehenden anderen Wärmekraftmaschinen in Wettbewerb treten. Nicht zu übersehen ist allerdings, daß auch der wissenschaftlich und praktisch hoch entwickelte Stand der Maschinentechnik an sich ein gut Teil zu dieser Vollkommenheit der Ausbildung beigetragen hat.

---

[1]) Die Gesamtwirtschaftlichkeit einer Kraftmaschine hängt ja nicht allein von den Brennstoffkosten, sondern wesentlich auch von den Anlagekosten sowie den Aufwendungen für Bedienung, Schmier- und Putzmaterial ab. Vgl. hierzu S. 108—122.

b) Die Dampfmaschine. Ihre technisch-ökonomische und statistische Entwicklung.

Im einzelnen selbst nur in großen Umrissen auf die technische und wirtschaftliche Entwickelung aller Maschinen einzugehen, würde zu weit führen und wäre auch zu einförmig. Es möge daher genügen, die Entwicklungsgeschichte des durch ihr Alter interessantesten und bedeutungsvollsten Typs derselben, der Dampfmaschine, in gedrängter Form darzustellen, wobei wir natürlich hier nur die für den Nationalökonomen wissenswerten Dinge berücksichtigen können, auf spezifisch technische Eigenheiten aber nur, soweit sie ursächlich damit in Zusammenhang stehen, eingehen werden.

Die Betrachtung der historischen und wirtschaftlichen Entwickelung der Dampfmaschine [1]) bietet gleichzeitig eines der lehrreichsten Beispiele, welchen originären Einfluß die Ausbreitung des Wirtschaftslebens und die daran anschließende Intensivierung der Güterproduktion auf die Umgestaltung und Verbesserung der Technik haben kann. Nicht wissenschaftliche Erkenntnis und nicht spekulative Experimente waren es, die zu ihrer Erfindung geführt hatten, sondern das drängende Bedürfnis des gewerblichen Lebens, „die bitterste Not“ des Bergbaues zwang am Ende des 18. Jahrhunderts die Männer, die in dem damals am weitesten vorgeschrittenen englischen Bergbau standen, zum Suchen nach einer Maschine, die den gesteigerten Kraftbedürfnissen genügte. Man fand den „ersehnten Retter in der Not“ in der mechanischen Ausnützung der dem Wasserdampf innewohnenden Spannungsenergie, in der Dampfmaschine. Schon um die Wende des 17. Jahrhunderts hatten Papin und Savery Versuche gemacht, die Eigenschaften des Dampfes für Kraftzwecke auszunützen. Die Schwierigkeiten aber, die sich bei den primitiven Hilfsmitteln damaliger Werkstattechnik der praktischen Verwirklichung ihrer Ideen in den Weg stellten, waren so groß, andererseits das Bedürfnis nach solchen Maschinen nicht stark genug, als daß es lohnend erscheinen konnte, die Hindernisse zu überwinden. Mit der Entwickelung des englischen Bergbaues am Anfang des 18. Jahrhunderts kam dann als erste von Ort und Zeit unabhängige Energiespenderin die Newkomensche Feuermaschine auf, die in den Jahren 1710 bis etwa 1770 eine große Rolle in allen den gewerblichen Betrieben spielte, die ohne eine konzentrierte und jederzeit vorhandene Maschinenkraftwirkung nicht auskommen konnten. Sie war die erste eigentlich brauchbare Dampfmaschine und wurde hauptsächlich in Bergbaubetrieben für die Wasserhaltung und Förderung verwendet, aber „sie brauchte eine

[1]) Vgl. hierzu und im folgenden C. Matschoß: Die Entwicklung der Dampfmaschine.

Eisenmine, sie herzustellen, und ein Kohlenbergwerk, sie zu betreiben" [1]). Je größer aber die Tiefen wurden, in die der Mensch vordrang, desto schwieriger gestaltete sich die Wasserhaltung, um so höhere Kraftleistungen wurden erforderlich, die die „einzige Dienerin menschlicher Arbeitskraft", die atmosphärische Maschine, nur unter einem fast unerschwinglichen Verbrauch an Heizmaterial bewältigen konnte, so daß es schließlich selbst im Bergbau nicht mehr rentierte, dieselbe zu betreiben. In Cornwall waren gegen Ende des 18. Jahrhunderts mehrere Kupferminen im Begriff, den Betrieb still zu legen, „da sie den Kohlenverbrauch ihrer Feuermaschine nicht mehr bezahlen konnten". Da gelang es gegen Ende des 18. Jahrhunderts dem Engländer James Watt, — seine Erfindungen fallen in die Zeit von 1863 bis 1785 —, der, selbst im Bergbau beschäftigt, die dringende Not desselben erkannte und sich zur Lebensaufgabe machte, derselben abzuhelfen, durch seine Erfindung diejenigen Grundgedanken, die heute noch das Wesen der Dampfmaschine ausmachen, zur praktischen Ausführung zu bringen.

Die Dampfkraftanlage besteht in der Hauptsache aus zwei zusammengehörigen, aber in ihrer Zweckbestimmung verschiedenen Teilen, dem Dampf erzeugenden Teil, dem kohlenverbrauchenden Dampfkessel, und dem Dampf verwertenden Teil, der eigentlichen Maschine. In einem geschlossenen Zylinder übt der Dampf durch den seiner Spannungsernergie innewohnenden statischen Druck und sein Ausdehnungsvermögen eine Kraftwirkung auf einen beweglichen Kolben aus. Die so dem Kolben aufgezwungene hin- und hergehende Bewegung erzeugt eine Arbeitsleistung, die durch besondere Mechanismen weiter geleitet und an den in der Nähe befindlichen Stellen, wo Energie verbraucht wird, zur Auslösung gebracht werden kann. Die Anforderungen des Bergbaues hatten die Notlage geschaffen, aus der heraus die Wattsche Maschine entstanden ist. Zunächst als Wasserhaltungsmaschine gedacht, fand sie dann auch als Fördermaschine ihre hauptsächliche Verbreitung in den Bergbaubezirken Cornwalls, wo sie bald ein unentbehrliches Werkzeug der Betriebe wurde. Hinsichtlich des Kohlenverbrauchs arbeitete sie um das Vierfache wirtschaftlicher als ihre Vorgängerin, und in kurzer Zeit wurden die meisten Feuermaschinen in jenen Bezirken durch sie ersetzt.

[1]) Ihre Wirkungsweise war die: in den von einem festen Zylinder und einem beweglichen Kolben gebildeten geschlossenen Raum wurde Dampf eingeführt und der Kolben nach oben getrieben, ohne hierbei jedoch schon Arbeit zu leisten. Der Dampf wurde dann durch eingespritztes Wasser kondensiert und so ein Unterdruck erzeugt, der genügte, den atmosphärischen Druck in Kraftwirkung und somit nutzbare Arbeitsleistung umzusetzen. Der Dampf war also hierbei nicht selbständiges Triebmittel, sondern nur das Hilfsmittel, die in dem Druck der Atmosphäre enthaltenen latenten Kräfte auszulösen.

Bis 1800 wurde die Mehrzahl der Dampfmaschinen in dem eigenen Werke Watts, das dieser mit seinem Finanzmann Bulton in Lohr betrieb, hergestellt. Bis dahin hatte sich der Dampfmaschinenbau den „Fesseln der Wattschen Ideen" nicht entschlagen können. Erst mit dem Ablauf des Patentes in jenem Jahre trat die Möglichkeit einer nutzbringenden Entfaltung der Erfindung ein, und konnte ihre Ausbeutung für andere Industriezweige, anfänglich besonders für Spinnereien und Webereien, erfolgen. Es entstand eine Reihe neuer Dampfmaschinenarten, die aber in Verkennung der ökonomischen Zweckbestimmung aller Technik vielfach nur kühne Experimente darstellten, und ebenso rasch, wie sie aufgekommen waren, wieder verschwanden. Nur diejenigen, die in den Herstellungs- und Betriebskosten eine Verbilligung gegenüber den bestehenden Systemen zeigten, vermochten sich zu halten und ein Absatzfeld zu erobern. Man suchte sehr bald die Dampfmaschine in die verschiedensten Betriebsverhältnisse einzugliedern. Die Folge war eine starke gegenseitige Beeinflussung der Kraft- und Arbeitsmaschinen. Man bildete neue Arbeitsverfahren aus und paßte ihnen die Kraftmaschine an. Der Kohlenverbrauch schwankte in jener Zeit noch zwischen 2,84 bis 4,19 kg für die Pferdestärkestunde, was etwa einer Ausnützung der in der Kohle enthaltenen Wärmeenergie von 2—3 % entspricht. Um einen Begriff zu geben von der Verbesserung der Wirtschaftlichkeit, die die Entwickelungsdauer von etwas über einem Jahrhundert gebracht hat, sei hier schon erwähnt, daß heute in modernen Dampfkraftanlagen eine thermische Ausnützung des Brennstoffs von etwa 12—15 % zu erzielen ist; das ist also das Fünf- bis Sechsfache des damals Erreichten.

So gering die Ökonomie jener Maschinen gegen die heutigen, absolut genommen, erscheinen mag, so bedeutend war der Fortschritt gegen die vordem vorhandenen. Raumer schreibt an einer Stelle in seinem Werk: England im Jahre 1835: „Mit einem Bushel Kohlen, welcher ¼ sh. kostet, hebt die Dampfmaschine so viel Wasser, als Menschenkräfte, die 50 Shilling kosten würden. Sollten die in England verbrauchten Kohlen durch Menschenhände herbeigeführt werden, so müßte man die ganze ackerbautreibende Bevölkerung dazu gebrauchen [1])." Und doch zögerte man in deutschen Bergbaubezirken, in denen günstigere Abbaubedingungen und Wasserverhältnisse vorherrschten als in Cornwall, vielfach, die alten Feuermaschinen durch die neue Energiespenderin zu ersetzen. Der Begriff der Wirtschaftlichkeit ist eben nur ein relativer und hängt im Einzelfalle von der Wertung der Leistung und der Wertung des Aufwandes, den die Erzeugung dieser Leistung für das Individuum

[1]) Hw. in Zöpfl: „Nationalökonomie der technischen Betriebskraft", S. 27.

erfordert, ab. Als am Ende des 18. Jahrhunderts auf einer oberschlesischen Grube eine neue Wasserhaltungsmaschine aufgestellt werden sollte, und die Bergbaubehörde zwischen Feuermaschine oder Wattscher Maschine zu entscheiden hatte, wählte sie die erstere mit der Begründung: „Die Kohlenpreise seien zu gering, um sich denen mit allen Neuerungen verbundenen Hindernissen und denen in den Komplikationen liegenden Schwierigkeiten aussetzen zu dürfen."

In der ersten Hälfte des 19. Jahrhunderts waren bei der Mehrzahl der Dampfmaschinensysteme kleiner Druck und kleine Geschwindigkeiten vorherrschend. Die Wattschen Kondensationsmaschinen arbeiteten mit einem absoluten Druck von 1 Atm. und Geschwindigkeiten von 15—25 Umdrehungen pro Minute. Man war bei den geringen Erfahrungen und Hilfsmitteln, die dem Maschinenbauer damals zur Verfügung standen, nicht in der Lage, die Wirkungen auch nur mittlerer Drucke von 4 und 5 Atm. und die bei größeren Geschwindigkeiten auftretenden Stöße zu beherrschen.

Die erzielten Leistungen genügten, solange die Industrie sich in dem Anfangsstadium der Entwickelung befand. Die niederen Drucke und Geschwindigkeiten waren mit der Hauptgrund für den relativ großen Kohlenverbrauch. Ein Bedürfnis, durch wissenschaftliche Forschung ökonomische Fortschritte zu erzielen, trat noch nicht in starkem Maße hervor. Zwei Ereignisse aber waren es, die von Mitte der 30er Jahre an etwa für Deutschland hierin eine Wandlung hervorriefen, die das gesamte Industrieleben zu ungeahnter Entfaltung brachte: Einerseits die Einführung der Eisenbahn und die Gründung des deutschen Zollvereins, durch die das Wirtschaftsleben von den Fesseln beschränkter Ausdehnungefähigkeit und einzelstaatlicher Unduldsamkeit befreit wurde, andererseits die in jene Zeit fallende Änderung des Verhüttungsprozesses der Erze und die dadurch nötig gewordene Steigerung der Einheitsleistung einer Maschine. Als man dazu überging, bei der Eisenerzeugung statt Holzkohle Steinkohlen und Koks zu verwenden, wurden Gebläsemaschinen von solchen Dimensionen erforderlich, daß die mäßigen Energiebeträge, die man in den üblichen Maschinengrößen von 10—50 Pferdestärken zu erzeugen vermochte, nicht mehr zu deren Betriebe ausreichten, und man sich gezwungen sah, höhere Einheitsleistungen anzustreben. Je größer diese aber wurden, umsomehr wuchsen Anlage- und Betriebskosten, da die Maschinen durch die Beibehaltung der niederen Drucke und Geschwindigkeiten sehr voluminöse Abmessungen erhielten. Die Steigerung der Nachfrage und das wachsende Bedürfnis nach wirtschaftlicher Verbesserung hatten zur Folge, daß sich zahlreiche Unternehmer dem neuen aussichtsreichen Produktionszweige zuwandten und, in gegenseitigem Wettbewerb sich selbst vorwärtstreibend, auf eine technisch und ökonomisch vollkommenere Ausbildung der Dampfmaschinen hinwirkten. Durch theoretische Vertiefung und praktische Versuche gelang es, Herstellungs- und Betriebskosten pro erzeugte Leistungseinheit mehr und mehr zu verringern.

Zwei Haupttendenzen lassen sich in dieser Entwicklung feststellen, die beide in dieser Richtung zur Wirkung kamen: die Erhöhung der Dampfspannungen und die Erhöhung der Geschwindigkeit. Bekanntlich ist die Leistung jeder Kolbenmaschine eine Funktion der Kolbengröße, des Druckes und der Geschwindigkeit und kann durch Veränderung eines oder mehrerer dieser Faktoren in weiten Grenzen variiert werden. Die Erhöhung des Druckes erfolgt im Dampfkessel durch vermehrte Wärmeentwickelung der Feuerung. Die physikalischen Eigenschaften des Dampfes haben nun zur Folge, daß die Steigerung der Dampfspannung von der atmosphärischen bis auf die für die praktische Verwertung vorkommenden größten Spannungen von 17 und 18 Atm. — wie sie auf großen Überseedampfern vereinzelt anzutreffen sind — nur eine mäßige Forcierung der Wärmewirkung und also des Kohlenverbrauchs erforderlich macht. In nachstehender Tabelle sind die Beziehungen, die zwischen den Dampfdrucken und dem jeweils entsprechenden Wärmeaufwand bestehen, dargestellt:

Tabelle 5.

Druck in Atm. abs.	Wärmeinhalt des Dampfes in Kalorien	Zunahme des Wärmeverbrauches in Proz.	Steigerung d. Leistung bei gleichbleibender Kolbengröße und Geschwindigkeit in Proz.
1	636,72		
2	642,97	1,62	37—38
3	647,00		
4	650,00		27—28
5	652,50	1,18	21
6	654,66		16,5—17,5
7	656,53		14,5—15
8	658,18	0,77	13
9	659,70		11—11,5
10	661,00		10,2
11	662,30	0,58	
12	663,50		9,5
13	664,60		8
14	665,70	0,47	7,6
15	666,60		7

Bei gleichbleibender Kolbengröße und gleicher Geschwindigkeit läßt sich also durch eine Steigerung des Druckes von 3 auf 15 Atm. eine Leistungserhöhung von 180—190 %, annähernd auf das Dreifache, erzielen. Da der Kohlenverbrauch aber, von Verlusten, die die Verhältniszahlen nicht wesentlich verschieben, abgesehen, direkt proportional dem Wärmeaufwand ist, so resultiert entsprechend eine Zunahme von nur 3 %, d. h. also die Leistungserhöhung wächst durch die Drucksteigerung ungleich rascher als der Brennstoffverbrauch.

Man ging langsam und stufenweise von 1 auf 2 oder 3 Atm. und schließlich auf 5 und 6 Atm., die man etwa Anfang der 60er Jahre erreicht hatte. Vielfach mußte man eben die Erfahrung machen, daß trotz der verbesserten Wärmeökonomie die Maschinen mit hohen Drucken nicht viel billiger arbeiteten als die Wattschen Niederdruckmsachinen, was seinen Grund in mangelhafter Ausführung der Einzelteile, der Undichtigkeit der Rohrleitungen usw. hatte, wodurch die erreichten Vorteile teilweise wieder aufgehoben wurden. Die Anwendung höherer Drucke hatte dann die Einführung der Zweifachexpansionsmaschine im Gefolge, die etwa in der Mitte der 50er Jahre Boden faßte. Ein lehrreiches Beispiel für die ökonomische Zweckbestimmung der Technik ist die Tatsache, daß jene, obwohl schon zu Beginn des 19. Jahrhunderts bekannt, erst 5 Jahrzehnte später in allgemeine Aufnahme kam, als sie den absoluten Beweis ihrer wirtschaftlichen Überlegenheit den herrschenden Systemen gegenüber erbracht, und mit der zunehmenden Konkurrenz in der Industrie das Bedürfnis der Brennstoffersparnis sich immer dringender gestaltet hatte.

Gleichzeitig mit der Drucksteigerung war man zu höheren Umdrehungszahlen übergegangen. Man baute in dieser Zeit schon Gebläsemaschinen mit 70—80 Umdrehungen pro Minute. Bezüglich der ökonomischen Vervollkommnung war damals neben der originären Beeinflussung durch die Anforderungen der Berg- und Hüttenindustrie der Schiffsbau als wichtiger Lehrmeister des Dampfmaschinenbaues hinzugekommen. Denn die Verminderung des Kohlenverbrauchs der Schiffsmaschinen bedeutete entweder eine Erhöhung des Aktionsradius der Schiffe oder eine Vergrößerung des Nutzraums und brachte doppelten Gewinn, indem einmal die Kosten der Krafterzeugung sich reduzierten, und außerdem durch die Erweiterung des Nutzraums eine Erhöhung der Einnahmen ermöglicht wurde. Die wichtigsten Verbesserungen in wirtschaftlicher Hinsicht, die von den 60er bis 70er Jahren des vorigen Jahrhunderts an im Dampfmaschinenbau gemacht wurden, fanden ihren Weg über den Schiffsbau in den Landdampfmaschinenbau. So waren die Verbundmaschinen in den 60er und 70er Jahren und die Dreifachexpansionsmaschinen in den 80er Jahren mit großem Erfolg in der Schiffsbauindustrie verwendet und auf eine hohe Stufe der Vollkommenheit gebracht worden, ehe sie als ortsfeste Betriebsmaschinen zur Einführung gelangten. Von dort ging auch die Zunahme der Drucksteigerung aus; man gelangte in der Verbundmaschine zu 8 und 9 Atm., in der Dreifachexpansionsmaschine zu 11 und 12 Atm., Spannungen, die heute noch in normalen Fällen die Regel bilden.

In mechanischer und wärmetechnischer Hinsicht stellt die Mehrfachexpansionsmaschine den bedeutendsten Fortschritt im Dampfmaschinenbau dar. Die besten Firmen jener Zeit erzielten Anfang der 70er Jahre einen Kohlenverbrauch von 0,98 kg pro ind. Pferdestärkestunde, und die Firma Sulzer in Winterthur konnte 10 Jahre später schon einen solchen von 0,85 kg in ihren Vertragsbedingungen garantieren, was einer Wärmeausnützung von etwa 8—9 % entsprach. Hauptsächlich waren es die süddeutschen Länder nächst der Schweiz, die sie mit ihren Erzeugnissen versorgte, und zusammen mit der damaligen Maschinenfabrik Augsburg hatte sie den Ruhm, die besten und wirtschaftlichsten Maschinen zu bauen. Es ist keine zufällige Erscheinung, daß gerade in den süddeutschen und den Schweizer Industrien, also in Gebieten, in denen die Kohle sehr teuer ist, die sparsamst arbeitenden Dampfmaschinen im Gebrauch waren, sondern ein Beweis für den engen Zusammenhang zwischen Wirtschaftsbedingungen und Technik. „Die volkswirtschaftliche Bedeutung der ökonomischen Entwickelung der Dampfmaschine", sagt Lang [1]), „besteht für alle Länder, ist aber naturgemäß nicht überall gleich groß; für England beispielsweise, dessen Dampfmaschinenindustrie heute nur noch für den Bedarf des eigenen Landes arbeitet, und das außerdem über reiche Kohlenschätze verfügt, ist sie von geringerer volkswirtschaftlicher Bedeutung als etwa für die Schweiz, die keine eigenen Kohlen besitzt und außerdem hauptsächlich für den Export arbeitet. Die diesbezügliche ökonomische Struktur des Mutterlandes ist deshalb auf den Bau der Dampfmaschine nicht ohne Einfluß geblieben; so strebte man im englischen Dampfmaschinenbau in erster Linie nach geringen Anlagekosten und erst in zweiter Linie nach Verminderung des Kohlenverbrauchs; im schweizerischen Dampfmaschinenbau dagegen in erster Reihe nach Verminderung des Kohlenverbrauchs und gleichzeitig auch, im Hinblick auf die hohen Frachtkosten für den Export, nach geringem Gewicht der Maschine. So hat in der Tat die Dampfmaschinentechnik jedes Landes seine Eigenart, und jedes einigermaßen geübte Auge vermag auf den ersten Blick schon das Geburtsland der einzelnen Maschinentypen zu erraten."

Einen großen Einfluß auf die Genauigkeit der Ausführung der wichtigsten Funktionsbestandteile der Dampfmaschine, der Steuerung und Regulierung, übten auch die gestiegenen Anforderungen der Textilindustrie aus; die Feinheit und Gleichmäßigkeit der Garne verlangte präzis arbeitende Steuerungen, die eine difficile Geschwindigkeitsab-

---

[1]) Lang: „Die Maschine in der Rohproduktion", Bd. I. Berlin 1904. S. 56.

stufung ermöglichten, Betriebsbedingungen, denen die Ventilsteuerung, die, zuerst von Sulzer eingeführt, in den 60er Jahren allgemeine Nachahmung fand, am besten genügte. Das Bedürfnis nach guter Regulierung und Steigerung der Tourenzahlen wurde noch erhöht durch das Aufkommen der Elektrotechnik. Man ging auf Geschwindigkeiten von 120—150 Umdrehungen pro Minute bei großen Einheiten, von 200 bis 500 Umdrehungen bei kleineren Maschinenleistungen über. Die eigenartigen Betriebsverhältnisse, wie sie die Erzeugung elektrischer Energie in den Lichtmaschinen der großen Zentralen schuf, verlangten eine Präzision der Ausführung, wie man sie vorher kaum für möglich gehalten hätte. Im Anschluß daran entstanden eine große Reihe neuer Steuerungen und Reguliermethoden. Denn jede Fabrik, die sich mit der Herstellung der Dampfmaschine befaßte, suchte schließlich die Licenzkosten bewährter Patente zu umgehen, indem sie sich eine eigene Steuerung konstruierte, und man wendete daher sein Hauptaugenmerk um die 90er Jahre mehr auf die mechanische Vervollkommnung, zumal die ökonomische Ausbildung durch Verbundwirkung, Verbesserung der Kondensationseinrichtungen, Druck- und Geschwindigkeitssteigerung auf einem gewissen Höhepunkt angelangt zu sein schien.

Der Wettbewerb der neuen Wärmekraftmaschinen, der Dampfturbinen, Flüssigkeitmotoren, der Saugegas- und Großgasmaschinen gegen Ende des vorigen Jahrhunderts ließ aber für die Dampfmaschinenindustrie, wollte sie nicht in den Hintergrund geraten, erneut das Bedürfnis hervortreten, nach einem wirksamen Mittel zu suchen, die Wirtschaftlichkeit zu erhöhen. So brachten die Anforderungen des Industrielebens auch das letzte noch vorhandene Verbesserungsproblem, das in der Wissenschaft schon 30 Jahre bekannt, dessen Einführung aber immer wieder wegen großer technischer Schwierigkeiten aufgegeben worden war, die Anwendung der Überhitzung, zur praktischen Durchführung. Erst als das Bedürfnis zur ökonomischen Notwendigkeit geworden war, griff man den alten Gedanken, den Dampf nach dem Verlassen des Kessels zu trocknen und auf höhere Temperaturen zu erwärmen, d. h. zu überhitzen, wieder auf. Man arbeitete so lange an der zweckentsprechenden Ausgestaltung der Überhitzerapparate und der Dampfmaschine, bis es gelungen war, der Schwierigkeiten Herr zu werden.

Die Vorteile, die die Anwendung des überhitzten Dampfes anstatt des Sattdampfes mit sich brin t, bestehen darin, daß 1. das Volumen des Dampfes sich mit zunehmender Temperatur vergrößert, dadurch also zur gleichen Leistung eine geringere Dampfmenge erforderlich ist, und 2. in der Verminderung der bei nassem Dampf unvermeidlichen, in Rohrleitungen und Zylindern erfolgenden Niederschlagsverluste, der Hauptverlustquelle, die beim Betrieb jeder Dampfmaschine auftritt. Sie sind so groß, daß sich unter sonst gleichbleibenden Verhältnissen durch Einführung der Überhitzung eine Kohlenersparnis von 12 bis 18 % gegenüber guten Sattdampfanlagen erreichen läßt. Dadurch ist es möglich geworden, bei modernsten Dampfanlagen, den Mehrfachexpansionsmaschinen mit Kondensations- und Überhitzeranwendung, auf einen Kohlenverbrauch von 0,55—0,65 kg für die geleistete Pferdestärkestunde herunterzukommen, was einer Ausnützung der im Brennstoff enthaltenen Wärmeenergie von 14—15 % entspricht, und man kann wohl sagen, daß die Dampfmaschinentechnik heute zu einem thermischen Höhepunkt und Abschluß gelangt ist, der wohl kaum mehr wesentlich überschritten werden kann, wie auch wissenschaftlich mit ziemlicher Sicherheit festgestellt ist. Noch etwas günstigere Resultate lassen sich bei modernen Lokomobilen erzielen, bei denen durch den geschickten Zusammenbau von Kessel und Maschine in einem Aggregat die Wärme- und Kondensationsverluste der Rohrleitungen auf ein Minimum beschränkt sind.

Ein interessantes Beispiel ist in diesem Zusammenhang noch zu erwähnen, das die heute bereits in der Dampfmaschinentechnik durchgedrungene Erkenntnis bestätigt, daß es für das Wirtschaftsleben weniger auf den wärmewirtschaftlichen als den gesamtwirtschaftlichen Nutzeffekt einer Kraftmaschine ankommt. Im vorigen Jahre ist eine neue Dampfmaschinenart auf dem Markte erschienen: die „Gleichstrommaschine Bauart Stumpf", deren Arbeitsweise das altbewährte Verbundprinzip verlassen und die Ausnützung des Dampfes in einer Expansionsperiode zur Grundlage hat. Im übrigen arbeitet dieselbe mit Überhitzung und Kondensation. Sie zeigt vor allem in der Anordnung der Dampfsteuerung grundlegende Veränderungen, die eine große Einfachheit der ganzen Konstruktionsbasis mit sich bringen. Im einzelnen kann näher hierauf nicht eingegangen werden, und da infolge des kurzen Zeitraums seit Einführung dieses Systems genügende Erfahrungen noch nicht vorliegen, so müssen wir von einem abschließenden Urteil absehen. Aus privaten Mitteilungen verschiedener Firmen jedoch ersehen wir, daß die Maschine im Dampf- bzw. Kohlenverbrauch den Zweifachexpansionsmaschinen der üblichen Bauart ebenbürtig und in großen Einheiten diesbezüglich nur von den Dreifachexpansionsmaschinen übertroffen wird. Dafür aber ist sie in den Anlagekosten jenen gegenüber um etwa 10—12 %, diesen gegenüber um noch mehr billiger, und außerdem erfordert sie geringeren Aufwand für Schmierung und Instandhaltung. Vorausgesetzt also, daß sie sich betriebstechnisch auf die Dauer ebenso gut bewähren wird als diese, ist es dann im Eventualfalle nur eine Rechnungserwägung, die wesentlich von der Betriebsdauer beeinflußt werden wird, welches System, das neue oder das alte, wirtschaftlich vorzuziehen ist. Jedenfalls kann aber gerade diese Maschine als Beweismittel dienen, daß es zwecklos ist, heute noch beim Kauf eiuer Kraftmaschine um minimale Bruchteile von Mehr- oder Wenigergebranch an Kohle zu feilschen, daß vielmehr allein die Berücksichtigung der Gesamtökonomie und der hierfür einschlägigen Faktoren zu dem wirtschaftlich richtigen Entscheid führen kann.

Über die zahlenmäßige Entwickelung der Steigerung der Dampfkraftverwendung in den einzelnen Bundesstaaten sind genaue statistische Angaben erst vom Jahr 1879 ab vorhanden. Bezüglich der vorhergehenden Zeit sind im Handwörterbuch der Staatswissenschaften einige Angaben enthalten. Danach soll es in Preußen 1837 419 gewerbliche Dampfmaschinen mit 7355 PS Gesamtleistung gegeben haben. Anzahl und Leistung der Maschinen stieg in den nächsten Jahrzehnten auf 1139 Maschinen mit 21 716 PS im Jahre 1846, 3049 mit 61 945 PS 1855, 1861 auf 7000 mit 142 658 PS und 1875 auf 28 783 mit 632 067 PS. Seit 1879 liegen dann für Preußen folgende statistischen Aufzeichnungen vor, die in Sprüngen von 5 zu 5 Jahren mitgeteilt seien.

Tabelle 6.

[1]) Jahr	Anzahl der feststehenden Kessel	Anzahl der feststehenden Maschinen	Gesamtleistung der feststehenden Maschinen PS	Durchschnittsgröße in PS	Prozentuale Zunahme der Durchschnittsleistung	Durchschnittliche Einheitsgröße der in d. entsprechenden Zeiträumen zugegangenen Maschinen
1. Januar 1879	32 411	29 895	887 780	29,5		
			(1885)		11,7	48,7
„ 1884	39 646	36 747	1 221 884	33,3	2,1	37,4
„ 1889	47 151	45 192	1 538 195	34	11,8	52,5
„ 1894	55 605	57 242	2 172 250	38	18,9	75,6
1. April 1899	65 889	70 813	3 192 575	45,2	22,5	129,5
„ [2]) 1904	73 843	80 321	4 430 789	55,2		177
„ 1905	—	81 756	4 684 948	57,3	in	170
„ 1906	—	83 582	4 995 797	59,5	4 Jahren	167
„ 1907	—	84 744	5 190 417	61,2	13,75	118
„ 1908	—	86 890	5 442 593	62,8		

[1]) Zeitschr. des Preuß. Statist. Landesamtes.

[2]) Es muß darauf aufmerksam gemacht werden, daß in den Zahlenangaben seit der Wende des Jahrhunderts auch die Dampfturbinen enthalten sind. Eine statistisch zahlenmäßige Scheidung der Dampfturbinen und Dampfmaschinen existiert vorläufig noch nicht.

Für die übrigen Bundesstaaten ergeben sich entsprechend [1]):

		feststehende Dampfkessel	feststehende Dampfmaschinen
für Bayern	1879	3 279	2 411
	1889	4 939	3 819
	1907	9 468	7 852
für Sachsen	1879	4 974	4 548
	1889	7 420	7 239
	1906	10 904	12 543
für Württemberg	1879	1 194	956
	1890	1 894	1 782
für Baden	1879	1 109	841
	1889	2 026	—
	1905	2 734	—

Aus den angegebenen Zahlen geht deutlich die starke Zunahme der Dampfkraftverwendung hervor, und zwar rangieren der absoluten Größe nach Preußen, Sachsen, Bayern, Baden und Württemberg, relativ hat sogar Sachsen der Zahl der Maschinen nach noch eine größere Steigerung aufzuweisen als Preußen. Unterziehen wir aber die Tabelle für Preußen einer genaueren kritischen Betrachtung, so ergibt sich weiter, daß die Progression der Leistungssteigerung wesentlich stärker ist wie die Progression der Maschinenanzahl. Während die letztere von 1879 bis 1908 sich knapp um das Dreifache vermehrt, wächst die Gesamtleistung um annähernd das Siebenfache, d. h. aber, daß neben der absoluten Zunahme der Dampfkraftverwendung gleichzeitig eine Erhöhung der Durchschnittsleistung der einzelnen Maschinen in die Erscheinung tritt, wie auch aus der 5. Reihe der Tabelle zahlenmäßig hervorgeht. Ein ähnliches Bild gibt die letzte Reihe. Sie zeigt die Tendenz des Überganges zu stets größeren und wirtschaftlicheren Einheiten an, indem jeweils die durchschnittliche Größe der in dem betreffenden Zeitraum neu hinzugekommenen Maschinen ermittelt ist. Der Rückgang bezüglich der Durchschnittsgröße vom Jahre 1905 an ist offenbar auf eine Sättigung der schweren Rohstoffindustrien und der Elektrizitätszentralen, die die größten Kraftverbraucher darstellen, mit neuen Kraftmaschinen zurückzuführen. Die 6. Spalte zeigt uns schließlich, daß die prozentual bedeutendste Steigerung der Betriebsgrößeneinheit in der Zeit von 1894 bis 1904 erfolgt, also in dem Jahrzehnt, in welchem hauptsächlich die Einführung der Elektrizität in großem Maße in die Volkswirtschaft stattgefunden hat. So waren bereits am 1. April 1902 allein in Elektri-

[1]) Siehe Heft 73 der Beiträge zur Statistik des Königreichs Bayern. München 1909.

zitätswerken preußischer Städte 71 Dampfmaschinen von 1000 und mehr PS Leistung im Betrieb. Hiervon

23 zu je 1000 PS [1]),
30 von je 1000—1500 PS,
8 von 1500—2000 PS,
3 zu 3000 PS und
7 zu 4000 PS.

Genauere Angaben über die Größenverhältnisse der in Preußen vorhandenen Dampfkraftanlagen macht Ballod[2]) im „Statist. Bureau für Preußen 1906". Danach hatten von den am 1. April 1905 aufgestellten ca. 81 756 feststehenden Dampfmaschinen mit 4 684 948 PS Gesamtleistung 1607 eine Leistung von über 500 PS und einen Anteil an der Gesamtleistung von annähernd einem Drittel (rund 1 600 000 PS). Im einzelnen gibt die folgende Tabelle Aufschluß:

Größenklasse in Pferdestärken	Anzahl der Maschinen
von 500 bis einschließlich 1000	1215
„ 1000 „ „ 1500	245
„ 1500 „ „ 2000	53
„ 2000 „ „ 3000	48
„ 3000 „ „ 4000	26
„ 4000 „ „ 7000	12
„ 7000 „ „ 11000	8
Zusammen	1607 Maschinen

Über die Verteilung der Dampfkraftverwendung auf die verschiedenen Gewerbezweige liegen für die frühere Zeit gar keine brauchbaren Zahlen vor. Eine darauf gehende Statistik wurde zum ersten Mal für ganz Deutschland bei der Gewerbezählung 1895 durchgeführt, und da die bezüglichen Ermittelungen der neuen Gewerbezählung 1907 leider noch nicht veröffentlicht sind, müssen wir uns mit dieser begnügen. So veraltet dieselbe auch ist, kann sie doch einen ungefähren Überblick über die verhältnismäßige Kraftverwendung in den einzelnen Gewerbezweigen geben.

---

[1]) Statist. Korrespondenz für Preußen. Berlin 1903.

[2]) Ballod: „Die Dampfkraft in Preußen" in: Zeitschr. des Preuß. Statist. Landesamts. Berlin 1906.

Anzahl und PS der Dampfmaschinenbetriebe in den einzelnen Gewerbegruppen Deutschlands am 14. Juni 1895[1]**.**

Gewerbegruppen	Anzahl der Betriebe	Gesamtzahl der Pferdestärken	Zahl der Pferdestärken pro Betrieb
Polygraphische Gewerbe	786	10 539	13,4
Bekleidungs- und Reinigungsgewerbe	1 137	16 068	14,2
Industrie der Leuchtstoffe, Fette, Seifen und Öle	1 164	22 330	19,2
Lederindustrie	1 169	27 267	23,3
Baugewerbe	1 077	43 827	40,8
Handelsgewerbe	3 836	44 755	11,7
Chemische Industrie	1 326	75 290	56,8
Papierindustrie	1 066	87 904	82,4
Metallverarbeitung	4 870	108 437	22,3
Industrie der Holz- und Schnitzstoffe	6 758	119 971	17,7
Industrie der Maschinen und Instrumente	4 477	164 682	37,0
Industrie der Steine und Erden	4 778	176 277	37,0
Industrie der Nahrungs- und Genußmittel	16 564	392 827	23,7
Textilindustrie	7 693	446 886	58,2
Bergbau, Hütten und Salinen	1 577	969 039	615,0
	58 278	2 706 099	

Der Nennwert der in den 58 278 Dampfkraft verwendenden Gewerbebetrieben aufgestellten Maschinen betrug demnach am 14. Juni 1895 rund 2,7 Millionen PS. Dabei ist aber zu beachten, und dies gilt auch für die im vorhergehenden angegebenen Zahlen, daß dies nur einen rohen Anhalt für die Größe der tatsächlich benötigten Kraftleistung bietet. Denn diese hängt wesentlich noch von der Betriebsdauer und der effektiven Belastung ab; denn nur in den seltensten Fällen wird der Kraftbedarf eines Betriebes genau übereinstimmen mit der normalen Energieerzeugungsfähigkeit, für die eine Maschine gebaut ist. Man kann die durchschnittliche Belastung dieser Maschine etwa zu 70—80 %[1] ihrer Nennleistung einschätzen. Die bayerische Statistik berechnet für das Jahr 1907 einen durchschnittlichen Belastungsgrad der feststehenden Dampfmaschinen Bayerns von 83,8 %[2]. Ein genaues Bild über den effektiven Kraftbedarf einer Volkswirtschaft und besonders der einzelnen Gewerbegruppen in derselben zu geben, wird schon wegen der Unsicherheit in der Feststellung der durchschnittlichen Belastung und Betriebsdauer kaum jemals möglich sein. Der Wert der vorstehenden Tabelle

[1]) Deutsche Reichsstatistik.

[2]) Die Schätzung von Ballod mit 66—70 % erscheint mir doch etwas zu nieder gegriffen.

[3]) Vgl. Heft 73 der Beiträge zur Statistik des Königreichs Bayern, S. 17.

liegt vielmehr in der Verhältnismäßigkeit ihrer Zahlen, d. h. darin, daß sowohl das relative Kraftbedürfnis der einzelnen Gewerbegruppen sowie die relative, pro Betrieb erforderliche Krafteinheit, daraus zu ersehen ist.

Weitaus an der Spitze im absoluten Energiebedarf steht die Bergbau-, Hütten- und Salinenindustrie, auf die allein 35,8 % der in Betrieb befindlichen Dampfmaschinen entfallen; es folgen dann die Textilindustrie mit 16,5 % und die Industrie der Nahrungs- und Genußmittel mit 14,5 %. Bezüglich der Größe der in den verschiedenen Gewerbezweigen pro Betrieb erforderlichen Kraftanhäufung ist das Vorwiegen der schweren Urstoffindustrien mit einem Nennleistungsverbrauch von 615 Pferdestärken gegenüber den übrigen Gruppen noch ausgeprägter; in weitem Abstand folgen die Papierindustrie mit rund 82, die Textil- und chemische Industrie mit 58 und 56 PS. Eine Änderung in dieser Stufenreihe ist in den darauf folgenden Jahren insofern eingetreten, als nach den Angaben von Matschoß für den 1. April 1903 die Textilindustrie bereits eine größere Kraftagglomeration aufzuweisen hatte wie die Papierindustrie [1]).

Über die absolute Zahl der Kraftanlagenbesitzer gibt die Tabelle 7 [2]) für Preußen Aufschluß. Dieselbe stimmt natürlich keineswegs mit der Zahl der Dampfmaschinen überhaupt überein, ist vielmehr um mehr als die Hälfte kleiner wie diese. Gleichzeitig gibt sie einen interessanten Überblick des prozentualen Anteils auch der kleinen Größenklassen an

---

[1]) Was die örtliche Verteilung der Dampfkraftverwendung betrifft, so liegen genaue Angaben nur für Preußen vor, die aber allgemeines Interesse beanspruchen können und deshalb hier mitgeteilt seien. Lassen wir den Autor (Professor Ballod) selbst sprechen: „Die Stärke der Dampfkraft in den einzelnen preußischen Landesteilen richtet sich in der Hauptsache nach dem Vorkommen von Kohle und Eisenerz und in Verbindung damit der Häufigkeit von Eisenwerken. Der ganze Osten des preußischen Staates ist sehr spärlich mit feststehenden Dampfmaschinen versehen. Ost- und Westpreußen, Pommern und Posen haben am 1. April 1904 knapp zusammen ¼ Mill. PS gehabt, weniger als 6 % der Gesamtkraft der feststehenden Dampfmaschinen in Preußen; dagegen wiesen Rheinland und Westfalen allein 2,42 Mill. PS oder etwa 55 % der gesamten Dampfkraft der feststehenden Maschinen auf. Innerhalb dieser Provinzen waren es wieder die Regierungsbezirke Arnsberg und Düsseldorf, die zusammen etwa 1,61 Mill. PS oder etwa 36,4 % besaßen. Näher betrachtet war es das Ruhrkohlengebiet, das fast allein die so gewaltige Dampfkraft zur Entwicklung gebracht hatte. Von den anderen Provinzen war am stärksten Schlesien mit 609 346 PS vertreten, innerhalb Schlesiens der Regierungsbezirk Oppeln, in welchem sich die schlesische Kohlenmulde befindet, mit 407 981 PS. In beträchtlichem Abstand folgen darauf Brandenburg-Berlin mit 368 282 und Sachsen mit 341 747 PS.“ (Siehe Ballod in seiner bereits erwähnten Abhandlung.)

[2]) Entnommen aus der Statistischen Korrespondenz für Preußen, Berlin 1907, 33. Jahrg., Nr. 13.

Tabelle 7.

Die am 1. April 1906 in Preußen vorhanden gewesenen feststehenden Größenklassen der

Kraftanlagen mit einer gesamten Leistungsfähigkeit in PS	Zahl d. Kraft-anlagen-Besitzer	Zahl der feststehenden Maschinen und							
		bis 5 PS		über 5—20 PS		über 20—50 PS		über 50—100 PS	
		Maschinen	PS	Maschinen	PS	Maschinen	PS	Maschinen	PS
1	2	3	4	5	6	7	8	9	10
bis zu 20	20 708	6 108	19 972	16 674	197 658	—	—	—	—
über 20—50 . . .	9 009	1 533	3 874	2 236	29 051	8 135	—	—	—
„ 50—100. . .	3 887	1 198	3 169	1 469	18 514	1 744	—	—	—
„ 100—200 . .	2 091	1 338	3 588	1 480	18 159	1 330	—	—	—
„ 200—500 . .	1 450	1 911	5 263	2 320	28 922	1 774	—	—	—
„ 500—1000 . .	688	1 620	5 034	2 016	24 899	1 230	43 082	926	70 788
„ 1000—5000 . .	687	2 202	7 007	3 626	46 944	2 217	76 015	1 509	114 829
„ 5000—10000 .	96	492	1 597	984	12 648	633	22 486	336	25 646
„ 10000	34	374	1 380	972	12 689	781	26 376	411	30 602
Zusammen	38 650	16 776	50 884	31 777	389 484	17 844	607 457	8392	621 280
Prozentualer Anteil d. Größenklassen an d. Gesamtzahl:		20,10	1,02	38,10	7,8	21,42	12,22	10,0	12,48

der Gesamtleistung. Während die Prozentzahlen der Spalten 3, 5, 7, 9, 11, 13, 15 und 17 von 5 an in steter Progression abnehmen, steigern sich die Verhältniszahlen der Spalten 4, 6, 8, 10, 12 bis 14 und bleiben auch für die bezüglichen Größenklassen 16 und 18 zwar etwas niederer, aber im ganzen trotzdem sehr hoch. Die 0,54 % der Anzahl von Maschinen über 1000 PS nehmen allein rund ein Fünftel der Gesamtleistung in Anspruch. Auffällig ist in der Tabelle ferner die starke Zahl der auch in Großbetrieben mit einem Energiebedarf von mehr als 1000 PS vorhandenen kleinen Maschinen in allen Abstufungen bis zu 5 PS herunter, die auf eine noch vielfach (trotz der offenkundigen Unwirtschaftlichkeit derselben) vorhandene Dezentralisation der Krafterzeugung schließen lassen [1]). Die Erscheinung ist in der Hauptsache auf die Art der Entstehung der Großbetriebe aus Mittel- und Kleinbetrieben zurückzuführen. Indem mit der allmählichen Zunahme des Geschäftsumfanges auch der Kraftbedarf in die Höhe ging, war man genötigt, schrittweise neue, größere Betriebsmaschinen anzuschaffen, und verwendete dann die alten zu Nebenzwecken. Vor einer einheitlichen Zentralisierung scheute man sich wegen des hierzu erforderlichen großen Kapitalaufwandes in Verkennung der Ersparnisse an Betriebs-

[1]) Die Gründe, warum diese Betriebsorganisation unrationell gegenüber zentraler Kraftversorgung ist, werden an späterer Stelle ausführlich erörtert.

Tabelle 7.

Dampfmaschinen und ihre Verteilung auf die Kraftanlagen, geordnet nach Maschinen und Anlagen

deren Gesamtleistung in PS in der Größenklasse								Zusammen	
über 100—200 PS		über 200—500 PS		über 500—1000 PS		über 1000 PS			
Maschinen	PS	Maschinen	PS	Maschinen	PS	Maschinen	PS	Maschinen	PS
11	12	13	14	15	16	17	18	19	20
—	—	—	—	—	—	—	—	22 782	217 630
—	—	—	—	—	—	—	—	11 904	298 261
—	—	—	—	—	—	—	—	7 182	281 219
—	—	—	—	—	—	—	—	6 366	299 574
—	—	—	—	—	—	—	—	8 615	457 700
663	101 149	574	187 597	82	56 306	—	—	7 111	488 855
1 150	178 481	1 333	451 925	613	447 913	143	205 982	12 793	1 529 096
274	41 926	354	123 024	255	191 230	122	202 989	3 450	621 546
313	46 011	217	74 505	133	101 215	178	509 138	3 379	801 916
4 335	640 892	2 932	971 027	1 083	796 604	443	918 109	83 582	4 995 797
5,02	12,88	3,52	19,2	1,21	16,00	0,53	18,40	100	100

unkosten, die sich auf die Dauer machen ließen. In manchen Fällen mögen auch Platzmangel und Rücksicht auf spezielle Betriebsverhältnisse den Anlaß zu dieser Entwickelung gegeben haben. Auch für einen anderen Bundesstaat, für Bayern, ergeben sich fast korrespondierende Verhältniszahlen in den Größenklassen wie für Preußen, die der darüber veranstalteten bayerischen Statistik entnommen sind.

[1]) Größenklassen und Leistungsfähigkeit	Feststehende Maschinen	
	Zahl	%
a) bis 5 PS	1447	18,4
b) über 5—20 PS	2877	36,6
c) über 20—50 PS	1819	23,2
d) über 50—100 PS	911	11,6
e) über 100—200 PS	457	5,8
f) über 200—500 PS	242	3,1
g) über 500 PS	99	1,3

Schließlich sei noch ein statistischer Beleg für die oben angeführte Entwickelungstendenz des Überganges zu stetig[1]) höheren Spannungen angeführt. Leider haben wir hierüber zahlenmäßiges Material für Preußen

[1]) Vgl. die mehrfach angezogene Schrift: „Die Dampfkraft in Bayern nach dem Stande vom 31. Dezember 1907", S. 18.

nicht auffinden können; es mögen daher die für Bayern und Baden vorhandenen Angaben genügen. Nach den Statist. Jahrbüchern für Baden der Jahre 1893 bis 1907 [1]) ergibt sich über die zulässige Dampfspannung der damals vorhandenen Dampfkessel:

Die Kessel konnten mit folgenden max. Dampfspannungen betrieben werden: Atm. Druck	Anzahl der Dampfkessel in Baden							
	1893	1895	1898	1903	1904	1905	1906	1907
von 1—3½	104	112	88	87	81	82	83	85
von 3½—5	935	875	902	534	499	441	415	390
von 5½—6½ . . .	1452	1584	1746	1457	1408	1363	1343	1309
von 7—8	387	444	659	1446	1516	1585	1630	1634
von 8½—10	77	102	184	450	523	574	645	733
von 10½—12 . . .	6	39	92	163	182	210	243	287
von 12½—15 . . .	—	—	35	50	65	74	106	118
Zusammen	—	—	3706	4187	4274	4339	4465	4556

Nach der bayerischen Statistik betrug die Zahl der dort vorhandenen Dampfkessel für die Jahre 1879, 1889 und 1907, klassifiziert nach der Dampfspannung:

Feststehende Dampfkessel mit einer Dampfspannung von					
unter 5 Atm.			über 5 Atm.		
1879	1889	1907	1879	1889	1907
2438	2666	1567	841	2273	7901

Aus den beiden Tabellen geht deutlich die (abgesehen von einzelnen Unregelmäßigkeiten) fast stete Zunahme der Kessel mit höheren Dampfspannungen und der Rückgang der Kessel mit niederen Spannungen hervor. Speziell für Baden liegt die charakteristische Grenze bei 7 Atm., und prozentual am stärksten ist die Progression bei den Dampfdrucken von 8½ bis einschließlich 12 Atm., also den Spannungen, die heute bei Anlage neuer Maschinen als die generell üblichen anzusehen sind.

Damit schließen wir diesen Abschnitt und lassen nun die Besprechung der übrigen Wärmekraftmaschinen folgen, wobei wir jedoch nur auf die technische Arbeitsweise und die besonderen ökonomischen Verumstandungen eingehen werden.

Zu den Dampfkraftanlagen im weiteren Sinne gehören außer den ortsfesten Maschinen die Lokomobilen und Dampfturbinen.

[1]) Die bezüglichen Aufzeichnungen wurden zum ersten Male im Jahr 1893 gemacht.

c) Die Lokomobile.

Bei der Lokomobile [1]) bilden Dampfentwickler und Motor ein einheitliches Aggregat. Der Dampfzylinder sowie das gesamte Triebwerk sitzen unmittelbar auf dem Kessel, so daß die langen Rohrleitungen und sonstigen Wärmeverlustquellen, die bei stationären Anlagen häufig 10—20 % des Gesamtdampfverbrauches ausmachen, wegfallen. Durch diese Anordnung ist allerdings die obere Grenze der möglichen Einheitsgröße ziemlich festgelegt, indem sich Kesselleistungen für Maschineneinheiten von mehr als etwa 300 PS bei der hier üblichen Bauart technisch zweckmäßig nicht mehr in einem Aggregat unterbringen lassen. Innerhalb der früher angegebenen Leistungsgrenzen aber hat dieser Typ vor seinem Schwestertyp verschiedene Vorzüge, die ihm in manchen Fällen eine Überlegenheit gegenüber diesem sichern werden. Schon der geringe Raumbedarf, die bequeme Bedienung, die Ersparnis an Rohrleitungen und Kesseleinmauerung sowie die dadurch ermöglichte billige Aufstellung sind schätzenswerte Vorteile, speziell im Anwendungsgebiet der Mittel- und Kleinkraftmaschinen; hauptsächlich aber ist es der geringere Brennstoffverbrauch, der bei den Lokomobilen eine größere Gesamtwirtschaftlichkeit wie bei gleichgroßen und gleichwertigen stationären Dampfmaschinen bedingt [2]).

Hinzu kommt weiter, daß durch einfache und leicht anbringbare Sondervorrichtungen die Lokomobile sich für die Verwertung aller möglichen, auch der geringwertigsten Brennstoffe und Abfallstoffe einrichten läßt, was sie für die Landwirtschaft, die Industrien der Nahrungs- und Genußmittel sowie der Holz- und Schnitzstoffe besonders geeignet macht. So werden von den maßgebenden Firmen Vorrichtungen für die Verfeuerung von Preßtorf, Stroh, Zuckerrohrrückständen, Lohe, Sägespänen, Holzabfällen, ja selbst Lamamist und Kamelmist geliefert. Als Nachteile stehen diesen Vorzügen die Empfindlichkeit sowohl der Maschine wie des Kessels gegenüber, und es wird vielfach bei Betriebsanlagen die Rücksicht auf möglichst große Betriebssicherheit oder möglichst lange Nutzungsdauer der Anlage den Anlaß geben können, von der Wahl einer Lokomobile abzustehen. Ob im Einzelfalle die Frage der Kostenersparnis oder der absoluten Betriebssicherheit den Ausschlag geben soll, kann generell natürlich nicht entschieden werden, sondern wird

---

[1]) Die Bezeichnung „Lokomobile“ verdankt dieselbe ihrer Fähigkeit, als ortsveränderliche Maschine auf Rädern transportabel zu sein. Heute versteht man aber darunter generell alle Dampfkraftanlagen, bei denen Kessel und Dampfzylinder zusammengebaut sind, sofern sie nicht als Beförderungsmittel dienen, wenn auch von einer Ortsveränderlichkeit bei diesen keine Rede ist.

[2]) Vgl. hierzu die Tabellen S. 109 und 111 und Kurvenfigur 1, S. 123.

in den meisten Fällen von den individuellen Anschauungen des Unternehmers abhängen.

Die statistischen Angaben über Einteilung und Verwendung der Lokomobilen nach Größenklassen und Gewerbegruppen seien für die beiden größten deutschen Bundesstaaten in den folgenden Tabellen mitgeteilt:

Tabelle 8.

Jahr	Anzahl der Lokomobilen in Preußen	Gesamtleistung der Lokomobilen in Preußen	Durchschnittsgröße in PS	Durchschnittsgröße der in dem entsprechenden Zeitraum neu zugekommenen Maschinen
1. Januar 1879	5 442	47 104	8,65	
„ 1885	8 990	83 000	9,25	10,1 PS
„ 1889	11 916	111 070	9,32	9,6 PS
„ 1894	14 425	147 130	10,20	14,4 PS
1. April 1899	18 166	201 305	11,10	14,5 PS
„ 1904	23 013	296 674	12,90	19,7 PS
„ 1905	24 539	315 291	12,90	12,4 PS
„ 1906	—	334 493	—	
„ 1907	25 754	363 298	14,10	39,6 PS
„ 1908	27 137	402 685	14,80	28,4 PS

Die Zahl der Lokomobilen in Bayern steigerte sich in derselben Zeit von 892 im Jahre 1879 auf 2021 in 1889 und 4873 im Jahre 1907. Die durchschnittliche Leistungsfähigkeit in letzterem Jahre betrug 10 PS. Aus der Spalte 4 der Tabelle geht das Überwiegen der Lokomobilverwendung als Kleinkraftmaschine hervor, was auf ihre hauptsächliche Verwendung in der Landwirtschaft zurückzuführen ist. Die Maximalgröße der landwirtschaftlichen, d. h. der fahrbaren Lokomobilen ist aber schon bei einigen 20 bis 30 PS erreicht. Seit einem Jahrzehnt etwa nimmt auch die Einführung in gewerbliche Betriebe, vornehmlich in mittleren Einheiten von 10—50 PS, zu, wofür die — wenn auch unregelmäßige — Größenzunahme in der letzten Reihe einen Beleg abgibt. Im ganzen läßt sich außerdem ein langsames Anwachsen der Durchschnittsgröße konstatieren, indem einer Steigerung der Maschinenanzahl um das Fünffache von 1879 bis 1907 eine solche um annähernd das Neunfache in der Leistungsfähigkeit entspricht. Über das Verhältnis der einzelnen Größenklassen mögen die Zahlen für Bayern einen Anhalt geben:

Größenklassen der Leistungsfähigkeit	Lokomobilen	
	Zahl	%
a) bis 5 PS	1420	29,4
b) über 5—20 PS	3108	63,6
c) über 20—50 PS	284	5,7
d) über 50—100 PS	33	0,7
e) über 100—200 PS	24	0,5
f) über 200 PS	4	0,1

Was schließlich die Verteilung auf die einzelnen Gewerbegruppen betrifft, wird durch die Statistik das oben Gesagte bestätigt.

Bezüglich der Leistungsfähigkeit beanspruchen die landwirtschaftlichen Betriebe in beiden Bundesstaaten noch mehr als die Hälfte der Gesamtleistung; es folgen das Baugewerbe, Bergbau-, Hütten- und Salinenwesen, die Industrie der Steine und Erden, der Nahrungs- und Genußmittel, auch noch chemische Industrie, während in den übrigen die Verwendung der Lokomobile nur unbedeutend ist. Vergleicht man die Prozentziffern der Lokomobilanzahl und der Leistungsfähigkeit derselben, so ergibt sich ein retrogressives Verhältnis für die landwirtschaftlichen, dagegen ein progressives für fast die meisten anderen Gewerbegruppen.

Tabelle 9.

*) Gewerbe-Gruppe	Lokomobilen in Preußen am 1. August 1907				Lokomobilen in Bayern am 31. Dzbr. 1907			
	Zahl	% der Gesamtzahl	Leistungsfähigk. in PS	%	Zahl	%	Leistungsfähigk. in PS	%
1. Land- u. Forstw. Weinb., Gartenb.	15 989	62	197073	54,30	3738	76,7	26 937	53,0
2. Fischerei. . . .	1	0	3	0				
3. Bergbau, Hütten u. Salinen . . .	1 436	5,57	30622	8,45	125	2,6	3 945	7,8
4. Industrie der Steine u. Erden.	922	3,58	13515	3,72	166	3,4	2 651	5,2
5. Metallverarbeitung	72	0,28	1114	0,30	23	0,5	153	0,3
6. Industrie d. Maschinen u. Apparate	263	1,02	4271	1,18	55	1,1	1 543	3,0
7. Chemische Industrie	253	0,98	1898	0,52	12	0,2	307	0,6
8. Industrie d. Heiz- u. Leuchtstoffe .	103	0,40	1649	0,45	4	0,1	32	0,1
9. Textilindustrie .	20	0,08	347	0,09	3	0,1	61	0,1
10. Papier- u. Lederindustrie . . .	26	0,10	336	0,09	13	0,3	504	1,1
11. Holz- u. Schnitzstoffe	435	1,69	5692	1,56	143	2,9	2 303	4,5
12. Industrie d. Nahrungs- u. Genußmittel	382	1,48	4560	1,26	64	1,3	767	1,5
13. Baugewerbe . .	2 626	10,20	42596	11,70	400	8,2	9 719	19,1
14. Handelsgewerbe	2 593	10,05	48416	13,30	18	0,4	236	0,5
15. Übrige Gewerbe.	633	2,57	11206	3,38	109	2,2	1 651	3,2
Zusammen	25 754	100,00	363298	100,00	4873	100,00	50 809	100,00

*) Die Zahlen sind der Zeitschr. des Kgl. Preuß. Statist. Landesamtes sowie dem Heft 73 der Beiträge zur Statistik des Königreichs Bayern entnommen.

d) Die Dampfturbine.

Die Arbeitsweise der Dampfturbinen ist grundsätzlich verschieden von der der Kolbenmaschinen. Während bei den letzteren die Dampfenergie über den Umweg des Vor- und Rückwärtsgangs des Kolbens mit Hilfe eines besonderen Kurbelmechanismus in Rotationsbewegung umgesetzt wird, sind hier alle Zwischenmechanismen vermieden. Die Dampfenergie wird direkt in Rotationsenergie verwandelt. Diese an sich viel natürlichere Lösung des Dampfkraftproblems hatte schon Watt erstrebt und nach ihm viele andere ohne Erfolg [1]). Praktische Schwierigkeiten und nicht weniger auch das Fehlen der notwendigen theoretischen Grundlagen waren die Ursache, daß erst gegen Ende des vorigen Jahrhunderts im Jahre 1884 die ersten brauchbaren Dampfturbinen von dem Schweden Laval und dem Engländer Parsons auf den Markt gebracht wurden. Die beiden Typen weichen in ihren wärmetheoretischen Grundlagen und konstruktiven Ausführung wesentlich voneinander ab, und in den folgenden beiden Jahrzehnten ist eine große Anzahl weiterer Systeme hinzugekommen. Ohne auf die Besonderheiten einzugehen, stellen wir nur das allen gemeinsame Grundprinzip fest: Auf dem Umfang einer rotierenden Trommel oder Scheibe sind zahlreiche kleine Schaufeln befestigt, die eine derartige Krümmung besitzen, daß sie die Strömungsenergie, die dem aus Düsen ausströmenden Dampfe eigen ist, entweder als Stoß- oder Rückdruckwirkung aufnehmen und dadurch in Drehbewegung versetzt werden; der Dampf wirkt also nicht wie bei den Kolbenmaschinen durch seine Expansionskraft, sondern lediglich durch seine beim Ausströmen aus einem höheren in einen niederen Druckraum auftretende Strömungsenergie. Die Dampfturbine ist insofern verwandt mit der Wasserturbine, da auch bei dieser die dem Wasser innewohnende Strömung durch besonderen Schaufelapparat direkt in Drehbewegung umgesetzt wird. Wesentlich unterscheiden sich aber beide durch die Geschwindigkeit, mit der die Materie strömt, und infolge davon die Höhe der Tourenzahl [2]). In der richtigen und

[1]) Die physikalische Erscheinung, daß aus einem Gefäß ausströmender Dampf durch den auf dieses ausgeübten Rückdruck eine Drehbewegung desselben hervorruft, war schon sehr lange bekannt. So erwähnt schon Hero von Alexandrien in einem seiner Werke aus dem Jahre 120 v. Chr. ein kleines Maschinchen, die „Äolipile“, die als die erste Dampfturbine bezeichnet werden könnte. Es war eine Hohlkugel mit gekrümmten Rohransätzen, die durch den Rückdruck des mit großer Geschwindigkeit ausströmenden Dampfes zur Rotation gebracht wurde. Ein weiteres historisches Beispiel aus späterer Zeit stellt das Stoßrad von Branca (XVII. Jahrh.) dar, wobei der aus einem Dampfgefäß ausströmende Dampf auf die Schaufeln eines Rades strömte und dieses durch direkte Stoßwirkung in Umdrehung versetzte.

[2]) Die Strömungsgeschwindigkeit des Dampfes bei einem Druckunterschied von 10 auf 1 Atm. beträgt z. B. 939 m pro Sekunde.

wirtschaftlichen Wertbarkeit dieser Geschwindigkeit lag von jeher und liegt heute noch die Schwierigkeit für den Bau der Dampfturbinen; es ist interessant, daß dieselbe bezüglich der Veränderung der Umdrehungszahl gerade den umgekehrten Entwickelungsgang durchmachen mußte wie die Kolbenmaschine, von den höheren zu immer niederen Geschwindigkeiten; lief doch die erste Lavalturbine mit 40 000, die erste Parsonsturbine mit 18000 Umdrehungen pro Minute. Waren diese Maschinen auch praktisch kaum verwertbar, so war doch durch sie das Problem im Prinzip gelöst.

Aus den Kreisen der Elektroindustrie bot sich dann zunächst das Kapital dar, das zur Weiterbildung und Vervollkommnung des neuen Energiespenders benötigt wurde, und auch die Dampfturbine ist in letzter Linie ein Kind technisch-wirtschaftlicher Bedürfnisse gewesen.

Die elektrischen Dynamomaschinen mußten entweder mittels verlustbringender Zwischenglieder durch die langsamer laufenden Kolben maschinen angetrieben werden, oder aber sie wurden als Schwungraddynamos zur Ermöglichung direkter Kupplung ausgeführt, wobei aber das Gesamtaggregat sehr teuer wurde und wirtschaftlich ungünstig arbeitete. Kurzum, die notwendig hohen Tourenzahlen der Dynamos, und zwar besonders der Wechselstromdynamos mit einem oder mehreren Tausend minutlicher Umdrehungen, machte den Dampfmaschinenbauern große Schwierigkeiten und verlangte einen ebenso rasch laufende Antriebsmaschine. Glücklicherweise fand man diese in der Dampfturbine. Erst als es gelang, den Bau der Dynamos und der Antriebsturbinen sich gegenseitig in vollkommenster Weise anzupassen, konnte die Dampfturbine jene umwälzenden Veränderungen im elektrischen Zentralenbau hervorrufen, die ihr zu einem beispiellosen Siegeszug durch alle Länder in wenigen Jahren verhalfen. Die völlige Akkomodation beider Teile konnte aber am besten erfolgen, wenn der Bau derselben in einer Hand vereinigt wurde; und tatsächlich bauen auch diejenigen Firmen, die bereits in den Entwickelungsjahren der Dampfturbinen diesen Produktionszweig aufgenommen hatten, sowohl den Turbinen- wie den elektrischen Teil. Es ist dies eines der Beispiele dafür, wie technische Verumstandungen zur Betriebskombination führen können. Dampfturbine und Dynamo sind heutzutage so sehr ein zusammengehöriges Aggregat, daß sie nicht mehr als zwei zusammengekuppelte Maschinen, sondern als untrennbares Ganzes, in den Namen Turbogenerator zusammengefaßtes Maschinenaggregat erscheinen; und zwar sind die elektrischen Firmen zunächst der aufsaugende Teil der Kombinationsbetriebe gewesen. Sie haben dadurch eine vorherrschende Stellung im Turbogeneratorenbau erreicht. Ihren Grund hat diese Erscheinung wohl darin, daß die Konsumentenkreise eben keine billige Dampfkraft, sondern billige Elektrizität verlangten, und außerdem die Dampfturbine in ihrer Innenausführung viel mehr nach der Seite feinmechanischer als grobmechanischer Ausbildung der Einzelteile, wie sie bei der Kolbenmaschine vorliegt, hinneigt. Da dann bald die Konkurrenz des Turbinenbaus sich in einer Minderung des Beschäftigungsgrades der Dampfmaschinenfabriken fühlbar machte, sahen sich manche derselben veranlaßt, den neuen Produktionszweig ebenfalls aufzunehmen. Es ist aber zu berücksichtigen, daß sie dies erst in einer Zeit taten, in der die bezüglichen Elektrofirmen Hand in Hand mit der Wissenschaft den Turbodynamo annähernd auf die Höhe seiner heutigen Vollkommenheit nicht ohne großen Kapitalaufwand entwickelt und in gewissem Sinn normalisiert hatten. Dadurch ist es möglich geworden, daß Turbine und Dynamo von getrennten Firmen hergestellt werden, wie dies heute auch, zwar nicht als Regel, aber doch in manchen Fabriken offenbar mit gutem Erfolg durchgeführt wird. Andere haben sich auch wohl mit einer „freien" Elektrofirma bezüglich des speziellen Baues der Turbogeneratoren in der Weise zu einer Interessengemeinschaft verbunden, daß jene den elektrischen, diese den Dampfmaschinenteil ausführen. Auf diese Art ist in Deutschland das sogenannte Zoelly-Syndikat entstanden [1]).

Damit haben wir bereits das Gebiet umgrenzt, das unbestritten als das wichtigste wirtschaftlich zweckmäßige Anwendungsfeld der Dampfturbinen [2]) zu gelten hat.

Die Dampfturbine ist eine Maschine, die nur in großen Aggregaten und mit Umdrehungszahlen von mindestens 1000 bis etwa 3000 Touren eine absolute gesamtwirtschaftliche Überlegenheit besitzt. Für kleine Einheiten unter 300 PS arbeitet sie zu ungünstig und kann höchstens dort, wo andere Rücksichten als die ökonomischen ausschlaggebend sind, zur Einführung gelangen. Der Kohlenverbrauch ist in diesen Fällen bis 30 % größer wie bei Kolbenmaschinen und bleibt selbst für Einheiten bis zu 600 oder 800 PS hinauf noch 5—10 % höher wie bei diesen. Sie ist nicht verwendbar für Fabriken mit Transmissionsbetrieb, sondern nur dann als Betriebsmaschine brauchbar, wenn elektrischer Antrieb durchgeführt ist. In diesen Fällen besitzt der

---

[1]) Dasselbe ist eine Vereinigung mehrerer großer Maschinenfabriken, die den Bau der Dampfturbine „System Zoelly" betreiben. Ihm gehören an: die Siemens-Schuckert-Werke Berlin, die Augsburg-Nürnberger Maschinenfabrik, die Görlitzer Maschinenfabrik, Escher, Wyß u. Co. Zürich, Friedrich Krupp in Essen und die Lloyd- norddeutsche Maschinen- und Armaturenfabrik.

[2]) In diesem Zusammenhang sprechen wir nur von den Landdampfturbinen. Die direkte Kupplung mit andern Arbeitsmaschinen wie Kompressoren oder Hochdruckzentrifugalpumpen ist seltener und tritt an Bedeutung weit hinter den angegebenen Verwendungszweck zurück. Die Schiffsturbinen werden in einem späteren Kapitel behandelt.

Turbogenerator aber eine Reihe großer Vorzüge gegenüber dem Kolbenmaschinenbetrieb, so daß bei Größeneinheiten von etwa 300 PS an die gesamtwirtschaftliche Bilanz in der Regel zugunsten des Turbodynamo ausfallen wird. Ein Hauptvorteil desselben ist der geringe Raumbedarf, indem das Turbinenaggregat etwa nur den vierten bis sechsten Teil der Grundfläche benötigt als das Kolbenmaschinenaggregat. Hierdurch lassen sich nicht unbeträchtliche Ersparnisse an Gebäude- und Grundstückskosten erzielen, was in den Städten mit hohen Grundstückspreisen von wesentlicher Bedeutung ist. Hinzu kommen das geringe Wartungs- und Reparaturbedürfnis, ferner, da fast keine reibenden Teile in der Maschine vorhanden sind, der sehr niedere Schmierölverbrauch und dadurch wieder die Gewinnung eines ölfreien Kondensats für die Kesselspeisung. Denn die Dampfturbine ist eben eine Maschine, die nur in ganz vollkommenem Zustand betriebsfähig ist. Ist sie aber in diesem Zustand, so läuft sie fast ohne Bedienung und erfordert nur geringen Aufwand für Wartung und Reparatur.

Bezüglich statistischer Angaben ist zu sagen, daß solche unseres Wissens zurzeit noch für keinen Staat vorliegen. Ein Anhalt ist über die Verbreitung der Turbinen bis jetzt nur aus den Lieferungslisten der maßgeblichen Firmen zu gewinnen. So betrug die Zahl der bis Ende Dezember 1909 nach dem System Parsons-Brown-Boweri im Bau oder Betrieb befindlichen Turbinen 900 Stück mit einer Gesamtleistung von rund 1 900 000 PS, also einer Durchschnittsleistung von $\frac{1\,900\,000}{900} \cong 2110$ PS. Weiter hat das Zoellysyndikat, das im Jahre 1905 erst den Turbinenbau im großen aufnahm, bis Ende 1908 bereits 325 Turbinen mit insgesamt 502 610 PS Leistungsfähigkeit in Betrieb gesetzt, was einer Durchschnittsgröße von 1550 PS pro Aggregat entspricht. Hiervon kamen 273 130 PS in Deutschland zur Aufstellung, die fast ausschließlich für Dynamoantrieb dienten. Die A. E.-G. in Berlin hat im Jahre 1903—1908 475 Turbodynamos mit einer Gesamtleistung von 410 215 KW = 560 000 PS [1]) geliefert, entsprechend einer Durchschnittsleistung von $\frac{560\,000}{475} \cong 1180$ PS. Was die mögliche Maximaleinheit betrifft, so ist sie bei Turbogeneratoren größer als bei Kolbenmaschinen. Die Grenze bei letzteren liegt, soweit dem Verfasser bekannt, bei 6000 PS, während jene schon in Größen von 15- bis zu 20 000 PS ausgeführt sind.

---

[1]) Die elektrische Arbeitseinheit ist das Kilowatt = KW. Zwischen Kilowatt und Pferdestärke besteht folgende Beziehung: 1 KW = 1000 Watt, 1 PS = 736 Watt; folglich: 1 PS = 0,736 KW, 1 KW = $\frac{1}{0{,}736}$ PS = 1,36 PS.

Eine neuere Turbine, die sogenannte **Abdampfturbine**, soll hier nur kurz erwähnt werden. Es ist eine Niederdruckmaschine, die aus dem Bestreben heraus entstanden ist, den bei den Fördermaschinen der Bergwerke, den Walzenzugmaschinen und Dampfhämmern in der Eisen- und Stahlproduktion, fallenden Auspuffdampf [1]) weiter zu verwerten. Als solche hat sie mehr ein spezielles Interesse und ist besonders auf Zechen und Hüttenwerken anzutreffen, wo sie allerdings hinsichtlich ökonomischer Dampfausnutzung wertvolle Dienste leisten kann. Da aber der Verwendung der bezeichneten Maschinen neuerdings durch die Einführung elektrischer Apparate an Stelle Dampfbetriebs eine starke Konkurrenz entstanden ist, so besteht u. E. keine Aussicht, daß das an sich schon beschränkte Anwendungsgebiet der Abdampfturbinen eine erhebliche Erweiterung erfahren wird.

Die **Abwärmekraftmaschine** von Prof. **Josse**, die mit „kalten" Ammoniak- oder Schwefelsäuredämpfen arbeitet, hat nur theoretisches Interesse. Da sie weder nennenswerte technische noch wirtschaftliche Vorteile brachte, so ist sie nur in ganz vereinzelten Fällen zur Einführung gelangt.

e) Die Gasmaschinen und Flüssigkeitsmotoren.

Über die **Gasmaschinen** ist bei Besprechung der gasförmigen Brennstoffe eingehend gehandelt worden [2]). Wir können uns hier daher kurz fassen. Es wurde festgestellt, daß ihre hervorragende volkswirtschaftliche Bedeutung hauptsächlich in der durch sie gegebenen Möglichkeit, alle Arten von industriellen Gasen, die Koksofen-, Gicht- und andere Gase sowie die große Anzahl minderwertiger und Abfallbrennstoffe wie Rohbraunkohle, Torf, Lesebandabfälle, Koksgrus und Kohlenlösche zu verwerten und in nutzbringende Energie umzusetzen. In diesen Fällen hat die Gasmaschine, sei es als Großgas- oder Saugegasmotor, eine merkliche vorhandene Lücke ausgefüllt und dem Wirtschaftsleben neue Werte zugeführt. Die Bedeutung der Saugegasmaschine für Anthrazit und Koksverwendung, von der man sich ursprünglich die größten Hoffnungen versprach, ist jedoch schon wenige Jahre nach ihrem Aufkommen wieder stark zurückgegangen. An sich hat diese sowohl wärmetheoretisch wie gesamtwirtschaftlich einen günstigen Wirkungsgrad; aber technische Eigenschaften, besonders ihre hohe Empfindlichkeit gegen nur kleine Überlastung [3]) und demzufolge die geringe Betriebssicherheit heben ihre wirtschaft-

---

1) Sofern dieselben nicht an eine Zentralkondensation angeschlossen sind.

2) Siehe S. 53—58.

3) Vgl. hierzu auch S. 126.

lichen Vorteile wieder auf. Bei Verwertung der minderwertigen und der Abfallbrennstoffe kommen diese Nachteile deshalb weniger in Betracht, weil man hier die Maschine normalerweise unterbelastet laufen lassen kann. Trotz des dann allerdings größeren Brennstoffverbrauchs bleibt dieselbe bei der „Billigkeit" desselben immer noch wirtschaftlich. Anders bei Betrieb mit dem teuern Anthrazit oder Koks. Läßt man hier normalerweise unterbelastet laufen, so steigen die Kohlenkosten so sehr, daß die Energiekosten sich höher stellen wie bei andern gleichwertigen Kraftanlagen [1]). Allgemein kann man wohl sagen, daß die Saugegasmaschine [2]) in Betriebsanlagen dann wirtschaftlich zweckmäßige Verwendung findet, wenn entweder als Brennstoffe billige Braunkohlenbriketts oder aber minderwertige und Abfallbrennstoffe vorhanden sind. Bei Verwendung von Anthrazit bzw. Koks jedoch nur dann, wenn eine dauernd gleichmäßige Belastung zu erwarten ist, wie z. B. in Wasserwerken und Pumpanlagen.

Auf die Wiedergabe statistischer Aufzeichnungen müssen wir verzichten, da solche bis jetzt von amtlichen Stellen noch nicht gemacht sind, und auch hierüber brauchbares Material von den maßgeblichen Firmen nicht zu erhalten war.

Auf einem scheinbar ähnlichen Arbeitsprinzip wie die Gasmaschine beruht der Dieselmotor. Er arbeitet wie diese im Viertakt [3]) und ist eine Kolbenmaschine; jedoch geht der zweite Hub, der eigentliche Arbeitshub, nach andern wärmetechnischen Gesetzen vor sich als bei dieser, indem die Kraftwirkung nicht die Folge einer Explosion ist, sondern unter allmählicher Verbrennung des allerdings sehr stark komprimierten Brennstoffgemisches stattfindet. Die Maschine, bis jetzt nur stehend gebaut und nach ihrem Erfinder, dem Ingenieur Diesel, benannt, wurde im Jahre 1897 auf den Markt gebracht. Die sehr rasch vervollkommnete Ausbildung ist dann hauptsächlich das Verdienst einer großen deutschen Firma, der Augsburg-Nürnberger Maschinenfabrik, gewesen, der sich in jüngerer Zeit die Firma Sulzer in Winterthur würdig angereiht hat. Ihrem Arbeitsprinzip liegt die praktische Anwendung rein theoretischer Erkenntnisse zugrunde. Es bezweckt die unmittelbare Energieumsetzung flüssiger Brennstoffe in einem Arbeitszylinder ohne Zuhilfenahme von besonderen Energiezwischenträgern, wie sie bei den früheren Wärmekraftmaschinen der Dampf bzw. das Gas darstellen, und ohne jegliche künstlichen Zündapparate. In einen einseitig geschlossenen Zylinder wird Luft einge-

[1]) Vgl. hierüber die Tabelle 13 S. 114/15.

[2]) Beachte die Anm. S. 69.

[3]) Neuerdings ist auch das Zweitaktverfahren für die großen Einheiten von der Firma Sulzer zur Einführung gebracht worden.

saugt und durch die lebendige Kraft der in Bewegung befindlichen Teile auf den hohen Druck von 34—35 Atm. komprimiert. Zu Beginn des Arbeitshubes wird dann durch automatisch wirkende Mechanismen der Brennstoff in staubförmig zerteiltem Zustand eingespritzt, wobei er sich infolge der hohen Temperatur der stark komprimierten Luft entzündet. Durch die Verbrennung bei gleichbleibendem Druck [1]) und die nachfolgende Expansion der Verbrennungsgase wird der Kolben nach unten getrieben, durch die bewegten Schwungmassen zurück und so fort, bis nach dem vierten Hub das Spiel wieder von neuem beginnt. Die Ingangsetzung erfolgt wie bei den Explosionsmaschinen durch besondere Vorrichtungen, die an sich mit der Arbeitsweise der Maschine nichts zu tun haben.

Infolge des Vermeidens jeglichen Zwischenenergiemittels ist die Dieselsche Erfindung der bei weitem rationellste Wärmemotor, indem von der im Brennstoff enthaltenen Wärmeenergie etwa 30—35 %, mehr als doppelt so viel wie bei den besten Dampfmaschinen, in mechanische Arbeitsleistung umgesetzt werden.

Der hohe technische Nutzeffekt könnte in Deutschland wirtschaftlich noch viel mehr ausgebeutet werden, als dies tatsächlich geschieht, wenn die Preise der in Frage kommenden Triebmittel nicht so hohe wären.

Die Anzahl der für die Verwendung im Dieselmotor möglichen Brennstoffe ist sehr mannigfaltig, da nicht allein alle Petroleumsorten, sondern vor allem auch die schwer entzündlichen und für Leuchtzwecke unbrauchbaren Mineralölsorten, das Rohöl, die Braunkohlen-Destillate, Solaröle, Gasöle und das Steinkohlenteeröl verwendbar sind. Faktisch aber kommt zurzeit in Deutschland nur das Braunkohlendestillat, das sogenannte Paraffinöl, allenfalls in Vermengung mit Steinkohlenteeröl oder galizischem bzw. deutschem Gasöl, in Betracht, da die anderen Ölsorten wegen des hohen auf ihnen lastenden Zolles zu teuer sind. Das Paraffinöl, ein Braunkohlendestillat, wird als Nebenprodukt bei der in der Provinz Sachsen im großen betriebenen Paraffinindustrie gewonnen und von dem Verkaufssyndikat für Paraffinöle in Halle a. S. vertrieben. Aus der Tabelle 19 (S. 125) geht hervor, daß trotz des hohen Heizwertes desselben von rund 10 000 WE. pro Kilogramm sich der Preis für 10 000 WE. mehr als doppelt so hoch wie der für Kesselkohle an denselben Plätzen stellt. Die Preise gelten für Bezug in Kesselwagen von 10 000 kg. Der Kleinabnehmer, der in Fässern bezieht, ist noch ungünstiger gestellt als der Großkonsument,

[1]) Im Gegensatz zu den Explosionsmotoren, bei welchen durch die Explosion eine starke Drucksteigerung entsteht.

da bei Faßbezug ein größeres Gewicht zu verfrachten ist, und außerdem Verluste durch Leckage und Rückfracht eintreten. Eine wünschenswerte Änderung könnte durch Herabsetzung der hohen Zollsätze auf russisches Rohpetroleum erfolgen, und durch die dann ermöglichte Beschaffung eines billigen Triebmittels für den Dieselmotor würde der große thermische Nutzeffekt auch in unserm Heimatland seine volle wirtschaftliche Bedeutung erlangen können. Zurzeit sind, soweit dem Verfasser bekannt, Bestrebungen in die Wege geleitet, den auf galizischem Gasöl ruhenden Zoll von 3,60 M. pro 100 kg auf 1 M. herabzusetzen.

Bei den vorläufig bestehenden Preisen ist die Gesamtwirtschaftlichkeit, verglichen mit der gleichwertiger anderer Maschinen, unter gleichen Betriebsbedingungen immer noch etwas geringer als bei diesen [1]). Eine Minderung der Zollsätze wäre also wohl in der Lage, der Dieselschen Maschine in dieser Beziehung einen effektiven Vorsprung zu erwirken.

Daß diese trotz der höheren Kraftkosten schon eine große Verbreitung gefunden hat, ist auf verschiedene, derselben eigene Besonderheiten zurückzuführen, die den Dieselmotor in vielen Fällen als sehr zweckmäßige Kraftanlage erscheinen lassen. Zunächst sind der geringe Raumbedarf, der durch das Fehlen einer eigenen Generatoranlage kleiner ist als bei allen vorher besprochenen Maschinen, und die sich daran knüpfenden wirtschaftlichen Folgen bezüglich Gebäude- und Grundstückersparnissen zu erwähnen, die besonders bei hohen Grundstückpreisen ausschlaggebend werden können. Hinzu kommt, daß die Mineralöle infolge ihrer großen Wärmedichte [2]) sehr wenig Raum für die Stapelung beanspruchen, da für dieselbe Leistung nur der vierte Teil des Brennstoffgewichts wie bei den mit Kohlen betriebenen Kraftmaschinen verbraucht wird. Eine schätzenswerte Eigenschaft ist ferner die stete und augenblickliche Betriebsbereitschaft. Während Dampfmaschinen und Saugegasmaschinen vor dem Ingangsetzen eine längere Zeit zum Anheizen des Generators benötigen und dadurch Anheizverluste verursachen, fällt dies hier weg, und ebenso sind auch in den Betriebspausen Abbrandverluste nicht vorhanden. Als Imponderabile besteht noch die Annehmlichkeit einer relativen Unabhängigkeit in bezug des Brennstoffes durch die Möglichkeit des Überganges zu einem anderen. Der Dieselmotor ist wegen all dieser Sonderheiten in gewissem Sinne der Typ eines „freien Motors“ und

---

[1]) Vgl. hierzu die Tabellen 10, 11 und 12.

[2]) Die für den Dieselmotor in Frage kommenden Mineralöle haben alle einen Heizwert von annähernd 10 000 WE., während selbst der hochwertigste Anthrazit nicht viel mehr als 8000 WE. entwickelt.

wird mit großem Vorteil speziell in sogenannten „unterbrochenen“ Betrieben verwendet werden können. Er ist für die flüssigen Energieträger das, was die Dampfmaschine für die festen ist.

Über die rasche Verbreitung des Dieselmotors mögen die Angaben zweier maßgeblichen Werke, der Augsburg-Nürnberger Maschinenfabrik und der Firma Gebr. Sulzer in Winterthur, einen Anhalt geben. Erstere lieferte und hatte in Bestellung im ganzen von 1898—1910 1636 Dieselmotoren mit zusammen 149 971 PS. Davon kamen 837 mit insgesamt 59 167 PS in Deutschland, 592 mit 69 731 PS in Rußland und die übrigen in anderen Ländern zur Aufstellung. Sulzer baute von 1904 bis 1909 487 Dieselmotoren mit einer Leistung von 66 730 PS, in der Hauptsache für außerdeutsche Staaten. Welche Wertung die Maschine in Ländern mit eigener Rohölproduktion hat, zeigt der hohe Anteil Rußlands an der hergestellten Gesamtleistung. Und in demselben Maße, in welchem es gelingen wird, die Ursachen hoher Mineralölpreise zu beseitigen, wird auch in Deutschland die Bedeutung des Dieselmotors für die Zukunft zunehmen.

Die verschiedenen mehr oder weniger zweckmäßigen Abarten desselben, die in neuerer Zeit entstanden sind, wie der Güldnermotor, der Haselwandermotor [1]) u. a. bieten für unsere Betrachtung nichts Wesentliches und können darum übergangen werden.

f) Die Kleinkraftmaschinen.

Für kleinere Leistungen unter 15 PS eignen sich die im vorhergehenden besprochenen Maschinen, soweit die bis jetzt ausgebildeten Bauarten in Frage kommen, weniger; hier stehen andere, die typischen Kleinkraftmaschinen [2]) zur Verfügung, die im gewerblichen Leben, in Klein-, handwerksmäßigen und hausindustriellen Betrieben eine nicht unbedeutende Rolle spielen. Mit Ausnahme des Elektromotors arbeiten sie alle, die Leuchtgas-, Benzin-, Benzol-, Ergin- und Spiritusmotoren nach dem Arbeitsprinzip der Gasmaschinen, sind also Explosionsmotoren. Das Gas bzw. der zu Gas verdunstete flüssige Brennstoff wird vor dem Eintritt in den Zylinder mit einem bestimmten Quantum Luft gemischt und dann zur Arbeitsleistung, die durch die Explosion des künstlich entzündeten Gemenges eingeleitet wird, angesaugt.

Die grundsätzlichen Anforderungen, die an eine Kleinkraftmaschine zu richten sind, die Ubiquität ihrer Anwendung, die stetige Betriebs-

[1]) Der letztere wird, soviel dem Verf. bekannt, heute nicht mehr gebaut.

[2]) Es werden hier nur die eigentlichen Betriebsmaschinen besprochen. Auf die Spezialmotoren für Kleinverkehrszwecke, Sportzwecke, Automobile u. a. kann nicht eingegangen werden.

bereitschaft und Betriebssicherheit werden von den verschiedenen Arten derselben nur teilweise erfüllt.

Die älteren Kleinmotoren, der Heißluft- und der Druckluftmotor, können allgemeines Interesse nicht mehr beanspruchen. Bei jenem dient die Spannkraft der erwärmten Luft als Triebmittel, ähnlich wie bei der Dampfmaschine die Spannkraft des Dampfes. Ihm fehlt ein Haupterfordernis, nämlich das der steten Betriebsbereitschaft, da er zum Anheizen etwa ½—¾ Stunden Zeit braucht. Auch ist sein Betrieb unverhältnismäßig teuer. Er wird heute so gut wie gar nicht mehr verwendet. Der Druckluftmotor kommt nur noch in Bergwerken und im Tunnelbau vor für den speziellen Betrieb der Gesteinsbohrmaschinen. Sein Gebrauch ist an das Vorhandensein einer besonderen Druckluftanlage gebunden, die ihrerseits wieder Luftkompressoren und eigene Antriebsmaschinen erfordert. Die Versuche [1]), von Druckluftzentralen aus den Energieträger mittels Rohrleitungen an die Verbrauchsplätze zu verteilen, erfüllten die Erwartungen, dem Kleingewerbe eine billige Kraftquelle schaffen zu können, nicht und sind als gescheitert anzusehen.

Bei allen neueren Motorarten ist die Möglichkeit der Betriebsbereitschaft ziemlich gleich gut erfüllt. Bei der stark schwankenden und stark intermittierenden Betriebsdauer der Kleinbetriebe — nach Lux [2]) betrug die statistisch ermittelte durchschnittliche Tagesbenutzung der Leuchtgasmotoren bis zu 10 PS nur 4 Stunden, nach Bauer [3]) in einzelnen Handwerkszweigen sogar nur ¼—1 Stunde — muß die Kraftmaschine jederzeit angelassen und abgestellt werden können und soll außerdem in den Betriebspausen keine Anheiz- und Abbrandverluste verursachen. Dies trifft sowohl für die Gas- und Flüssigkeits- wie auch für die Elektromotoren zu. Weiter ist ihnen allen ein verhältnismäßig geringer Raumbedarf eigen, am kleinsten bei den letzteren, und sie können daher in den meisten Fällen unmittelbar in der Werkstatt aufgestellt werden.

Was die Wirtschaftlichkeit anlangt, so dürfen natürlich nicht die Nutzleistungskosten der typischen Groß- und Mittelbetriebsmaschinen zum Vergleich herangezogen werden, da diese ja in der Regel unter grundsätzlich anderen Betriebsbedingungen arbeiten wie die Klein-

---

[1]) Die beiden bekannten Versuche, die Druckluftzentralen in Paris (1887 errichtet) und in Offenbach (1890 errichtet) haben sich nicht bewährt.

[2]) Vgl. Lux: „Die wirtschaftliche Bedeutung der Gas- und Elektrizitätswerke in Deutschland". Berlin 1896. S. 127.

[3]) Siehe Bauer: „Die sozialpolitische Bedeutung der Kleinkraftmaschinen", Dissert. Berlin 1907, S. 28.

kraftmaschinen. Vielmehr kann ein Vergleich nur unter diesen selbst stattfinden [1]).

Im einzelnen ist über die Kleinmotortypen noch folgendes zu sagen: Ein Nachteil des Leuchtgasmotors ist der, daß er an den Rayon eines Gaswerks und das Vorhandensein einer Gasleitung gebunden ist. Die Möglichkeit der Ubiquität ist also nicht erfüllt. In den meisten Städten wird dieser Mangel allerdings kaum in Erscheinung treten, dagegen ist seine Verwendung auf dem Lande und auch in allen den Fällen, wo eine Ortsveränderlichkeit der Kraftquelle nötig ist, ausgeschlossen.

Hier treten zweckmäßig die Flüssigkeitsmotoren in die Lücke. Wie der Dieselmotor stellen auch sie den Typ eines „freien Motors" dar. Als Brennstoffe derselben sind technisch möglich: erstens die Destillationsprodukte des Petroleums, das raffinierte Petroleum, das Ligroin und das Benzin, zweitens die Destillate des Steinkohlenteers, das Benzol und Ergin, drittens die Destillate des Braunkohlenteers, das Solaröl und Paraffinöl und endlich viertens der Spiritus. Sie haben einen durchschnittlichen kalorischen Effekt von ungefähr 10 000 WE. Nur der Spiritus hat weniger, etwa 5600—6000 WE. Praktisch, d. h. aus betriebstechnischen und wirtschaftlichen Gründen, kommt heute nur das Benzin, Benzol und in neuester Zeit das Ergin in Frage.

Die beiden letzteren sind billiger als das erstere; sie werden als Nebenprodukte auf den Kokereien gewonnen; vorläufig reicht aber ihre Produktionsmenge bei weitem noch nicht aus, um als voller Ersatz für das Benzin, soweit dessen Verwertung für Kraftzwecke in Frage steht, dienen zu können. Es ist aber zu erwarten, daß mit der zunehmenden Einführung der Nebenproduktengewinnung auf den Kokereien darin bald eine Änderung eintreten wird. Ein Hauptmangel, der der Benzinverwendung anhaftet, ist der unstete Preis desselben, der für 100 kg etwa zwischen 20 und 26 M. schwankt, während Ergin und Benzol sich in den Preisgrenzen zwischen 16 und 18 M. bewegen.

Von dem Petroleummotor ist man jetzt vollständig abgekommen wegen des überaus lästigen Geruchs der Abgase und der großen Verschmutzung, die infolge der nur unvollkommenen Verbrennung dieses Triebmittels im Arbeitszylinder entsteht. Die Folge davon war eine nur geringe Betriebssicherheit und die Notwendigkeit häufiger Reparaturen, Nachteile, die bei Betrieb mit den anderen Brennstoffen weniger auftreten. Auch der Spiritusmotor, der ursprünglich mit großem Pomp in das Wirtschaftsleben eingeführt wurde, verschwand

---

[1]) Vgl. hierzu die Kurven 2, 4 und 6 und die Tabellen 15—18 sowie die bei Besprechung dieser festgestellten Besonderheiten.

alsbald wieder von der Bildfläche. Obwohl er wärmewirtschaftlich beinahe den Dieselmotor erreicht, ist wegen des teueren Spirituspreises sein Betrieb kostspieliger wie bei allen anderen Maschinen [1]).

Es bleiben schließlich als praktisch brauchbar von den Flüssigkeitsmotoren nur der Benzin-, Benzol- und Erginmotor übrig. Ein nicht zu unterschätzender Vorteil bei diesen ist, ähnlich wie beim Dieselmotor, die technisch vorhandene Auswahlmöglichkeit des Betriebsstoffes, indem dieselben so eingerichtet sind, daß nötigenfalls ohne nennenswerte Umänderungskosten von dem einen zum andern Triebmittel übergegangen werden kann. Dadurch haben aber die Besitzer solcher Motoren eine Abwehrmaßregel gegen eine eventuell rigorose Preispolitik der Brennstoffproduzenten in der Hand. Diesen Vorzug einer gewissen Unabhängigkeit von der Preisgestaltung des Energieträgers hat der Flüssigkeitsmotor auch vor seinem nächsten Konkurrenten, dem Elektromotor, voraus.

Wie der Gasmotor ist dieser für eine Verwendung im Kleingewerbe ebenfalls an das Vorhandensein einer besonderen Kraftzentrale gebunden und wie diese von der Tarifpolitik des Zentralwerkes abhängig. Die Unterschiede, die in den verschiedenen Städten in der Preisstellung für Kraftstrom bestehen, sind sehr erheblich und von den verschiedensten Faktoren wie Belastung des Elektrizitätswerks, Größe des Gesamtstromverbrauchs, Verhältnis der Abgabe für Licht- und Kraftzwecke, Grundstückspreise, Standort des Werkes u. a. m., auf die wir aber im einzelnen hier nicht eingehen können, abhängig. Die Gesamtdifferenz, die wir unter Einrechnung der vielfach gewährten Rabatte ermittelt haben, bewegt sich zwischen 10 und 35 Pf. für die KW.-Stunde. Die Stromart, ob Gleichstrom-, Wechselstrom oder Drehstrom, richtet sich natürlich nach derjenigen der Hauptmaschinen.

Abgesehen von der beschränkten Ubiquität — im vorhergehenden Sinne gesprochen — wird der Elektromotor in technischer Beziehung allen Anforderungen des Kleingewerbes und Handwerks am besten gerecht. Seine Betriebsbereitschaft ist jederzeit eine momentane. Durch eine einfache Hebelbewegung wird er ein- oder ausgeschaltet. Er übertrifft hierin alle anderen Maschinen, bei denen meist zur Ingangsetzung die Zuhilfenahme besonderer Anlaßvorrichtungen erforderlich ist. Seine Raumbeanspruchung und Bedienung ist minimal, sein Gang fast völlig geräuschlos, der Betrieb ein außerordentlich sauberer. Hinzu kommt seine große Anschmiegungsfähigkeit an jede Belastung ohne nennenswerten Rückgang des Wirkungsgrades. Diese Vorzüge kommen

---

[1]) Näheres hierüber siehe in dem Kapitel über „Kraftverwendung in der Landwirtschaft", S. 210 und 211.

besonders bei stark schwankender und intermittierender Betriebsweise zur Geltung und sind so durchschlagend, daß trotz der verschiedentlich hohen Stromkosten und der durchaus nicht unbedingten wirtschaftlichen Überlegenheit der Elektromotor in kurzer Zeit alle anderen Kleinkraftmaschinen überflügelt hat und für die Mehrzahl der kleingewerblichen Betriebe die beliebteste Maschine geworden ist.

2. Zahlenmäßiger und graphischer Vergleich der Wirtschaftlichkeit der verschiedenen Kraftmaschinentypen.

Nachdem wir die mannigfachen Kraftmaschinenarten auf ihre technisch und ökonomisch besonderen Verumstandungen untersucht haben, gehen wir nunmehr zu einem allgemeinen Vergleich der Wirtschaftlichkeit derselben über. Zu diesem Ende sind für die jeweiligen Maschinengattungen Tabellen aufgestellt, in denen die Kosten der effektiven Pferdekraftstunde in Abhängigkeit von der Maschinengröße zunächst bei konstanter Betriebsdauer ausgerechnet sind (Tab. 10—18). Dabei schien es jedoch unzweckmäßig, für die Dampfturbine als solche eine tabellarische Kostenberechnung durchzuführen; wir haben es vorgezogen, da die Turbine, ausgenommen als Schiffsmaschine, seltener als selbständige Kraftmaschine, sondern vorwiegend als Dynamoaggregat vorkommt, wie früher auseinandergesetzt, eine Gegenüberstellung von Turbogenerator und Kolbenmaschinenaggregat wiederzugeben (Tab. 14). In Tabelle 19 ist eine Zusammenstellung der Brennstoffpreise in verschiedenen Städten Deutschlands beigefügt, um damit den großen Unterschied, der durch die Frachtkosten auf die Höhe der Preise ausgeübt wird, zahlenmäßig zu veranschaulichen. Und zwar sind jeweils in den Zahlen die größten Differenzen, die vorkommen, mit enthalten. Die Preise gelten alle für das Frühjahr 1909, und zwar für Kohlen: bei Bezug in Waggonladungen zu 10 t, für Paraffinöl: bei Bezug in Kesselwagen zu 10 t, und sind natürlich höher bei Abnahme kleinerer Mengen. In den Kostenrechnungen sind mehrere Preise, jedesmal aber die Grenzpreise zugrunde gelegt.

Um die aus dem Tabellenwerk sich ergebenden Resultate übersichtlicher zu gestalten, haben wir außerdem das graphische Verfahren zu Hilfe gezogen und das, was rechnerisch ermittelt ist, in Kurvenform für das Auge gebunden, wobei wir uns von der Anschauung leiten ließen, daß sich Bilder jeweils leichter und besser dem Gedächtnis einprägen als Zahlen. Wir verweisen diesbezüglich auf die Figuren 1—7. S. 123 bis 132.

Fragen wir uns nun, welche Faktoren einen Einfluß auf die Gestaltung der Wirtschaftlichkeit ausüben, so lassen sich dieselben in zwei grundsätzlich verschiedene Gruppen einteilen, die spezifisch technischen, will sagen, wärmetechnischen, und die spezifisch ökonomischen, will sagen, nichttechnischen Faktoren. Unser Sprachgebrauch macht keinen Unterschied zwischen rein technischer und gesamtwirtschaftlicher Ökonomie, sondern meint einmal das erste, dann wieder das zweite, gerade wie es in den Zusammenhang paßt, wenn er den Ausdruck „Ökonomie" bzw. „ökonomisch" anwendet.

In Anlehnung an das Vorhergehende unterscheiden wir den sogenannten „Wärmewirkungsgrad" und die „Gesamtwirtschaftlichkeit". Ersterer setzt sich aus zwei Teilen zusammen, dem rein kalorischen und dem mechanischen Wirkungsgrad. Jener gibt das Verhältnis an zwischen Wärmeaufwand und Arbeitsleistung innerhalb des Zylinders. Dieser das Verhältnis zwischen Arbeitsleistung im Zylinder und effektiver Nutzleistung an der Kraftquelle, also nach Abzug aller Reibungsverluste. Die Beibehaltung dieser Unterscheidung ist für unsere Betrachtungen zwecklos. In dem Ausdruck „Wärmewirkungsgrad" sind beide daher begrifflich zusammengezogen.

Nach dem Grundgesetz der Physik besteht bekanntlich eine Beziehung zwischen Wärme und Arbeit derart, daß eine Wärmeeinheit einer Arbeitsleistung von 424 mkg pro Sekunde entspricht. Wenn nun in einer Maschine zur Erzeugung einer Arbeitsleistung von 1 PS-Stunde ein Kohlenaufwand, sagen wir, von 0,6 kg zu 7500 WE pro Kilogramm nötig wird, so bedeutet dies einen Wärmeaufwand von $0{,}6 \,.\, 7500 = 4500$ WE. Da aber eine PS-Stunde[1] $\frac{75 \,.\, 60 \,.\, 60}{424} = 637$ Kal. äquivalent ist, so beträgt demnach der Wärmewirkungsgrad $\frac{637}{4500} = 14{,}2\,\%$; d. h. nur etwa der siebente Teil der aufgewendeten Wärme wird in nutzbare Arbeit umgesetzt. Dem Nichttechniker mag dies außerordentlich wenig erscheinen, aber tatsächlich müssen es schon sehr vollkommene Dampfmaschinen sein, die dies überhaupt erreichen. Von den ungeheuren Brennstoffmengen, die heute zur Krafterzeugung verwertet werden, läßt sich nach den modernen technischen Errungenschaften nur ein kleiner Bruchteil in Arbeit umsetzen, das Übrige geht verloren oder ist nur dann noch weiter nutzbar, wie wir später sehen werden, wenn das Kraftmittel zu Heizungs- oder Koch- und chemischen Zwecken verwendet werden kann[2]. Die Möglichkeit besteht aber allein bei den Dampfmaschinen (einschließlich der Dampfturbinen), bei allen anderen Maschinenarten nicht.

---

[1]) Eine Pferdestärke entspricht einer Arbeitsleistung von 75 mkg.

[2]) Nach Urbahn hat sich die Verwertung der Abgase von Saugegasmotoren zu Heizzwecken als wirtschaftlich völlig unzweckmäßig erwiesen. Vgl. Karl Urbahn: „Ermittlung der billigsten Betriebskraft für Fabriken." Berlin 1907. Dem Verfasser sind bislang solche Ausführungen auch nicht bekannt geworden.

Tabelle 10.

Dampfmaschinen von 30—500 PS_e. Betriebsdauer: 300 Tage zu 10 Stunden.

	Einzylinder-Auspuffmaschine ohne Überhitzung			Einzylinder-Kondens.-Maschine mit Überhitzung		Zweifach-Expansions-Maschine mit Kondens. und Überhitzung					
Normale Nutzleistung in PS_e	30	40	50	60	80	100	150	200	300	400	500
Dauerndmögl. Höchstleistung in PS_e	40	52	70	80	110	135	210	270	410	550	700
A. Herstellungskosten der Anlage in M.											
Preis der kompl. Dampfmaschine	2 800	3 900	5 000	7 000	8 800	11 000	16 000	20 500	30 000	38 000	45 000
Fundament und Montage	580	800	1 000	2 100	2 500	3 100	4 500	5 000	6 000	7 200	9 000
Dampfkessel mit Zubehör, Einmauerung, Rohrleitung, Pumpen bzw. Überhitzer, Vorwärmer	6 200	7 000	7 900	10 400	12 500	14 200	17 500	23 000	27 000	32 000	36 000
Schornstein und Fundament	950	1 000	1 100	1 400	1 900	2 400	2 900	3 600	4 500	5 000	5 500
Kessel- und Maschinenhaus	5 000	6 000	6 450	8 000	10 000	11 500	12 800	14 100	16 200	21 500	25 000
pro qm Grundfläche	(75)	(75)	(70)	(70)	(70)	(70)	(65)	(65)	(65)	(65)	(65)
Gesamt-Summe A.	15 530	18 700	21 450	28 900	35 700	42 200	53 700	66 200	83 700	103 700	120 500
Herstellungskosten pro PS_e	518	468	428	481	446	422	357	332	278	258	241
B. Betriebskosten in M.											
1. Verzinsung: 5% des ganzen Anlagekapitals	776	935	1 072	1 445	1 785	2 110	2 685	3 310	4 185	5 185	6 025
2. Abschreibungen:											
a) 5% auf maschin. Anlagen	525	635	750	1 045	1 285	1 535	2 045	2 605	3 375	4 110	4 775
b) 2% auf Gebäude	100	120	130	160	200	230	256	282	324	430	500

3. Reparaturen:											
a) 1 % auf maschin. Anlagen . .	105	127	150	209	257	307	409	521	675	822	955
b) 1 % auf Gebäude	50	60	65	80	100	115	128	141	162	215	250
4. Bedienung, Schmier- und Putzmaterial	1 625	1 650	1 675	1 870	1 900	1 950	3 400	4 000	4 500	4 800	5 400
Allgemeine Jahreskosten M.	3 181	3 527	3 842	4 809	5 527	6 247	8 923	10 859	13 221	15 562	17 905
Kohlenverbrauch pro PS_e inkl. Abbrand- und Anheizverluste in kg	1,96	1,82	1,67	1,21	1,1	0,86	0,82	0,79	0,75	0,74	0,72
Jährlicher Kohlenverbrauch in kg	176 500	218 000	250 000	218 000	264 000	258 000	368 000	475 000	675 000	890 000	1 080 000
Jährliche Brennstoffkosten bei einem Kohlenpreis pro 100 kg à 7500 WE. von											
zutreffend etwa für Elberfeld . M. 1,20	2 125	2 630	3 000	2 630	3 160	3 100	4 420	5 700	8 100	10 680	12 980
Danzig . . „ 1,50	2 650	3 275	3 750	3 275	3 960	3 865	5 520	7 110	10 100	13 350	16 200
Berlin . . . „ 2,00	3 530	4 360	5 000	4 360	5 280	5 160	7 360	9 500	13 500	17 800	21 600
Dresden . . „ 2,50	4 420	5 480	6 250	5 480	6 600	6 475	9 210	11 860	16 200	22 300	27 000
München . „ 3,00	5 295	6 540	7 500	6 540	7 920	7 740	11 040	14 250	20 250	26 760	32 400
Gesamte Jahreskosten bei einem Kohlenpreis pro 100 kg von M. 1,20	5 306	6 157	6 842	7 439	8 687	9 347	13 343	16 559	21 321	26 242	30 885
„ 1,50	5 831	6 802	7 592	8 084	9 487	10 112	14 443	17 969	23 321	28 912	34 105
„ 2,00	6 711	7 887	8 842	9 169	10 807	11 407	16 283	20 359	26 721	33 362	39 505
„ 2,50	7 601	9 007	10 092	10 289	12 127	12 722	18 133	22 719	30 121	37 862	44 905
„ 3,00	8 476	10 067	11 342	11 349	13 447	13 987	19 963	25 109	33 471	42 322	50 305
Kosten der effekt. Pferdekraftstunde in Pfennigen bei einem Kohlenpreis pro 100 kg von M. 1,20	5,90	5,12	4,56	4,14	3,61	3,10	2,97	2,76	2,36	2,18	2,06
„ 1,50	6,48	5,67	5,06	4,48	3,96	3,36	3,22	2,98	2,59	2,41	2,28
„ 2,00	7,47	6,56	5,90	5,09	4,52	3,80	3,62	3,38	2,97	2,77	2,64
„ 2,50	8,44	7,50	6,77	5,72	5,05	4,24	4,03	3,78	3,35	3,16	2,90
„ 3,00	9,40	8,40	7,55	6,30	5,62	4,62	4,43	4,18	3,71	3,52	3,36

Tabelle 11.

Stationäre Lokomobilen von 6—300 PS_e. Betriebsdauer: 300 Tage zu 10 Stunden.

	Einzylinder-Auspuff ohne Überhitzung			Einzylinder-Auspuff mit Überhitzung			Kondensations-Verbund-Maschinen mit Überhitzung					
Normale Nutzleistung in PS_e	6	8	10	15	20	30	50	80	100	150	200	300
Dauernd zulässige Höchstleistung in PS_e	8	11	14	21	28	42	68	98	120	180	250	360
A. Herstellungskosten der Anlage in M.												
Preis der vollständigen Lokomobile nebst Zubehör und Schornstein (bis 30 PS_e aus Blech, darüber aus Stein)	3 600	4 200	4 800	7 400	8 450	11 500	18 100	24 200	28 100	37 500	42 700	56 000
Fundament und Montage .	350	400	450	500	600	700	900	1 000	1 200	1 500	2 000	3 000
Maschinenhaus	1 200	1 400	1 680	1 900	2 100	2 800	3 500	4 200	4 550	5 600	6 200	7 200
pro qm Grundfläche . .	(75)	(75)	(75)	(75)	(75)	(70)	(70)	(70)	(65)	(65)	(65)	(65)
Gesamt-Summe A.	5 150	6 000	6 930	9 800	11 150	15 000	22 500	29 450	33 850	44 600	50 900	76 200
Herstellungskosten pro PS_e	858	750	693	653	558	500	450	367	338	297	254	255
B. Betriebskosten in M.												
1. Verzinsung: 5% des Anlagekapitals	257	300	348	490	557	750	1 125	1 470	1 692	2 230	2 545	3 810
2. Abschreibungen:												
a) 5% auf masch. Anlagen	198	230	263	395	453	610	950	1 260	1465	1 950	2 235	2 950
b) 2% auf Gebäude . .	24	28	34	38	42	56	70	84	91	102	124	144

3. Reparaturen:												
a) 3% auf masch. Anlagen	119	137	156	237	272	366	571	757	880	1 170	1 342	1 770
b) 1% auf Gebäude . .	12	14	17	19	21	28	35	42	46	56	62	72
4. Bedienung, Schmier- und Putzmaterial	900	920	1 000	1 100	1 130	1 180	1 800	1 900	1 950	2 200	2 600	3 000
Allgemeine Jahreskosten . . . . . . M.	1 510	1 629	1 818	2 279	2 475	2 990	4 551	5 513	6 124	7 708	8 908	11 746
Kohlenverbrauch pro PS_e-Stunde inkl. Abbrand- und Anheizungsverluste (Heizwert von 1 kg Kohlen = 7500 WE.) in kg . .	2,35	2,10	1,80	1,10	1,05	1,00	0,85	0,77	0,72	0,70	0,65	0,60
Jährlicher Kohlenverbrauch in kg	42 300	50 400	54 000	49 500	63 000	90 000	127 500	178 000	216 000	315 000	390 000	541 000
Jährl. Brennstoffkosten b. einem Kohlenpreis pro 100 kg (à 7500 WE) von M. 1,20	508	606	649	594	758	1 080	1 535	2 140	2 600	3 780	4 680	6 505
,, 1,50	635	756	810	742	945	1 350	1 915	2 670	3 240	4 720	5 840	8 120
,, 2,00	846	1 008	1 080	990	1 260	1 800	2 550	3 560	4 320	6 300	7 800	10 820
,, 2,50	1 060	1 260	1 350	1 340	1 575	2 250	3 180	4 450	5 400	7 890	9 760	13 580
,, 3,00	1 269	1 512	1 620	1 985	1 890	2 700	3 825	5 340	6 480	9 450	11 700	16 230
Gesamtjahreskosten b. einem Kohlenpreis pro 100 kg von M. 1,20	2 018	2 235	2 467	2 873	3 233	4 070	6 086	7 653	8 724	11 488	13 588	18 251
,, 1,50	2 145	2 385	2 628	3 021	3 420	4 340	6 466	8 183	9 364	12 428	14 748	19 866
,, 2,00	2 356	2 637	2 898	3 269	3 735	4 790	7 101	9 073	10 444	14 008	16 708	22 566
,, 2,50	2 570	2 889	3 168	3 619	4 050	5 240	7 731	9 963	11 541	15 598	18 668	25 326
,, 3,00	2 779	3 141	3 438	4 264	4 365	5 690	8 376	10 853	12 604	17 158	20 608	27 976
Kostend. effekt. Pferdekraftstunde in Pf. bei einem Kprs. pro 100 kg von M. 1,20	11,2	9,30	8,22	6,38	5,39	4,52	4,04	3,19	2,92	2,56	2,26	2,03
,, 1,50	11,90	9,95	8,75	6,69	5,70	4,81	4,31	3,41	3,13	2,77	2,46	2,21
,, 2,00	13,30	11,90	9,62	7,26	6,21	5,32	4,73	3,78	3,48	3,12	2,78	2,51
,, 2,50	14,30	12,05	10,60	8,02	6,76	5,82	5,17	4,15	3,84	3,46	3,11	2,81
,, 3,00	15,50	13,05	11,42	9,48	7,28	6,30	5,58	4,53	4,20	3,80	3,44	3,10

Tabelle 12.

Dieselmotoren von 8—400 PS_e. Betriebsdauer: 300 Tage zu 10 Stunden.

	Einzylinder-Motoren								Zweizylinder-Motoren			
Normale Nutzleistung in PS_e . . .	8	10	12	15	20	25	40	60	100	160	250	400
Dauernd zulässige Höchstleistung in PS_e etwa	8,8	11	13	16,5	22	28	45	70	112	180	280	440
A. Herstellungskosten der Anlage in M.												
Preis des kompl. Dieselmotors nebst Zubehör	4 500	5150	6 000	7 850	8 750	9 700	13 150	17 550	27 500	40 500	58 000	95 400
Fundament, Montage, Rohrleitungen	1 100	1280	1 500	1 950	2 100	2 200	2 650	3 600	5 500	8 100	11 600	19 100
Maschinenhaus	720	980	1 050	1 100	1 350	1 400	1 800	2 400	2 700	4 800	8 200	13 500
Gesamt-Summe A.	6 320	7 410	8 550	10 900	12 200	13 300	17 600	23 550	35 700	53 400	77 800	128 000
Herstellungskosten pro PS_e	792	741	712	726	610	532	440	393	357	334	312	320
B. Betriebskosten in M.												
1. Verzinsung: 5% des ganzen Anlagekapitals	316	370	428	545	610	665	880	1 178	1 785	2 670	3 890	6 400
2. Abschreibungen:												
a) 7% auf masch. Anlagen . . .	394	450	525	688	760	833	1 105	1 490	2 310	3 400	4 890	8 015
b) 2% auf Gebäude	14	20	21	22	27	28	36	48	54	96	164	270

3. Reparaturen:												
a) 1% auf masch. Anlagen	56	64	75	98	109	119	158	211	330	486	696	1 145
b) 1% auf Gebäude	8	10	11	11	14	14	18	24	27	48	82	135
4. Bedienung, Schmier- und Putzmaterial	850	870	900	930	990	1 050	1 230	1 470	2 400	2 940	3 750	5 400
Allgemeine Jahreskosten . M.	1638	1784	1960	2 294	2 510	2 709	3 427	4 426	6 906	9 640	12 872	20 365
Brennstoffverbrauch pro PS_e-Stunde in kg (1 kg Brennstoffe hat Heizwert von 10 000 WE)	0,235	0,230	0,220	0,215	0,210	0,205	0,195	0,190	0,185	0,185	0,185	0,185
Jährl. Brennstoffverbrauch in kg	5620	6900	7910	9 680	12 600	15 400	23 400	34 200	55 600	88 800	138 500	222 000
Brennstoffkosten bei einem Preis*) von 5,80 M.	327	400	460	561	732	894	1 360	1 980	3 235	5 160	8 050	12 850
Jährl. Brennstoffkosten b. einem Preis des Paraffinöls pro 100 kg frei Verwendungsstelle von M. 7,65	422	518	606	740	964	1 180	1 790	2 620	4 260	6 800	10 600	17 000
„ 8,85	498	610	702	858	1 108	1 364	2 070	3 035	4 920	7 860	12 270	19 600
„ 10,00	562	690	791	968	1 260	1 540	2 340	3 420	5 560	8 880	13 850	22 200
Gesamtjahreskosten bei einem Brennstoffpreis pro 100 kg von M. 5,80	1 965	2 184	2 420	2 855	3 242	3 604	4 787	6 406	10 141	14 800	20 922	33 215
„ 7,65	2 060	2 302	2 466	3 034	3 474	3 890	5 217	7 046	11 166	16 440	23 492	37 365
„ 8,85	2 136	2 394	2 662	3 152	3 618	4 674	5 497	7 461	11 826	17 500	25 142	39 965
„ 10,00	2 200	2 474	2 751	3 262	3 770	4 250	5 767	7 846	12 466	18 520	26 722	42 565
Kosten der effekt. Pferdekraftstunde i. Pf. bei einem Preis pro 100 kg Brennstoff von M. 5,80	8,19	7,28	6,71	6,35	5,40	4,82	3,98	3,56	3,38	3,08	2,78	2,77
„ 7,65	8,58	7,70	6,85	6,72	5,80	5,18	4,35	3,92	3,72	3,43	3,12	3,11
„ 8,85	8,89	7,99	7,42	7,03	6,02	5,43	4,57	4,15	3,96	3,65	3,36	3,33
„ 10,00	9,15	8,24	7,65	7,25	6,29	5,67	4,81	4,36	4,16	3,86	3,56	3,55

*) Entspricht einer Mischung von Ölgasteer und 10% Paraffinöl für Mannheim.

Tabelle 13.

Saugegasmaschinen für Betrieb mit Anthrazit, Koks und Braunkohlenbriketts. Betriebsdauer 300 Tage zu 10 Stunden.

	(6)	(12)	(15)	(25)	(30)	(55)	(100)	(160)	(240)
Normale Nutzleistung in PS_e. Motor kaum überlastungsfähig	8	15	20	30	40	70	120	200	300
Dauernd zulässige Höchstleistung in PS_e	8	15	20	30	40	70	120	210	312
A. Herstellungskosten der Anlage in M.									
Preis des vollständigen Motors mit Zubehör (Zündvorrichtung, Anlaßvorrichtung usw.)	3 450	4 600	5 900	7 600	9 550	14 500	20 700	32 800	45 000
Preis der vollständigen Generatoranlage mit Reiniger, Druckregler usw.	1 600	2 065	2 400	2 550	2 980	3 600	4 800	6 800	10 600
Rohrleitungen, Fundament, Montage	550	700	860	1 050	1 500	1 850	2 500	4 200	5 700
Gebäude (Generator- und Maschinenraum)	1 700	2 050	2 320	3 100	3 400	4 900	6 200	10 100	13 800
Gesamt-Summe A.	7 300	9 415	11 480	14 300	17 430	24 850	34 200	53 900	75 100
Herstellungskosten pro PS_e	912	630	574	476	436	355	285	269	252
B. Betriebskosten in M.									
1. Verzinsung: 5% des ganzen Anlagekapitals	365	471	574	715	871	1 242	1 710	2 695	3 755
2. Abschreibungen: a) 7% auf maschin. Anlagen	394	515	640	787	983	1 400	1 960	3 060	4 290
b) 2% auf Gebäude	34	41	46	62	68	98	124	202	276
3. Reparaturen: a) 1% auf maschin. Anlagen	56	74	92	112	140	200	280	438	613
b) 1% auf Gebäude	17	21	23	31	34	49	62	101	138
4. Bedienung, Schmier- und Putzmaterial	846	1 400	1 680	1 770	1 860	2 110	2 460	3 600	4 500
Allgemeine Jahreskosten . . . M.	1 712	2 522	3 055	3 477	3 956	5 099	6 596	10 096	13 572
Für Braunkohlenbrikettgeneratoren erhöhen sich die Anlagekosten für Maschine und Generator um etwa 10%, so daß zu den Posten 1, 2a und 3a ein eben solcher Zuschlag kommt. Die untere der beiden Reihen gibt dann die Jahreskosten bei Braunkohlenbetrieb an.	81,5 1 793,5	106 2 628	131 3 186	161 3 638	199 4 155	284 5 383	388 6 914	619 10 715	866 14 438

Brennstoffverbrauch pro PS_e-Stde. einschl. Abbrand- und Anheizverluste (Heizwert von 1 kg Brennstoff = 8000 WE.)*) . . . . kg		0,80	0,75	0,73	0,71	0,71	0,59	0,58	0,53	0,53
Brennstoffverbrauch pro PS_e-Stunde bei Gaskoks von 7000 WE. in kg		1,00	0,92	0,86	0,85	0,74	0,70	0,70	0,65	0,65
Brennstoffverbrauch pro PS_e-Stde bei Braunkohlenbriketts von 5000 WE. in kg		1,32	1,23	1,20	1,15	1,10	0,90	0,90	0,85	0,85
Jährlicher Kohlenverbrauch an Anthrazit . . kg		14 400	27 000	32 800	53 200	64 000	97 500	174 000	255 000	384 000
Jährlicher Verbrauch an Gaskoks . . . . . . kg		18 000	33 200	38 700	63 600	66 700	116 000	210 000	313 000	470 000
Jährlicher Verbrauch an Braunkohle . . . . . kg		23 700	44 300	54 000	86 200	99 000	139 500	270 000	410 000	672 000
Jährliche Brennstoffkosten bei einem Anthrazitpreis pro 100 kg (à 8000 WE.) von	M. 2,80	404	756	920	1 488	1 795	2 730	4 870	7 140	10 720
	„ 5,00	720	1 350	1 645	2 660	3 200	4 880	8 700	12 750	19 200
Jährliche Brennstoffkosten bei einem Kokspreis pro 100 kg (à 7000 WE.) von .	M. 2,20	396	730	850	1 400	1 468	2 550	4 620	6 890	10 350
	„ 3,10	558	1 030	1 200	1 970	2 070	3 590	6 510	9 710	14 550
Jährliche Brennstoffkosten bei einem Brikettpreis pro 100 kg (à 5000 WE.) von	M. 1,00	237	443	540	862	990	1 395	2 700	4 100	6 120
	„ 2,10	495	932	1 135	1 806	2 080	2 930	5 670	8 600	12 850
Gesamt-Jahreskosten für Anthrazit-Anlagen bei einem Preis pro 100 kg von	M. 2,80	2 116	3 278	3 975	4 965	5 751	7 829	11 466	17 236	24 292
	„ 5,00	2 432	3 872	4 700	6 137	7 156	9 979	15 296	22 846	32 772
Gesamt-Jahreskosten für Koks-Anlagen bei einem Preis pro 100 kg von . . .	M. 2,20	2 108	3 252	3 905	4 877	5 424	7 649	11 216	16 986	23 922
	„ 3,10	2 270	3 552	4 255	5 447	6 026	8 689	13 106	19 806	28 122
Ges.-Jahreskosten für Braunkohlenbrikett-Anlagen bei einem Preis pro 100 kg von	M. 1,00	2 030,5	3 071	3 726	5 038	5 623	7 933	9 684	14 815	20 558
	„ 2,10	2 288,5	3 560	4 321	5 608	6 225	8 973	12 654	19 315	27 288
Kosten d. effekt. Pferdekraftstunde in Pfennigen bei Anthrazitbetrieb und Preis pro 100 kg von	M. 2,80	11,7	9,1	8,85	6,62	6,40	4,76	3,82	3,60	3,36
	„ 5,00	13,5	10,7	10,5	8,18	7,95	6,05	5,18	4,76	4,54
Kosten der effekt. Pferdekraftstunde in Pfennigen bei Koksbetrieb und Preis pro 100 kg von	M. 2,20	11,7	9,05	8,7	6,50	6,05	4,64	3,74	3,53	3,32
	„ 3,10	12,6	9,85	9,45	7,25	6,70	5,25	4,37	4,13	3,92
Kosten der effekt. Pferdekraftstunde in Pfennigen bei Braunkohlenbrikettbetrieb und Preis pro 100 kg von	M. 1,00	11,3	8,55	8,25	6,72	6,27	4,81	3,22	3,12	2,86
	„ 2,10	12,7	9,95	9,60	7,50	6,93	5,43	4,21	4,03	3,79

*) Dabei ist angenommen, daß die Maschine mit 25% unter Normallast läuft, wodurch der Verbrauch auf etwa das 1,17 fache der Normalleistung steigt.

Tabelle 14.

Vergleich zwischen Drehstromturbodynamoanlagen und Dynamoanlagen mit Kolbenmaschinenantrieb.
Betriebsdauer: 300 Tage zu 10 Stunden.

Normale Nutzleistung	300 KW. ≅ 450 PS_e Maschinenleistung		1500 KW. ≅ 2250 PS_e		2000 KW. ≅ 3000 PS_e		2650 KW. ≅ 4000 PS_e		3300 KW. ≅ 5000 PS_e	
*)	Kolbenmaschine mit Dynamo	Turbodynamo	Kolbenmaschine mit Dynamo	Turbodynamo	Kolbenmaschine mit Dynamo	Turbodynamo	Kolbenmaschine mit Dynamo 2 Maschinen à 2000 PS_e	Turbodynamo	Kolbenmaschine mit Dynamo 2 Maschinen à 2500 PS_e	Turbodynamo
	M.	M.	M.	M.	M.	M.	M.	M.	M.	M.
A. Herstellungskosten der Anlage.										
1. Preis der kompletten Maschine	45 000	90 000 (1. u. 2.)	175 000	200 000 (1. u. 2.)	235 000	250 000 (1. u. 2.)	320 000	390 000 (1. u. 2.)	400 000	465 000 (1. u. 2.)
2. Preis der Dynamomaschine . .	40 000		100 000		167 000		266 000		334 000	
3. Fundament und Montage . .	10 000	8 000	15 000	12 000	20 000	16 000	40 000	33 000	47 000	40 000
4. Kesselanlage	35 000	35 000	85 000 (4. u. 5.)	85 000	100 000	100 000	167 000	167 000	200 000	200 000
5. Schornstein, Einmauerung und Fundamentierung des Kessels	5 500	5 500								
6. Kessel- und Maschinenhaus . .	31 000	22 500	50 000	40 000	60 000	45 000	108 000	80 000	115 000	94 000
Gesamtanlagekosten	166 500	161 000	425 000	337 000	582 000	411 000	901 000	670 000	1 096 000	799 000
B. Betriebskosten.										
1. Verzinsung: 5 % des Anlagekapitals	8 325	8 050	21 250	16 850	29 100	20 550	45 050	33 500	54 800	39 950

2. Abschreibungen:										
a) 5% auf maschin. Anlagen .	6 775	6 925	18 750	14 850	26 100	18 300	39 650	29 500	49 050	35 250
b) 2% auf Gebäude	620	450	1 000	800	1 200	900	2 160	1 600	2 300	1 880
3. Reparaturen:										
a) 1% auf maschin. Anlagen .	1 355	1 385	3 750	2 970	5 220	3 660	7 930	5 900	9 810	7 050
b) 1% auf Gebäude	310	225	500	400	600	450	1 080	800	1 150	940
4. Bedienung, Schmier- und Putz material	5 800	3 200	9 000	5 000	9 500	5 500	12 000	7 500	13 000	8 000
Allgemeine Jahreskosten .	23 185	20 235	54 250	40 870	71 720	49 360	107 870	78 800	130 110	93 070
Kohlenverbrauch pro KW.-Stunde einschl. Abbrand- und Anheizverluste . . . . kg	1,0	1,00	0,95	0,90	0,95	0,90	0,90	0,85	0,90	0,83
Jährlicher Kohlenverbrauch in 1000 kg	900	900	4 275	4 050	5 700	5 420	7 150	6 750	8 900	8 200
Brennstoffkosten bei einem Kohlenpreis von 18 M. pro Tonne . .	16 200	16 200	77 000	72 800	102 500	97 500	128 500	121 500	160 000	147 500
Gesamtjahreskosten	39 385	36 435	131 250	113 670	174 220	146 860	236 370	200 300	290 110	240 570
Kosten der KW.-Stunde in Pfennig. bei einem Kohlenpreis von 18 M. pro Tonne	4,36	*4,04*	2,92	*2,52*	2,92	*2,45*	2,96	*2,54*	2,93	*2,42*

*) Der Dampfmaschinenteil jeweils mit Überhitzung, Kondensation und Rückkühlung.

Tabelle 15.

Leuchtgasmotoren von 1—45 PS_e. Betriebsdauer: 300 Tage zu 5 Stunden.

Nutzleistung in PS_e	1	2	3	5	8	10	15	20	30	45
A. Herstellungskosten der Anlage.										
Preis des Gasmotors einschl. Montage und Fundament	1 310	1 660	1 950	2 920	3 860	4 200	5 420	6 400	8 150	11 700
Maschinenhaus	160	200	280	370	520	560	750	1 000	1 500	2 100
Gesamt-Summe A. in M.	1 470	1 860	2 230	3 290	4 380	4 760	6 170	7 400	9 650	13 800
Herstellungskosten pro PS_e . . . M.	1 470	930	743	658	548	476	412	370	322	307
B. Betriebskosten.										
1. Verzinsung: 5% des ganzen Anlagekapitals . . M.	73	93	111	165	219	238	308	370	482	690
2. Abschreibungen: a) 7% auf maschin. Anlagen „	92	116	137	204	270	294	380	448	570	819
b) 2% auf Gebäude „	3	4	6	7	10	11	15	20	30	42
3. Reparaturen: a) 1% auf maschin. Anlagen „	18	16	20	29	38	42	54	64	82	117
b) 1% auf Gebäude „	2	2	3	4	5	6	8	10	15	21
4, Bedienung, Schmier- und Putzmaterial „	50	75	100	125	148	200	260	300	420	540
Allgemeine Jahreskosten . . . M.	238	306	377	529	690	791	1 025	1 212	1 599	2 229
Gasverbrauch pro PS_e-Stunde in cbm bei einem Heizwert von 5000 WE. pro cbm	0,70	0,68	0,63	0,59	0,56	0,54	0,51	0,50	0,48	0,46
Jährlicher Gasverbrauch in cbm	1 050	2 040	2 840	4 425	6 720	8 100	11 500	15 000	21 600	31 200
Gesamtgaskosten im Jahre bei einem Preise pro cbm von 10 Pf.	105	204	284	442	672	810	1 150	1 500	2 160	3 120
16 „	168	324	455	708	1 080	1 300	1 840	2 400	3 450	5 000
Gesamtjahreskosten bei einem Gaspreis von 10 Pf.	338	510	661	971	1 362	1 601	2 175	2 712	3 759	5 348
16 „	401	630	832	1 237	1 770	2 091	2 865	3 612	5 049	7 228
Kosten der effektiven Pferdekraftstunde bei einem Gaspreis pro cbm von 10 Pf.	22,6	17,0	14,7	13,0	11,4	10,7	9,65	9,05	8,35	7,9
16 „	26,7	21,0	18,5	16,5	14,7	13,9	12,7	12,05	11,20	10,7

Tabelle 16.

Gleichstrommotoren. Betriebsdauer: 300 Tage zu 5 Stunden.

Normale Nutzleistung in PS_e	0,5	1	2	3	4	5	7,5	12	17
Preis des Elektromotors einschl. Regulierwiderstand, Montierung, Schalttafel und sonstiges Zubehör	325	405	630	770	900	1 180	1 350	1 620	1 950
Kosten für Maschinenraum	—	—	—	—	—	100	120	150	250
A. Herstellungskosten der Anlagen in M.	325	405	630	770	900	1 280	1 470	1 770	2 200
Herstellungskosten pro PS_e . . . M.	650	405	315	290	225	256	196	148	129
B. Betriebskosten.									
1. Verzinsung: 5% des ganzen Anlagekapitals	16	20	31	38	45	64	73	88	110
2. Abschreibungen und Reparaturen: 5% des ganzen Anlagekapitals	16	20	31	38	45	64	73	88	110
3. Schmier- und Putzmaterial	16	18	10	18	22	30	45	50	56
Allgemeine Jahreskosten . . . M.	38	58	72	94	112	158	191	226	276
KW.-Verbrauch des Motors	0,5	0,94	1,9	2,85	3,6	4,54	6,6	10,3	14,4
Jährlicher Stromverbrauch in KW.-Stunden	750	1 410	2 850	4 270	5 400	6 800	9 900	15 400	21 600
Jährliche Stromkosten bei einem Preis pro KW.-Stunde von 10 Pf.	75	141	285	427	540	680	990	1 540	2 160
20 „	150	282	570	854	1 080	1 360	1 980	3 080	4 320
35 „	263	495	1 000	1 495	1 890	2 380	3 460	5 390	7 570
Gesamtjahreskosten bei einem Strompreis pro Kw.stunde von 10 Pf.	113	189	357	521	652	832	1 181	1 766	2 436
20 „	188	330	642	948	1 202	1 518	2 171	3 306	4 596
35 „	301	543	1 072	1 589	2 002	2 538	3 651	5 616	7 846
Kosten der effektiven Pferdestärkestunde in Pfennigen bei einem Preis des Stromes von 10 Pf.	15,2	12,6	11,9	11,5	10,4	11,0	10,4	9,8	9,5
20 „	25,2	22	21,4	21,0	20,0	20,1	19,1	18,4	18,0
35 „	40,2	36,2	35,6	35,2	33,4	33,7	32,3	31,3	30,7

Tabelle 17.

Drehstrommotoren (langs. laufend). Betriebsdauer: 300 Tage zu 5 Stunden.

Normale Nutzleistung in PS_e		0,6	1,5	2,5	4	5	7,5	10	15	20
Preis des Elektromotors einschl. alles Zubehör		270	405	495	630	990	1 170	1 440	1 800	1 980
Kosten für Maschinenraum		—	—	—	—	100	120	150	220	280
A. Herstellungskosten der Anlage in M.		270	405	495	630	1 090	1 290	1 590	2 020	2 260
Herstellungskosten pro PS_e	M.	450	270	198	158	218	172	159	135	113
B. Betriebskosten.										
1. Verzinsung: 5% des ganzen Anlagekapitals	M.	13	20	25	31	54	64	80	101	113
2. Abschreibungen und Reparaturen: 5%	„	13	20	25	31	54	64	80	101	113
3. Schmier- und Putzmaterial	„	6	9	12	22	30	40	45	50	58
Allgemeine Jahreskosten	M.	32	49	62	84	138	168	205	252	284
KW.-Verbrauch des Motors pro Betriebsstunde		0,56	1,36	2,27	3,54	4,44	6,5	8,6	12,7	16,5
Jährlicher Stromverbrauch in KW.-Stunden		840	2 040	3 400	5 300	6 670	9 750	12 900	19 000	24 800
Jährliche Stromkosten bei einem Preis pro KW.-Stunde von	10 Pf.	84	204	340	530	667	975	1 290	1 900	2 480
	20 „	168	408	680	1 060	1 334	4 950	2 580	3 800	4 960
	35 „	294	716	1 190	1 850	2 330	3 420	4 500	6 650	8 700
Gesamtjahreskosten bei einem Strompreis pro KW.-Stunde von	10 Pf.	116	253	402	614	805	1 143	1 495	2 152	2 767
	20 „	200	457	742	1 144	1 472	2 118	2 785	4 052	5 248
	35 „	326	765	1 252	1 934	2 465	3 588	4 705	6 902	8 984
Kosten der effektiven Pferdekraftstunde in Pfennigen bei einem Strompreis von	10 Pf.	12,9	11,5	10,7	10,2	10,7	10,10	10,0	9,55	9,20
	20 „	22,2	20,5	19,8	19,1	19,6	18,8	18,6	18,0	17,5
	35 „	36,2	34,3	33,4	32,2	33,0	31,7	31,4	30,8	29,9

Tabelle 18.

Flüssigkeitsmotoren für den Betrieb mit Benzin, Benzol, Petroleum, Ergin usw. Betriebsdauer 300 Tage zu 5 Stunden.

Normale Nutzleistung in PS_e	1	2	3	4	6	8	10	12	16	20
A. Herstellungskosten der Anlage.										
Preis des vollständigen Motors einschl. Montage und Fundament in M.	1 500	1 880	1 950	2 300	2 920	3 350	3 980	5 420	6 480	7 600
Maschinenhaus	160	200	280	350	440	520	560	650	820	1 000
Gesamt-Summe A.	1 660	2 080	2 230	2 650	3 360	3 870	4 540	6 070	7 300	8 600
Herstellungskosten pro PS_e in M.	1 660	1 040	743	662	560	484	454	506	456	430
B. Betriebskosten.										
1. Verzinsung: 5% des gesamten Anlagekapitals	83	104	111	132	168	193	227	303	365	430
2. Abschreibungen: a) 7% auf maschin. Anlagen	105	132	136	161	205	235	278	380	453	532
b) 2% auf Gebäude	3	4	6	7	9	10	11	13	16	20
3. Reparaturen: 1% auf maschin. Anlagen	15	19	20	23	29	34	40	54	65	76
1% auf Gebäude	2	2	3	4	4	5	6	6	8	10
4. Bedienung, Schmier- und Putzmaterial	85	105	110	130	145	150	190	210	250	290
Allgemeine Jahreskosten in M.	293	366	386	457	560	627	752	966	1 157	1 358
Brennstoffverbrauch pro PS_e-Stunde in kg bei Betrieb mit Benzol, Ergin oder Benzin*) etwa	0,38	0,37	0,36	0,33	0,33	0,31	1,31	0,30	0,30	0,30
Spiritus	0,48	0,46	0,44	0,40	0,39	0,39	0,38	0,38	0,37	0,37

*) Der geringe kal. Unterschied zwischen Benzin und Benzol kommt kaum zur Geltung und ist daher vernachlässigt worden.

Tabelle 18 (Fortsetzung).

Flüssigkeitsmotoren für den Betrieb mit Benzin, Benzol, Petroleum, Ergin usw. Betriebsdauer: 300 Tage zu 5 Stunden.

Normale Nutzleistung in PS_e	1	2	3	4	6	8	10	12	16	20
Jährl. Brennstoffverbrauch (kg) bei Betrieb mit a) Benzin, Benzol, Ergin	570	1 110	1 620	2 040	2 970	3 720	4 650	5 400	7 200	9 000
b) Spiritus	720	1 380	1 980	2 400	3 520	4 680	5 700	6 840	8 880	11 100
Jährl. Erginkosten bei einem Preis pro 100 kg von M. 16	91	178	258	326	475	595	742	863	1 150	1440
Jährl. Benzinkosten bei einem Preis pro 100 kg von M. 20	114	222	324	408	594	744	930	1 080	1 440	1 800
Jährl. Benzinkosten bei einem Preis pro 100 kg von „ 26	148	288	421	530	772	965	1 210	1 405	1 870	2 340
Spirituskosten bei einem Preis pro 100 kg von „ 35	253	483	692	840	1 230	1 640	2 000	2 400	3 120	3 880
Gesamtbetriebskosten bei Erginbetrieb . . M. 16	384	544	644	783	1 035	1 222	1 494	1 829	2 307	2 798
„ „ Benzinbetrieb a) „ 20	407	588	710	865	1 154	1 371	1 682	2 046	2 597	3 158
b) „ 26	441	654	807	987	1 332	1 592	1 962	2 371	3 027	3 698
„ „ Spiritusbetrieb „ 35	546	849	1 078	1 297	1 790	2 267	2 752	3 366	4 277	5 208
Kosten der effekt. Pferdekraftstunde in Pf.										
bei Erginbetrieb . . . . M. 16	25,6	18,1	14,3	13,1	11,5	10,2	10,0	10,15	9,65	9,32
bei Benzinbetrieb . . . . „ 20	27,2	19,6	15,8	14,4	12,8	11,5	11,3	11,3	10,8	10,5
„ „ . . . . „ 26	29,4	21,8	17,9	16,5	14,8	13,3	13,1	13,2	12,6	12,3
bei Spiritusbetrieb . . . . „ 35	36,5	28,2	23,9	21,6	19,9	18,9	18,4	18,7	17,8	17,4

Dieser Exkurs war nötig, um ein Verständnis für die beiden folgenden Kurvenfiguren zu gewähren. Fig. 1 zeigt den Wärmeausnützungsgrad der Maschinen für Mittel- und Großbetriebe, Fig. 2 den der typischen Kleinkraftmaschinen. Daraus geht hervor, daß unter jenen der Dieselmotor, unter diesen der Spiritusmotor kalorisch am vollkommensten arbeiten. Beide erreichen einen Ausnützungsgrad

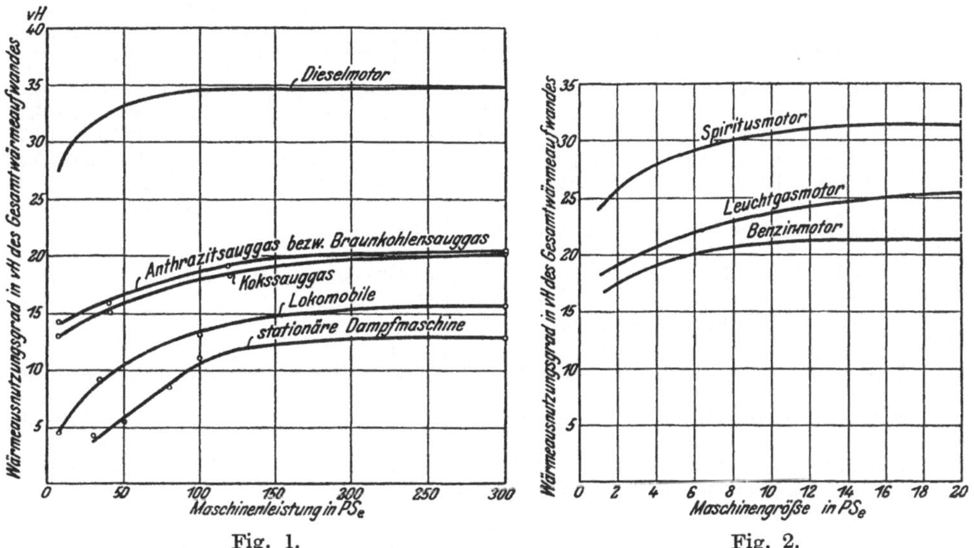

Fig. 1. Fig. 2.

Wärmewirtschaftlicher Wirkungsgrad in Abhängigkeit von der Maschinengröße.

von über 30 %. Es folgen dann die Gas- und Flüssigkeitsmaschinen und schließlich die Dampfmaschinen, wobei die Lokomobile günstiger steht als die stationären Dampfmaschinen, da bei ihr durch den geschickten Zusammenbau von Maschine und Kessel die Verluste durch Wärmestrahlung, Spannungsabfall und Kondensation in den Rohrleitungen minimale sind. Im allgemeinen kann man sagen, daß für diese der höchste erreichbare Ausnützungsgrad etwa bei 14 bis 15 %, für jene bei 15—16 % liegt, und entsprechend für die Saugegasmaschine bei 20 %, für die Dieselmotoren etwa bei 35 %. Besonders wichtig ist die bei allen Kurven gleichmäßige Erscheinung der Steigerung des Ausnützungsgrades mit zunehmender Maschinengröße, der bis zu einem gewissen Höhepunkt rasch anwächst, dann von da an langsamer und schließlich in einer fast horizontalen Linie ausläuft. Für die stationären Dampfmaschinen wird der Wirkungsgrad bei größeren Einheiten wie die angeführten noch um etwa 1—2 % günstiger wie in der Figur, beim Dieselmotor und der Saugegasmaschine bleibt er

Tabelle 19. **Brennstoffpreise**

Städte	Kesselkohlen				Anthrazit			
	Sorte	Praktisch. Heizwert WE.	Pr. für 10 tons M.	Preis für 10000 WE.	Sorte	Praktisch. Heizwert WE.	Pr. für 10 tons M.	Preis für 10000 WE.
Spalte 1	2	3	4	5	6	7	8	9
Berlin . . .	Oberschles. Steinkohle	6800	210	3,1	Best. engl. Anthrazit II	8100	395	4,9
					Engl. Anthrazitnuß I u. II	8200	360	4,38
Bremen . .	Westf. Förderkohle	7500	173	2,31	Westf. „ I u. II	8050	305	3,78
					Best. engl. „ III	8200	530	6,45
Breslau . .	Oberschles. Steinkohle	6900	185	2,68	Niederschl. „	7900	510	6,45
					Engl. „ III	8300	470	5,65
Dresden . .	Sächsische Nußkohle	5700	206	3,62	Olbernhauer Anthrazitnuß	7500	580	7,72
Elberfeld .	Ia Kesselkohle	7200	118	1,64	Rhein.-Westf. Anthrazitnuß	8000	290	3,62
Lübeck . .	Englische Steinkohle	7100	178	2,50		—	—	—
Magdeburg	Schlesische Steinkohle	6600	235	3,55	Westf. Anthrazitnuß	8000	440	5,5
Mannheim .	Maschinenkohle	7000	171	2,44	„ „	8000	310	3,88
München .	Oberb. Förderkohle	4600	215	4,67		—	—	—
	Ruhrnußkohle	7600	295	3,88				
Nürnberg .	Ruhrförderkohle	7500	260	3,46		—	—	—
Posen . . .	Oberschles. Steinkohle	7000	175	2,50		—	—	—
Stettin . .	Schott. Stemakohle	6900	168	2,43	Engl. Anthrazitnuß III	8300	405	4,88

nahezu konstant. Der Einfachheit halber konnten diese Kurvenstücke weggelassen werden.

Dieselbe „Tendenz der Vergrößerung" [1]) geht auch aus den folgenden Figuren (3—6) hervor. Zunächst ist in Fig. 3 die Abhängigkeit der Anlagekosten pro PS von der Größeneinheit zusammengestellt, und zwar vergleichsweise für dieselben beiden Maschinenklassen. In der Figur sind die Anlagekosten nicht wie üblich auf die Normal-

[1]) Die Bezeichnung stammt von Reuleaux. Siehe hierzu A. Lang: „Die Maschine in der Rohproduktion," II. Teil, S. 35.

[1]) Die Anlagekosten der Kleingasmotoren gelten für den bisher üblichen Typ derselben. In jüngster Zeit ist ein neuer Motor aufgekommen, der „Fafnir"-Motor. Es ist eine kleine sehr raschlaufende Maschine, die billiger ist als die früheren Typen, wenig Platz einnimmt und sich überall aufstellen läßt. Von

(Frühjahr 1909). **Tabelle 19.**

Gaskoks				Braunkohlenbriketts				Paraffinöl von 10000 WE.		
Sorte	Praktisch. Heizwert WE.	Pr. für 10 tons M.	Preis für 10000 WE.		Praktisch. Heizwert WE.	Pr. für 10 tons M.	Preis für 10000 WE.	Preis für 100 kg	Preis für 10000 WE.	
10	11	12	13	14	15	16	17	18	19	20
Gaskoks, gebrochen	7100	270	3,8	Niederlaus. Ind.-Brik.	5000	132	2,64	7,80	7,80	bei Bezug in Kesselwagen zu 10 000 kg
„ „	7050	280	3,97	Industrie-Briketts	4900	172	3,50	—	—	
„ „	7000	250	3,57	„	4950	166	3,35	8,23	8,23	
„ „	—	—	—	„	5050	100	1,98	7,71	7,71	
„ „	7000	190	2,72	„	4900	110	2,25	8,50	8,50	
„ „	7100	280	3,94	Niederlaus. Ind.-Brik.	4900	180	3,66	—	—	
„ „	6900	265	3,85	Industrie-Briketts	4800	135	2,80	7,64	7,64	
„ „	6800	288	4,24	„	4900	150	3,06	8,35	8,35	
„ „	7100	310	4,37	„	4900	196	4,00	8,36	8,36	
„ „	7000	270	3,86	„	4900	165	3,36	8,03	8,03	
„ „	—	—	—	„	4900	170	3,46	8,24	8,24	
„ „	6700	240	3,56	„	5000	160	3,20	8,13	8,13	
					je nach Standort			10,00	10,00	b. kleineren Bez. i. Fäss
								12,00	12,00	

leistung, sondern auf die dauernd zulässige Höchstleistung bezogen. Der Grund ist folgender: Bei Kraftanlagen in Fabrikbetrieben besteht meist ein Unterschied im Kraftverbrauch je nach der Lage des Ge-

---

seiten der Gasfachmänner wurde dieselbe mit großen Erwartungen begrüßt und darin ein neuer aussichtsreicher Konkurrent des Elektromotors gesehen. Da längere Erfahrungen im Betrieb noch nicht vorliegen, müssen wir uns versagen, darauf einzugehen. Immerhin haben wir aus persönlichen Umfragen bei Fachmännern den Eindruck gewonnen, daß die Anerkennung des Fafnirmotors selbst in diesen Kreisen keine unbestrittene ist, und daß eine Umwälzung der Maschinenverwendung in Kleinbetrieben zuungunsten des Elektromotors kaum zu erwarten steht. Im übrigen ist es nur wünschenswert, wenn Motoren geschaffen werden, die sich den differentiellen Betriebsbedingungen des Wirtschaftslebens in weitgehendstem Maße anpassen lassen.

schäftsganges. Häufig hat man einer zukünftigen Erweiterung der Betriebe Rechnung zu tragen, und oft ändert sich der Kraftbedarf sogar periodisch innerhalb eines Tages. Diesen Schwankungen läßt sich nun die Dampfmaschine ohne Schwierigkeiten anpassen. Dieselben werden für eine bestimmte durchschnittlich zu erwartende Normalleistung gebaut und sind 25—35 % und noch mehr dauernd überlastungsfähig bzw. auch unterlastungsfähig ohne erhebliche Ver-

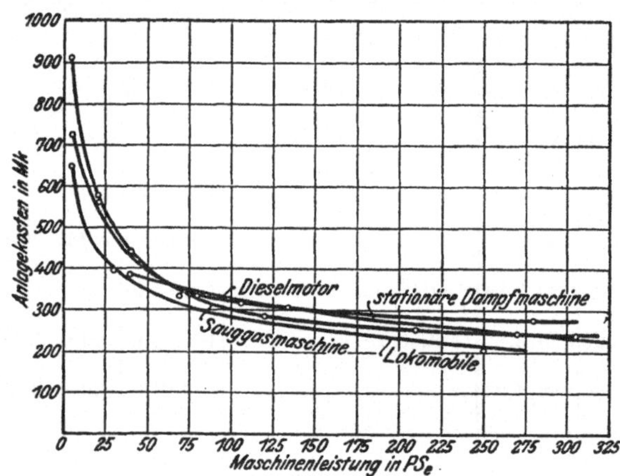

Fig. 3.
Anlagekosten pro PS_e, bezogen auf die dauernd zulässige Höchstleistung.

schlechterung des Wärmewirkungsgrades. Auch der Dieselmotor hat in dieser Beziehung noch günstige Verhältnisse. Bei Unterlastung arbeitet er nicht schlechter, häufig sogar noch etwas besser; seine Überlastungsfähigkeit ist zwar nicht so groß wie bei Dampfmaschinen, aber immerhin noch 10—15 %. Anders bei den Saugegasmaschinen. Diese sind fast gar nicht überlastungsfähig und bei nur geringer Unterlastung arbeiten sie schon sehr unökonomisch. Will man sie daher in Betrieben mit ungleichmäßigem Kraftverbrauch aufstellen, so muß man die zu wählende Größeneinheit als Normalgröße nach der zu erwartenden Maximalleistung bemessen. Das bringt aber mit sich erstens die Erhöhung der Anlagekosten pro PS und zweitens die Notwendigkeit, die Saugegasmaschine normalerweise unterlastet, also stark unwirtschaftlich laufen zu lassen. Die Tabellenwerte für Saugegasmaschinen sind daher in Berücksichtigung dieser Sonderheiten gerechnet. Es ist zu den Brennstoffverbrauchsziffern bei normaler Belastung mit Rücksicht auf die Unterlastung ein Zuschlag von 25 % bei den kleineren Einheiten und von 15 % bei den größeren Einheiten gemacht. In der Figur 4 fällt besonders die große Verschiedenheit der Anlagekosten für Elektromoteren und die anderen Kleinkraftmaschinen auf, worauf wir gleich weiter unten näher eingehen werden, während bei den übrigen Maschinen der Unterschied viel unerheblicher ist. Vergleicht man aber die Figuren 1 und 2 mit den Figuren 5 und 6, so erkennt man sofort die Verschiebung des Wirtschaftlichkeitsbildes. Während dort Diesel- und Spiritusmotor am besten abschneiden, erscheinen sie hier in weit weniger günstigem Licht.

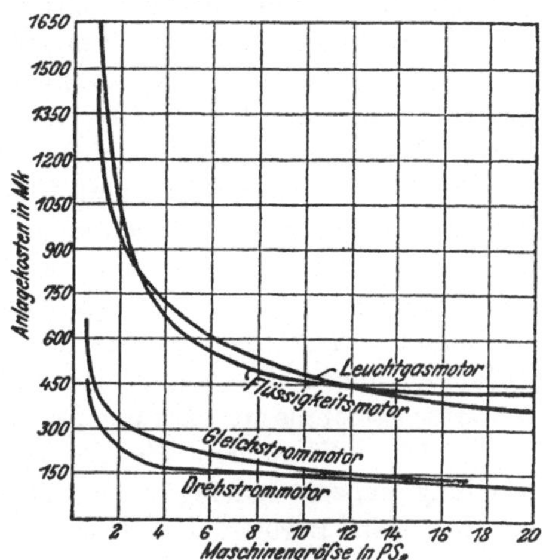

Fig. 4.
Anlagekosten pro PS_e in Abhängigkeit von der Maschinengröße (unter Zugrundelegung der Normalleistung).

Damit kommen wir nun zur kurvenmäßigen Darstellung dessen, was wir oben als Gesamtwirtschaftlichkeit bezeichnet haben. Dieselbe stellt gewissermaßen einen ideellen Wirkungsgrad dar, nämlich das Verhältnis zwischen aufgewendeten Geldkosten zur geleisteten Nutzarbeit. Verhältniszahlen setzen aber voraus, daß eine gemeinsame Vergleichsbasis vorhanden ist. Sie sind immer prozentual. Zwischen Geldkosten und Nutzarbeit läßt sich nun eine Vergleichsbasis nicht konstruieren. Die Zahlen, die die Gesamtwirtschaftlichkeit angeben, sind daher absolut, und insofern ist es richtiger, nicht vom „Gesamtwirkungsgrad", sondern von „Gesamtwirtschaftlichkeit" zu sprechen. Diese faßt in sich sowohl die spezifisch technischen wie die nichttechnischen Faktoren. Zu diesen gehören außer den schon erwähnten Anlagekosten, die in den Abschreibungs- und Verzinsungssätzen zum Ausdruck kommen, die Kosten für Reparaturen, Schmier- und Putzmaterial, die Bedienungsausgaben sowie der wichtigste, der Brennstoffaktor.

Bei der großen Anzahl von Energiestoffen, deren Umsetzung in Kraftleistung möglich ist, ist es nicht leicht, den wirtschaftlich zweckmäßigen immer herauszufinden. Es bedürfte jedesmal genauer Überlegung und eingehender Berechnung, welcher zu wählen ist. Für die Beurteilung eines Brennstoffes sind ausschlaggebend der Preis, der Heizwert und die technische Ausnützbarkeit in der Maschine. Einerseits kommt es auf den Preis der Wärmeeinheit am Verwendungsort — nicht auf den Preis der Gewichtsmenge — an, andererseits auf den spezifischen Brennstoffverbrauch. Die Preise der Brennstoffe werden aber in weiten Grenzen variiert durch die Transportkosten [1]). Dadurch ist es erklärlich, daß unter den gleichen Betriebsbedingungen an einem Platze die Dampfmaschine, an einem andern der Dieseloder der Saugegasmotor ökonomisch richtig sein kann.

Hinzu kommt, daß die Rentabilität einer Maschine keine dieser an und für sich anhaftende Folgeerscheinung ist, vielmehr wird diese wesentlich beeinflußt durch die Eigenschaft derselben als Glied eines ganzen Betriebes. In den deutschen Torfgegenden oder in den Urwäldern Südamerikas würde eine Dampfmaschine mit Torf- oder Holzfeuerung immer billiger arbeiten als ein mit Steinkohlen betriebener Gasmotor, selbst dann, wenn der Brennstoffverbrauch der Dampfmaschine der dreifache wie der tatsächliche sein sollte. Erst „die Ökonomik verleiht dem technischen Produkt den Gutscharakter. Die Voraussetzungen des technischen Erfolges sind für die ökonomische Bewertung technischer Errungenschaften irrelevant“ [2]).

Welche Wirkungen die Brennstoffpreisgestaltung für die Entwicklung ganzer Länder haben kann, dafür mögen die Ergebnisse der neuesten Berufs- und Gewerbezählung in Bayern ein Beispiel abgeben. In der mehrfach erwähnten statistischen Untersuchung heißt es: „Der Tatsache, daß in bezug auf die Nutzbarmachung der Dampfkraft für gewerbliche Zwecke Bayern hinter den sämtlichen größeren Bundesstaaten zurücksteht, kommt eine ganz besondere Bedeutung zu. Ihr ist es wohl zuzuschreiben, daß die gewerbliche Tätigkeit in sämtlichen dieser Staaten verhältnismäßig stärker entwickelt ist als in Bayern. Auf je 10 000 Einwohner treffen nämlich in:

	gewerbliche Personen
Preußen	2193
Bayern	2051
Sachsen	3442
Württemberg	2215
Baden	2548
Hessen	2151
Elsaß-Lothringen	2307

Man wird nicht fehlgehen, wenn man eine der Hauptursachen dieser Erscheinung in der für die Kohlenversorgung ungünstigen Lage

[1]) Vgl. hierzu die Tabelle 19, S. 124—125.

[2]) Haarmann: „Die ökonomische Bedeutung der Technik in der Seeschiffahrt“. Münchner Volkswirt. Stud. 1908.

Bayerns erblickt. Der Jahresbericht des Bayerischen Industriellenverbandes 1907—1908 hebt in dieser Richtung hervor, daß der bayerische Kohlenverbrauch gegenüber dem Rheinisch-Westfälischen Industriegebiet allein mit einer jährlichen Mehrbelastung von 29 Millionen zu rechnen hat, welche aus der Fracht erwächst usw."

Die Gesamtheit der nichttechnischen Faktoren wirkt auf eine völlige Verschiebung des Vergleichsbildes vom kalorischen Nutzeffekt hin. Die Resultate sind in den Kurvenfiguren 5 und 6 wieder für die bekannten Maschinengattungsklassen dargestellt. In denselben sind bei Voraussetzung einer bestimmten Betriebsdauer — für die Großmaschinen von täglich 10 Stunden, für die Kleinbetriebsmaschinen von täglich 5 Stunden — die Kosten der effektiven PS-Stunde in Abhängigkeit von der Maschinengröße und den Brennstoffpreisen dargestellt. Der Vergleich ergibt sich aus der wagerechten Projektionsbetrachtung. Man braucht nur auf der Vertikalen über einer bestimmten Maschinengröße bis zu der, dem entsprechendem Brennstoffpreise zugehörigen oder durch Interpolation leicht abschätzbaren Kurve hinaufzugehen und dann auf der Horizontalen weiter in das nächste oder das fragliche Kurvenbild bis zur entsprechenden Vertikalen, um beurteilen zu können, welche Maschine unter gegebenen Betriebsbedingungen bei gleicher Betriebsdauer und bei den vorliegenden Brennstoffpreisen die wirtschaftlich zweckmäßigste ist. Es sei aber ausdrücklich darauf hingewiesen, daß dies nur gültig ist, wenn Imponderabilien[1]), die deshalb, da sie unwägbar sind, in eine ökonomische Betrachtung nicht einbezogen werden können, nicht vorhanden sind. Die Kurven sind zerlegt in die Bestandteile, aus denen sie entstanden sind: in den Kapitalkostenanteil, in den Anteil, der auf Bedienung, Schmier- und Putzmaterial entfällt, und in den Brennstoffanteil.

Wie bei allen unseren Kurvenbildern geht auch hier als erstes, in die Augen springendes Resultat die „Tendenz der Vergrößerung" hervor. Am wenigsten stark bei den Elektromotoren. Diese stellen eine Maschinengattung dar, bei der bezüglich der spezifischen Kraftkosten der größere Betrieb dem kleineren nur unwesentlich überlegen sein könnte, wenn nicht, was aber hier nur angedeutet sei, von den Elektrizitätswerken eine Verschiedenheit in der Preisnormierung je nach der Größe der jährlichen Stromabnahme allgemein durchgeführt wäre. Die „Tendenz der Vergrößerung" liegt also tatsächlich hier auch vor, sie ist aber, wenn wir uns so ausdrücken dürfen, keine überwiegend „natürliche", sondern eine überwiegend „künstliche". Überhaupt spielt hier der Strompreis die Hauptrolle. Die Kapital-

---

[1]) Wir kommen an späterer Stelle auf diese zu sprechen. Siehe S. 167 ff.

Gestehungskosten der Pferdekraftstunde in Abhängigkeit von der Maschinengröße.

(Bei jeweils veränderlichen Brennstoffpreisen.)

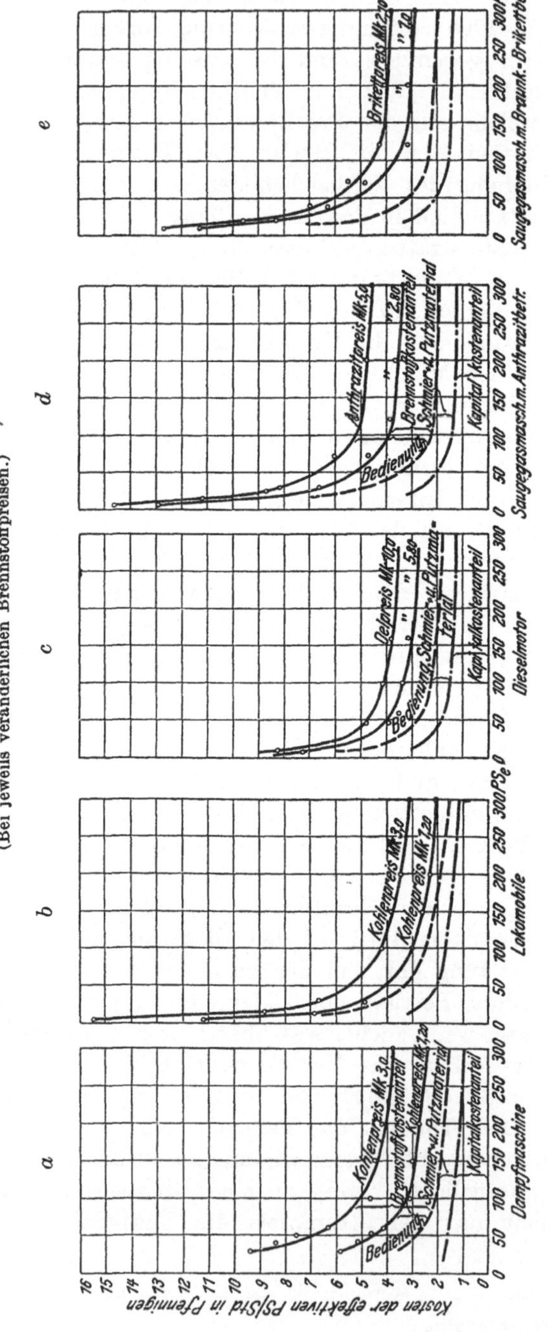

Fig. 5.

Betriebsdauer konstant = 300 Tage zu 10 Stunden.

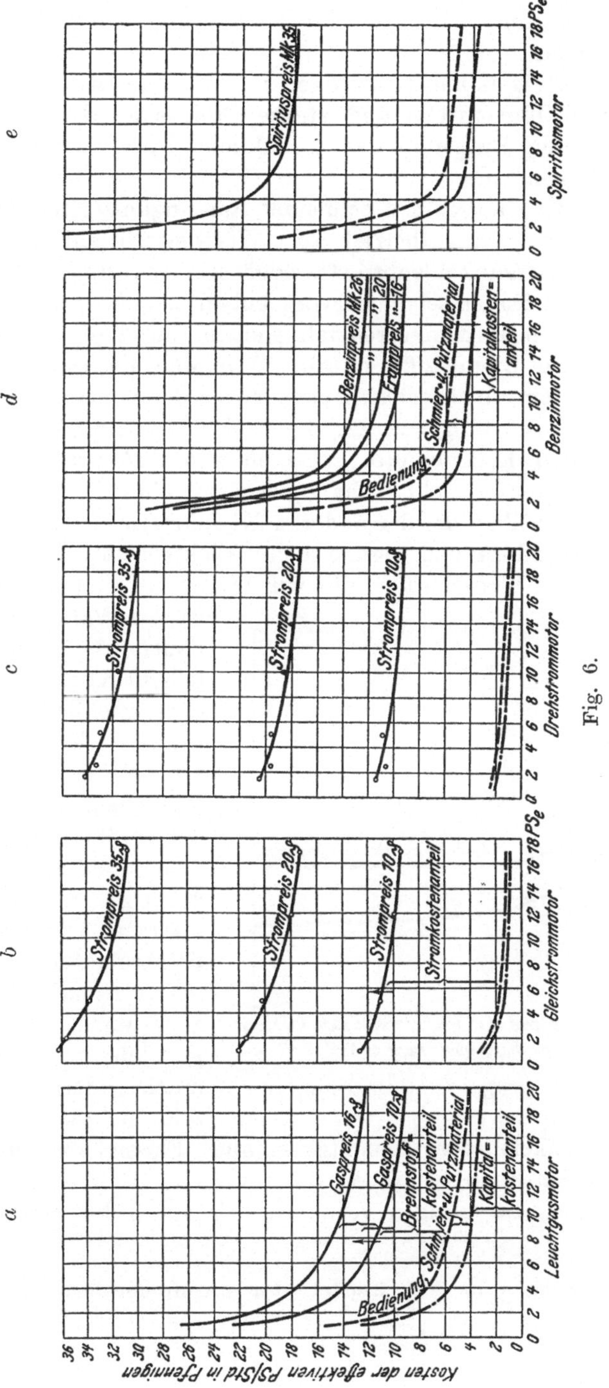

Fig. 6.
Betriebsdauer konstant = 300 Tage zu 5 Stunden.

kosten sind minimal, Auslagen für Schmierung und Bedienung fast keine vorhanden.

Für alle übrigen Kraftmaschinen ist charakteristisch die bei den kleinsten Einheiten rasche und starke Steigerung der Kostensätze, bei den größeren Einheiten das allmähliche Übergehen in die „fast horizontale" Konstante.

Von den Großmaschinen schneidet am ungünstigsten die Sauggasmaschine für Anthrazitbetrieb ab. Wettbewerbsfähig wird sie erst bei Betrieb mit Braunkohlenbriketts oder minderwertigen Abfallbrennstoffen, wie wir früher schon hervorgehoben haben (vgl. S. 57). Bei den anderen hängt die Konkurrenzfähigkeit im Einzelfalle wesentlich von dem bezüglichen Brennstoffpreis ab. Von den Kleinkraftmaschinen ist der bei weitem unwirtschaftlichste Motor der Spiritusmotor, der ja bereits wieder fast völlig von der Bildfläche verschwunden ist [1]). Die Kurven für den Elektromotor scheinen zunächst wirtschaftlich bei höheren Strompreisen nicht mehr günstig zu sein. Daß trotzdem die Verwendung desselben die der anderen Kleinkraftmaschinen übertrifft, hat seinen Grund in den gerade beim Elektromotor so zahlreichen imponderabilen Eigenschaften, die wir früher erwähnt haben. Auch ist die Wahl der Betriebsdauer mit 5 Stunden täglich für Kleinbetriebe schon eine reichlich hohe. Sie wurde deshalb so gewählt, um für die Kleinbetriebsmaschinen im Verhältnis zu den Großbetriebsmaschinen keine exzeptionell ungünstige Annahme zu machen. Die Vorzüge des Elektromotors, auch die rein wirtschaftlichen, treten aber um so mehr hervor, je kürzer und intermittierender die Betriebszeit ist. Was die Wettbewerbsmöglichkeit der Leuchtgas- und Flüssigkeitsmotoren betrifft, so spielen auch bei ihnen die jeweiligen Brennstoffpreise eine wichtige Rolle. Im übrigen verweisen wir auf früher Gesagtes (vgl. S. 104—105).

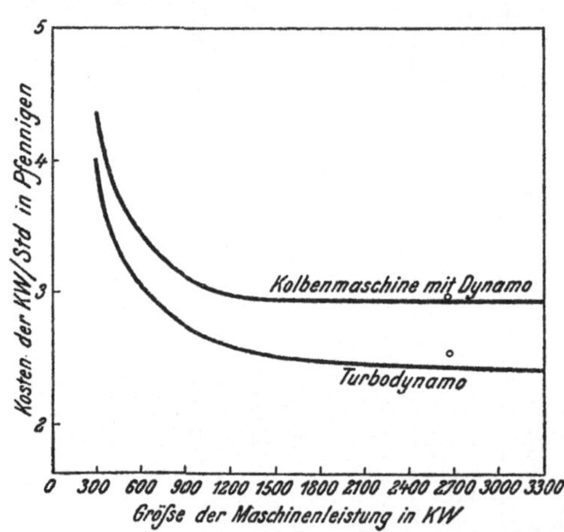

Fig. 7.

[1]) Näheres siehe in dem Kapitel über „Kraftmaschinen in der Landwirtschaft".

In dem Kurvenbild Fig. 7 ist schließlich das Ergebnis des Wirtschaftlichkeitsvergleichs zwischen Dynamoanlagen mit Dampfturbinen und Kolbenmaschinenantrieb veranschaulicht (vgl. hierzu Tabelle 14). Es geht daraus hervor, daß die ersteren durchweg billiger arbeiten als die letzteren. Da imponderabile Eigenschaften zugunsten der Dampfkolbenmaschine gegenüber der Turbine kaum vorhanden sind, so wird es erklärlich erscheinen, daß in Elektroanlagen heute fast ausschließlich nur noch das Turboaggregat zur Anwendung gelangt.

3. Gesichtspunkte der wirtschaftlichen Rentabilitätsberechnung.

Wir gehen jetzt dazu über, die Einzelkosten unseres Tabellenwerkes selbst und die Gesichtspunkte, die uns bei der Aufstellung derselben geleitet haben, zu besprechen.

Gewöhnlich ist bei wissenschaftlichen Kostenaufstellungen so disponiert, daß zuerst die Anlagekosten und dann die Betriebskosten aufgeführt werden. Die letzteren zerfallen dann regelmäßig in zwei Gruppen, die am häufigsten wohl als direkte oder je nach Betriebsbedingungen veränderliche und indirekte oder feste Betriebskosten bezeichnet werden. Wir haben, um eindeutig und präzis im Ausdruck zu sein, das Wort Anlagekosten in den Tabellen vermieden, da zu demselben begrifflich auch die Grundstückspreise, die wir aber außer acht lassen müssen, gehören, und statt dessen „Herstellungskosten der Anlage“ gesetzt. Wenn man von direkten und indirekten Betriebskosten spricht, so hat man dabei die Art der Kostenentstehung und der Kostentilgung im Auge, bzw. man berücksichtigt, welchen Anteil das mobile und welchen das immobile Kapital an den Gestehungskosten der Energie einnimmt. Es sind dann die direkten Kosten diejenigen, die unmittelbar oder zeitlich nur wenig nach ihrer Entstehung getilgt werden, die indirekten Kosten diejenigen, die, in gleichmäßiger Folge während der ganzen Lebensdauer einer Maschine entstehend, regelmäßig immer bei der Bilanz am Ende des Betriebsjahres getilgt werden; oder mit anderen Worten: die direkten Kosten werden meistens in Geld- oder Geldwerten ausbezahlt, die indirekten nur buchmäßig verrechnet.

Die gesamten Betriebskosten, die für eine Kraftanlage überhaupt entstehen können, sind:

1. die Verzinsung des Anlagekapitals,
2. die Abschreibungen desselben,
3. Reparaturen und Instandhaltung,
4. Versicherungskosten,

5. Kosten des Bedienungspersonals,
6. Aufwand für Schmier- und Putzmaterial,
7. Kesselreinigung, Schornsteinreinigung, Revision, Reinigung der Überhitzer, Vorwärmer bzw. der Saugegasanlage, Revisionen usw.,
8. Beleuchtungskosten,
9. Kühl- und Speisewasserbeschaffung,
10. die Brennstoffkosten.

Von diesen Kosten haben wir die Nr. 4, 7, 8 und 9 unberücksichtigt gelassen, da sie bei den meisten Maschinen unkontrollierbar, im ganzen aber zu unbedeutend sind, um das Ergebnis ändern zu können. Höchstens gegen die Vernachlässigung der Kosten für Kühl- und Speisewasserbeschaffung könnten Einwände erhoben werden. Die Aufwendungen hierfür sind aber bei den einzelnen Maschinengattungen zu verschiedenartig, je nachdem das Wasser einem besonderen Brunnen, einem fließenden Wasser oder der Wasserleitung entnommen bzw. in einer Rückkühlanlage jeweils wiedergewonnen wird, so daß in der Festsetzung der Kostensätze nur absolute Willkür hätte entscheiden müssen. Allgemein ist der Wasserverbrauch bei den Dampfmaschinentypen größer wie bei Gasmaschinen (für die Kühlung der Zylinder); bei letzteren wird darum aber meist Brunnen- oder Leitungswasser verwendet, bei ersteren sind vielfach Rückkühlanlagen üblich, d. h. das Wasser wird immer wieder rückgekühlt, so daß der nötige Ersatz an neuem Wasser minimal ist. In den Kosten werden sich beide Verfahren einigermaßen ausgleichen, da dem Kapitalmehraufwand des Rückkühlers hier eine Mehrausgabe für Wasserneuverbrauch dort gegenübersteht. Es bleiben demnach die Posten 1, 2, 3, 5, 6 und 10 übrig, von denen die vier letzten die direkten, die zwei ersten die indirekten Kosten darstellen, die wir jetzt einer genaueren Analyse unterziehen wollen.

Die Anlagekosten einer Wärmekraftanlage setzen sich zusammen aus dem Preis des kompletten maschinellen Teils einschließlich Kessel- bzw. Generatoranlage, den Aufwendungen für Rohrleitungen, Montage, Fundamentierung, aus den Kosten für Maschinen- und bzw. Kesselhaus sowie schließlich den Kosten des erforderlichen Grundstückes.

Diese letzteren konnten aber hier nicht berücksichtigt werden, nicht etwa weil ihr Einfluß unbedeutend wäre — im Gegenteil ist dieser häufig außerordentlich schwerwiegend —, sondern deshalb, weil seine zahlenmäßige Erfassung aus begreiflichen Gründen unmöglich ist. Derselbe wird erstens je nach den verschiedenen Städten und Gegenden, in denen die Anlage gebaut wird, generell in weiten Grenzen verschieden sein, derart, daß allgemein in Gegenden mit viel Industrie und entwicklungsfähigen Städten die Bodenpreise sehr hohe sind, so hohe, daß dadurch die Anlagen an die Peripherie der Städte hinausgetrieben werden können, während in Gegenden mit wenig Industrie die Grundpreise niederer sein werden. Außer diesen Regionalverschiedenheiten gibt es aber noch sehr wesentliche Lokaldifferenzen, kurz es ist ausgeschlossen, bei einer allgemeinen Vergleichsrechnung diese Dinge mit zu berücksichtigen. Jedoch es ist auch nicht unbedingt nötig. Denn die Grundstückpreise sind unabhängig von der Maschinengattung und kommen für alle gleichmäßig als Mehr- oder Minderbelastung der Anlagekosten (ganz generell gesprochen) in Betracht. Ein Unterschied entsteht nur durch die Verschiedenheit der beanspruchten Maschinenraumgrundfläche. Diese ist aber schon bei der Festsetzung der Gebäudepreise mit berücksichtigt, also keineswegs vernachlässigt. Es ist nämlich der Gebäudepreis unter Annahme eines bestimmten festen Baupreises für das Maschinenhaus pro Quadratmeter Grundfläche berechnet, wobei einfach die praktisch notwendige und übliche Grundflächengröße [1]) mit dieser Zahl multipliziert wurde. Der Einfluß der Grundstückpreise muß sich also darin äußern, daß dieselben die Bedeutung der Gebäudekosten als Kapitalfunktionsteil entweder verstärken oder vermindern. Eine grundsätzlich andere Wirkung kann nicht eintreten.

Bei der Festsetzung der Preise der Maschinen, Kessel und Generatoren sind durchweg allgemeine Mittelwerte angenommen worden. Die vorkommenden Schwankungen sind nicht unbedeutend, sowohl für die Maschine selbst als auch für die Herstellung der Fundamente, Rohrleitungen, Montage, überhaupt all der Dinge, die Zusammenhang mit der Anlage haben. Von wesentlichem Einfluß sind in erster Linie die Konjunkturverhältnisse. Bei gutgehender Industrie werden die Maschinen teurer, die Arbeitslöhne steigen, die Baukosten für Fundamente, Einmauerung und Montage erhöhen sich; in niedergehender Zeit ist es umgekehrt. Dann aber ist die zugrunde gelegte Tourenzahl ebenfalls von Bedeutung. Schnellaufende Motoren sind, da sie kleinere Abmessungen erhalten, billiger als normallaufende und beanspruchen weniger Platz als diese. Dem steht jedoch ihre größere Abnützung gegenüber, so daß die eventuellen Ersparnisse an Verzinsungskosten durch die notwendig höheren Abschreibungssätze wieder aufgehoben werden. Wir haben überall die als normal geltenden Betriebstourenzahlen angenommen und demgemäß die Preise festgesetzt. Sie

---

[1]) Die diesbezüglichen Erfahrungszahlen wurden mir durch das gefällige Entgegenkommen einer großen süddeutschen Baufirma zur Verfügung gestellt.

gelten etwa für die Zeit im Frühjahr 1909 und dürfen als Mittelwerte angesehen werden [1]).

Die Anlagekosten für Kessel- und Maschinenhaus sind, wie erwähnt, auf der Basis der Raumgrundfläche errechnet. Sie ergaben sich ohne weiteres für die größeren Maschinen aus den verfügbaren Unterlagen. Schwieriger war es bei den Kleinkraftmaschinen. Hier mußten vornehmlich an Hand der üblichen Maschinengrundmaße Schätzungen vorgenommen werden. Für Leuchtgas- und Flüssigkeitsmotoren wurden die gleichen Kostenanteile für Gebäude eingesetzt. Bei den Elektromotoren kommen solche kaum in Betracht, da diese überall ohne Schwierigkeit angebracht werden können und sozusagen keinen „besonderen Platz" beanspruchen. Immerhin ist aber bei den größeren Einheiten von 5 PS an ein geringer Kostenaufwand für Maschinenraum angenommen, um lieber etwas zu ungünstig als zu günstig zu rechnen.

Als Verzinsungssatz der Anlagekosten ist der im deutschen Wirtschaftsleben übliche von 5 % zugrunde gelegt. Es könnte vielleicht der Einwand erhoben werden, daß Zinsen ihrem wirtschaftlichen Charakter nach überhaupt nicht zu den Produktions-, also hier Selbstkosten gehören, sondern daß sie Gewinn darstellen. Dies ist auch richtig, aber nur in sozialökonomischem Sinne gesprochen. Volkswirtschaftlich sind Zinsen immer Produktionserfolg, nicht Produktionsaufwand. Anders aber privatwirtschaftlich. Hier ist der Zins etwas dem Kapital „Adhärentes". Tatsächlich gibt es heute kein zinsloses Kapital mehr. Wer solches verwendet zu irgend einer Produktion, der verwendet eben gleichzeitig den demselben adhärenten Zins, denn er kam diesen jederzeit im Falle der Nichteigenproduktion als Leihzins von andern erhalten. Da aber bei dem Wirtschaftlichkeitsvergleich der Maschinen naturgemäß privatwirtschaftliche Gesichtspunkte maßgebend sein müssen, so wird die Einrechnung der Zinsen unter die Herstellungskosten auch wissenschaftlich einwandfrei sein. Die Höhe der Zinsen richtet sich nach dem landläufigen Zinsfuß und ist in großen Zeitperioden konstant, außerdem völlig unabhängig von den jeweils vorliegenden Betriebsbedingungen.

Einen in dieser Beziehung ähnlichen Charakter haben die Abschreibungskosten [2]). Machen wir uns auch hier zunächst deren wirtschaftliche Bedeutung klar. Bekanntlich ist die Lebensdauer der Maschinen eine beschränkte. Dieselben nützen sich ab und vermindern

---

[1]) Über die Preise der Wärmekraftmaschinen ist mir Material von den verschiedensten maßgeblichen deutschen Firmen zur Verfügung gestellt worden.

[2]) Vgl. hierzu E. Schiff: „Die Wertminderungen an Betriebsanlagen. Berlin 1909.

ihren Wert, sei es durch Betrieb, durch Zeiteinflüsse oder dadurch, daß sie unmodern und von neuen Typen übertroffen werden. Sie müssen nach bestimmten Zeitperioden wieder ergänzt bzw. ersetzt werden. Vor allem ist zu betonen, daß nicht allein die Abnützung, sondern schon das bloße „Altern“ der Anlagen eine Entwertung derselben bedingt, deren Fortgang darum unvermeidlich und unaufhaltbar ist. Die Abschreibungsnotwendigkeit vermindert sich bei halber Ausnützung einer Maschine keineswegs um die Hälfte gegenüber der bei Vollausnützung. Schon der Leerlauf bringt ein bestimmtes, konstant bleibendes Maß der Abnützung mit sich, aber selbst wenn eine Maschine gar nicht läuft, mindert sich ihr Wert durch „Altern“ und andere Einflüsse. Die Entwertungsgröße ist also dem Grade und der Dauer der Benützung nicht proportional, sondern innerhalb weiter Grenzen annähernd gleich. Je weniger die Anlage demnach benützt wird, um so stärker belastet diese Größe die Produkteinheit.

In diesem Sinne sind Wertminderungen an Kraftanlagen von grundsätzlich gleicher Bedeutung wie die andern schaffenden Kosten in einer Produktion oder einem Betriebe, sie haben aber die besondere Eigenheit, daß sie nicht proportional mit dem Rückgang des Geschäfts wie die Rohstoff- und Lohnaufwendungen sinken (von der Vollausnützung der Maschine ausgegangen), sondern eine Tendenz zum „Nahebleiben“ bei der Kontinuität besitzen. Vom Standpunkt des Kapitalaufwandes betrachtet bedeuten sie, um mit Schiff zu sprechen, nichts anderes, als daß „mit der Betriebsabnützung und in dem Umfang, in dem sie eintritt, festgelegtes Kapital wieder umlaufend wird“. Demgemäß haben die Abschreibungen den Zweck, langsam auflaufend als Ersatzkosten für eine neue Anlage dienen zu können. Es geschieht dadurch, daß auf der Aktivseite der Bilanz Werte gebunden werden, die sonst verausgabt würden, und die dann im jedesmaligen Bedarfsfalle, ohne daß neue Kapitalaufnahme nötig wäre, verfüglich sind.

Auch der Konsument hat ein positives Interesse an der Richtigkeit und Zweckmäßigkeit gemachter Abschreibungen. Denn alle die Kosten, die bei der Produktion entstehen, seien es feste oder veränderliche, gehen in das Produkt über, müssen also in diesem bezahlt werden. Privatwirtschaftlich ist der Anteil der indirekten, in dem Produkt mit zu bezahlenden Kosten geringer, wenn die Krafterzeugungskosten geringer sind, und volkswirtschaftlich kann dann dieses „Geringersein“ dadurch zum Ausdruck kommen, daß der Gesamtproduktpreis niederer wird.

Über den sozialen Charakter der Abschreibungen sei kurz auf das hingewiesen, was schon in der Einleitung gesagt ist. Die festen Verzinsungs- und Abschreibungssätze treten an die Stelle der veränderlichen Arbeitslohnkostensätze; dadurch werden die Aufwendungen pro Produkteinheit, d. h. wohlgemerkt im Einzelproduktionsprozeß, kleiner und stetiger. Beschleunigend auf diese Umwandlung wirkt die Steigerung der Arbeitslöhne, ja in vielen Fällen ist sie erst die Voraussetzung dafür.

Die Höhe der Abschreibungssätze wird sich nach der voraussichtlich zu erwartenden und durch Erfahrungstatsachen gewährleisteten durchschnittlichen Nutzungsdauer der Maschinen zu richten haben. Die in der Praxis vorkommenden Sätze bilden nur einen losen Anhalt; schon besser sind die in der Literatur üblichen für den wissenschaftlichen Vergleich zu gebrauchen.

Eine genaue Schätzung des wirklichen Entwertungsverlaufs einer Anlage ist unmöglich; „denn der Wert eines Gegenstandes steht nur in zwei Zeitpunkten genau fest; das ist am Anfang und am Ende seiner Betriebsausnützung“ [1]). Den Endwert kann man nun bei einer Kraftanlage, nachdem sie ausgedient hat, unbedenklich gleich Null annehmen; sie hat nur noch Alteisenwert. Der Gang der Wertminderung wird ungefähr der sein, daß dieselbe am Anfang, solange die Maschine neu ist, langsam und dann immer schneller vor sich geht, daß also am Anfang der als möglich angenommenen Nutzungszeit kleinere und später größere Abschreibungssätze zu wählen wären. Hierbei müßte aber soviel Willkür angewendet werden, daß der zweckmäßigste Ausweg der erscheint, einen gleichmäßigen Entwertungsverlauf anzunehmen, während der 15 oder 20 Jahre voraussichtlich dauernden Nutzungszeit alljährlich den gleichen Satz und in der Höhe abzuschreiben, daß nach Verlauf dieser Dauer der Wert Null erreicht ist. Der zweckmäßigste Satz wäre also $a = \frac{N - 0}{n} = \frac{N}{n}$, wenn N den Neuwert der Anlage, n die Zahl der Nutzungsjahre bedeutet.

Es ist eigentümlich, daß es heute in der Praxis wohl erst wenige Firmen gibt, die dieses durchsichtige und dem Charakter der Abschreibung am besten gerechtwerdende Verfahren anwenden. Zweifellos widerspricht das dort übliche Verfahren der prozentualen Abschreibung vom Buch- statt vom Neuwert jeder kaufmännischen Exaktheit und Durchsichtigkeit. Analysieren wir das Verfahren genauer, so schließt es gerade den entgegengesetzten Entwertungsverlauf in sich, wie er tatsächlich vor sich geht. Kostet z. B. eine Maschine 100 000 M., und man schreibt jährlich 10 % ab, so steht dieselbe in den nächstfolgenden Jahren zu Buch mit 90 000, 81 000, 72 900, 65 610 M. usw., da die Abschreibungssumme entsprechend jährlich 9000, 8100, 7290, 6561 M.

---

[1]) Ebenda S. 41.

usw. beträgt, also mit dem Altern der Anlage ab- statt zunimmt. Mathematisch genommen könnte dieses Verfahren, in seiner Konsequenz durchgeführt, niemals zum Werte 0 führen. Wenn sich trotzdem die Firmen in ihren Abschreibungen nicht „verrechnen", so liegt der Grund darin, daß die Sätze vielfach eben absolut willkürlich und ohne jede Rücksicht auf die Nutzungsdauer je nach Geschäftsgang hinauf- oder herabgesetzt werden. Zwar ist dies keineswegs, wenn die Sätze überhaupt genügend hoch bemessen werden — und sie müssen sehr hoch bemessen werden, schon wegen des jährlichen Rückganges der absoluten Abschreibungsgröße, wenn man vom Buchwert abschreibt — als unsolides Gebaren anzusehen, vielmehr sind die übergroßen Abschreibungen etwas an sich Solides, insofern sie einfach stille Reserven, also Kräftigung des Unternehmens darstellen; kaufmännisch exakt und durchsichtig ist dies aber nicht. Das gleiche könnte auf dem Wege der Abschreibung vom Neuwerte erreicht werden; es müßten dann die Rücklagen nur unter einer anderen Bezeichnung gemacht werden.

Was nun die Abschreibungssätze in der Literatur anbetrifft, so scheinen mir dieselben bei manchen Maschinengattungen zu hoch zu sein, wenigstens soweit dies für den vorliegenden Zweck in Frage steht. Wenn man annimmt, daß hier jedenfalls vom Anschaffungswert ausgegangen ist bei Bestimmung der Höhe derselben, daß also eine ganz bestimmte Nutzungszeit vorausgesetzt wurde, so entsprechen Sätze von 8—12 %, wie sie anzutreffen sind, einer Lebensdauer von 12½ bis 8½ Jahren, was doch zu wenig ist. Es muß allerdings eines berücksichtigt werden, daß in jenen Sätzen wohl meistens noch eine gewisse Risikoprämie mit enthalten ist, und zwar dafür, daß bei dem heutigen schnellen Entwicklungstempo technischer Neuerungen die Maschinen vor Ablauf ihrer tatsächlichen Abnützungszeit „altmodisch" und unwirtschaftlich, d. h. von andern übertroffen und ersetzt werden müssen. Zweifellos ist dieser Standpunkt anzuerkennen, wir glauben aber doch, daß auch unter diesem Gesichtspunkt die Nutzungszeiten ängstlich kurz gewählt sind. Wir haben ihn für den vorliegenden Zweck jedenfalls außer acht gelassen, denn erstens ist es unmöglich, den Grad dieses Tempos nur einigermaßen richtig zu berechnen, und zweitens kommt ja diese Gefahr des „Übertroffenwerdens" durch neue zweckmäßigere Erfindungen für alle Maschinengattungen gleichmäßig in Betracht. Generell ist zu sagen, daß bezüglich der Gesamtwirtschaftlichkeit derselben die Berücksichtigung dieses Moments zuungunsten teurer und zugunsten billiger Maschinenanlagen ausschlägt. Besser ist es u. E., sich gegen dieses Risiko durch außerordentliche Rückstellungen zu decken.

Für uns kommen diese naturgemäß nicht in Betracht. Wir haben unter Mitberücksichtigung der in den Tabellen angenommenen Betriebsdauer bei allen Dampfmaschinenarten einen Abschreibungssatz von 5 % auf den maschinellen Teil, bei allen Explosionsmotoren und dem Dieselmotor, da sie weit höhere Temperaturen in den Arbeitszylindern und höhere Triebwerksdrucke haben, einen solchen von 7 % gewählt, was einer Nutzungszeit von entsprechend 20 bzw. ungefähr 15 Jahren gleichkommt. Für Elektromotoren, die sich sehr langsam abnützen, ist ein etwas niederer Satz angenommen. Gleichmäßig bei allen wurde für Gebäude eine Lebensdauer von 50 Jahren, also ein Abschreibungssatz von 2 % vorausgesetzt. Die Sätze gelten vom Anschaffungswert.

Der in den Tabellen nächstfolgende Anteilsposten ist der Aufwand für Reparaturen. Er nimmt seinem Charakter nach eine Mittelstellung zwischen den festen und den veränderlichen Betriebskosten ein. Wir haben ihn an früherer Stelle zu den letzteren geschlagen, da er stark von der Betriebsdauer einer Anlage abhängig ist. Auch die Abschreibungen gehören, streng genommen, nicht zu den ganz festen Unkosten, ihre Abhängigkeit von der Betriebsdauer ist aber wesentlich geringer wie bei den Reparaturen, weshalb sie unbedenklich hierzu gezählt seien. Es ist aber zu beachten, daß die Reparaturen auf die Entwertung einer Anlage keinen verzögernden Einfluß ausüben können. Grundsätzlich sind Reparaturen und Wertminderung verschiedene Dinge. Jene sind unerläßlich, um die regelmäßige Betriebsfähigkeit einer Maschine aufrecht zu erhalten, nicht aber zu dem Zwecke, den Neuwert derselben zu sichern. Es gibt an diesen immer Teile, die regelmäßig in kurzer Zeit zugrunde gehen und sofort ersetzt werden müssen, Ventile, Hähne usw. Hierzu gehören auch die periodisch notwendig werdenden größeren Reinigungsarbeiten an Kesseln, in den Zylindern u. s. f. Eine gute und sorgfältige Unterhaltung in diesem Sinne ist immer vorausgesetzt, auch wenn die Abschreibungssätze noch so hoch bemessen sind. Die Höhe der Reparaturkosten ist prozentual nach den Herstellungskosten der Anlage bestimmt. Es ist dies deshalb berechtigt, weil 1. bis zu einem gewissen Grad die Unterhaltung eben doch unabhängig von der Betriebsdauer ist, und 2. dieselbe in einem bestimmten Verhältnis zur Kompliziertheit und Größe der Maschinen, also auch der Anlagekosten steht. In allen Tabellen mit Ausnahme bei den Lokomobilen ist für Gebäude wie für maschinelle Anlagen ein Satz von 1% der Herstellungskosten angenommen. Für Lokomobilen glaubten wir einen höheren Satz von 3% einführen zu müssen wegen der an früherer Stelle schon besprochenen großen Empfindlichkeit des Lokomobilkesseltyps (vgl. S. 91).

Der letzte Posten, der zu den allgemeinen Jahreskosten gehört, ist als Sammelposten aufgeführt und umfaßt die Aufwendungen für Bedienung, Schmier- und Putzmaterial. Dieselben können außerordentlich verschieden bei ganz gleichartigen Anlagen sein, wie zahlreiche Versuche der verschiedenen Kesselrevisionsvereine ergeben haben. Sie hängen in praxi einerseits ab von der Sorgfältigkeit der Montage, der qualitativen Ausführung der Maschine und von örtlichen Verhältnissen. Alle diese Gesichtspunkte müssen wir hier ausschalten und annehmen, daß die diesbezüglichen Verumstandungen durchweg gleich gut und gleich günstig sind. Andererseits sind es aber individuelle Momente, die Tüchtigkeit, Sorgfalt, Sparsamkeit und nicht zuletzt der gute Wille des Bedienungspersonals, die von ausschlaggebendem Einfluß auf die Höhe dieses Unkostenpostens sind. Durch einen unaufmerksamen Maschinenwärter, der unvernünftig und verschwenderisch mit Schmier- und Putzmaterial umgeht, können Mehrkosten entstehen, die das normal Notwendige erheblich übersteigen. Ist der Maschinist tüchtig, so wird er vielleicht mehrere Maschinen bedienen können oder gleichzeitig Maschine und Kessel, wo sonst bei größeren Anlagen ein besonderer Heizer erforderlich ist, oder aber er kann nebenbei noch andere Arbeiten verrichten. In allen Fällen resultiert eine Minderung der Bedienungskosten. Da es zu schwierig wäre, diese Dinge einzeln zu berücksichtigen, und da auch brauchbare Erfahrungszahlen nicht genügend vorliegen, wurden diese drei detaillierten Ausgabeposten zu einem Mittelwert in e i n e r Zahl zusammengezogen, wobei als Unterlagen Literaturangaben und persönliche Umfragen bei verschiedenen Firmen dienten. Auch hier ist wie bei den übrigen Kostenanteilen zu ersehen, daß die spezifischen Aufwendungen bei kleinen Maschineneinheiten unproportional größer sind wie bei mittleren und großen (vgl. die Figuren 5 und 6 S. 130 u. 131). Für die stationären Dampf- sowie die Saugegasmaschinen sind die Aufwendungen ziemlich gleich große. Beide haben den maschinellen und den Generatorteil getrennt. Sie stellen darum höhere Anforderungen an Bedienung wie die Lokomobile und der Dieselmotor, was in den niedereren Sätzen dieser zum Ausdruck kommt. Daß die Dampfturbinen minimale Wartung beanspruchen, wurde schon besprochen. Bei den Kleinkraftmaschinen sind der Leuchtgas- und Flüssigkeitsmotor in dieser Beziehung annähernd gleichgestellt, wesentlich günstiger verhalten sich die Elektromotoren.

Die Resultate über den Brennstoffverbrauch der verschiedenen Maschinengattungen sind in den Kurven 1 und 2 S. 123 zusammengestellt und dort erörtert. Hier ist noch kurz darauf hinzuweisen, daß in den Tabellen bei den mit Kohle betriebenen Energieerzeugern wegen der täglich auf 10 Stunden beschränkten Betriebsdauer zu den

den Kurven zugrunde gelegten Werten Zuschläge gemacht sind für Abbrand- bzw. Anheizverluste durch die Betriebspausen und den nächtlichen Stillstand, und zwar sind die in der Praxis ermittelten und in der Fachliteratur mehrfach vertretenen Erfahrungsgrößen gewählt: 12% Verlust für stationäre Anlagen, 10% für Lokomobilen. In den Zuschlägen für Saugegasmaschinen mit 25% bei kleineren Einheiten und 15% bei größeren ist außerdem noch die Minderung des Wärmewirkungsgrades durch Unterlastung berücksichtigt (vgl. S. 126).

Bei allen Flüssigkeitsmotoren, beim Leuchtgas- und den Elektromotoren treten derartige Verluste nicht ein. In dem Augenblick, wo sie abgestellt werden, hört auch ihr Energieverbrauch auf.

Damit haben wir die Gesichtspunkte, die uns bei der Aufstellung der einzelnen Betriebskostenpunkte leiteten, erledigt. An früherer Stelle (in den Kurven 1—7 Seite 123—132) haben wir die bei oberflächlicher Betrachtung der Tabellen in die Augen springenden Resultate dargestellt und analysiert. Im folgenden Kapitel möge es verstattet sein, noch andere Schlüsse aus dem Tabellenwerk zu ziehen, die nicht ohne weiteres sichtbar sind, sondern erst bei tieferem Eindringen in das Zahlenkonglomerat in die Erscheinung treten.

4. Einwirkung der Brennstoffpreise auf die Krafterzeugung in wirtschaftlicher und sozialer Hinsicht.

Im Anschluß an die früher besprochene Wirkung der Brennstoffpreise auf die Wirtschaftlichkeit der Maschinentypen und die Verschiebungen in dieser soll jetzt untersucht werden, welches Verhältnis besteht zwischen der Progression der Brennstoffpreissteigerung einerseits, der Kraftkostensteigerung andererseits, und weiter die soziale Seite der Sache, in welcher Weise und Stärke die verschiedenen Betriebsgrößen, als Groß- Mittel- oder Kleinbetriebe von der Höhe der Brennstoffpreise betroffen werden. Zu diesem Ende haben wir in den Zahlenreihen I u. II (1—4) die prozentuale Steigerung der spezifischen Kraftkosten pro Pferdestärkestunde bei den einzelnen Maschinenarten für die verschiedenen Größeneinheiten ausgerechnet und jedesmal zum Vergleich die prozentuale Erhöhung der Brennstoffpreise bei der angenommenen Maximaldifferenz hinzugefügt:

I. Für Groß- und Mittelbetriebsmaschinen.

1. Stationäre Dampfmaschinen:

Einer Kohlenpreissteigerung von 1,20 M. auf 3,00 M. pro 100 kg, also einer prozentualen Zunahme um 150%, entspricht eine solche der Kraftkosten:

Bei einer Maschinenstärke von PS_e . .	500	400	300	200	150	100	80	60	50	40	30
um %	63,2	61,3	57,2	51,2	49,2	49	55,5	52,2	65,5	64	59.2
				b			b′			b″	

2. Lokomobilen:

Maschinengröße in PS_e	300	200	150	100	80	50	30	15	10	8	6
Prozentuale Steigerung d. Kraftkosten um %	52,8	52,1	48,5	43,8	42,1	38,2	39,5	(48,5)	38,8	(40,03)	38,5
				b			b′			b″	

3. Dieselmotoren:

Preissteigerung des Brennöls von 5,80 M. auf 10,00 M. pro 100 kg, also um 72,5 %. Steigerung der spezifischen Kraftkosten:

Bei einer Maschinengröße in PS_e .	400	250	160	100	60	40	25	20	15	12	10	8
um %	28,3	28,2	25,4	23,1	22,4	20,8	17,7	16,5	14,2	13,9	13,2	11,8

4. Saugegasmaschinen mit Anthrazitbetrieb:

Preissteigerung des Anthrazits von 2,80 M. auf 5,00 M. pro 100 kg, also um 78,5%. Steigerung der spezifischen Kraftkosten:

Bei einer Maschinengröße in PS_e	300	200	120	70	40	30	20	15	8
um %	35	32,2	(35,5)	27,2	24,2	23,5	18,6	17,6	15,4

II. Für Kleinbetriebsmaschinen.

1. Drehstrommotoren:

Einer Steigerung des Strompreises von 10 auf 20 Pf., also um 100%, entspricht eine Steigerung der spezifischen Kraftkosten:

Bei einer Maschinengröße in PS_e	20	15	10	7,5	5	4	2,5	1,5	0,6
um %	90	88,5	86	86	83,5	(87)	(85)	78,2	72,2

2. Gleichstrommotoren:

Steigerung des Strompreises von 10 auf 20 Pf. pro KW.-Stunde, also um 100 %. Steigerung der spezifischen Kraftkosten:

Bei einer Maschinengröße in PS_e	17	12	7,5	5	4	3	2	1	1,5
um %	89,2	88	83,5	82,8	(92,5)	82,5	80,0	75	65,8

3. Leuchtgasmotoren:

Steigerung des Gaspreises von 10 auf 16 Pf. pro cbm, also um 60 %. Steigerung der spezifischen Kraftkosten:

Bei einer Maschinengröße in PS_e	45	30	20	15	10	8	5	3	2	1
um %	35,5	34,1	33,2	31,6	30	29,0	26,9	25,9	23,6	18,2

4. Benzinmotoren:

Steigerung des Benzinpreises von 20 M. auf 26 M. pro 100 kg, also um 30 %. Steigerung der spezifischen Kraftkosten:

Bei einer Maschinengröße in PS_e	20	16	12	10	8	6	4	3	2	1
um %	17,1	16,7	16,8	15,9	15,7	15,6	14,6	13,3	11,2	7,9

Von den kleinen Unregelmäßigkeiten in den Prozentreihen, die naturgemäß durch unrichtige Annahme einzelner Anlage- oder Betriebskostenposten entstehen können, abgesehen — auf die größeren Sprünge bei den Ziffern für Dampfmaschinen und Lokomobilen kommen wir weiter unten zurück — ergibt sich zunächst ganz generell sowohl für die Groß-, Mittel- wie Kleinbetriebsmaschinen aus den Aufstellungen I und II (1—4), daß die Steigerung der Brennstoffpreise die größeren Maschineneinheiten stärker trifft als die kleineren. Die Prozentualität der Kraftkostensteigerung erreicht zwar nie die Prozentualität der Brennstoffpreissteigerung. Dies ist jedoch ohne weiteres erklärlich, da jeweils zu den variablen Brennstoffkosten ein fester Kostensatz für indirekte Aufwendungen hinzukommt, so, daß nach der Summation beider das Prozentverhältnis kleiner werden muß. Was läßt sich aber aus obiger Tatsache weiter schließen? Das, daß die Großunternehmung von einer Preissteigerung der Brennstoffe relativ empfindlicher getroffen wird als die Kleinunternehmung, d. h. daß bei zunehmender Konzentration der Energie die Abhängigkeit von den Brennstofflieferanten, in der Hauptsache also wohl von den Kohlenlieferanten und den Elektrizitätswerken, steigt. Daher ist auch bei Großunternehmungen die Tendenz allgemein, sich durch feste Verträge einen bestimmten Brennstoffpreis für möglichst lange Zeit zu sichern; so werden die Kohlenabschlüsse meist auf ein volles Jahr getätigt und ebenso die Abschlüsse mit Elektrizitätswerken; häufig kommen sogar noch längere Vertragsperioden vor[1]).

Allerdings ist der erwähnte Vorteil des kleineren Betriebes gegenüber dem größeren sehr cum grano salis aufzunehmen. Denn in einer bestimmten Größe des Bezugs wird der Großunternehmer durch seinen wirtschaftlichen Machteinfluß den Brennstoff stets billiger beziehen als der Kleinunternehmer. Hiervon aber abgesehen wird, relativ betrachtet, diePreissteigerung der Energiestoffe den ersteren stets empfindlicher treffen wie den letzteren, und wir glaubten diese Tatsache besonders deshalb hervorheben zu sollen, weil es eine der wenigen ist, die sich für die abnehmende Betriebsgrößeneinheit günstiger gestaltet als für die zunehmende.

Als wichtige weitere Schlußfolgerung ergibt sich aus unseren Zahlenreihen die, daß der größere Betrieb ein jeweils größeres Interesse an der Verschiebung seines Standortes in die Nähe der natürlichen Kohlenlager hin hat als der kleinere, um so den billigen originären gegenüber dem teueren frachtbelasteten Preis zu genießen. Die Reihenfolge der Agglomerativbewegung wird — ganz abstrakt betrachtet und andere durchkreuzende Standortsbedingungen ausgenommen — von den größeren Betrieben zu den kleineren fortschreitend erfolgen. Denn das am weitesten von dem Kohlenstandorte entfernte größte Werk wird sowohl absolut wie relativ am stärkten von dem höheren Kohlenpreis getroffen.

Es ist nur eine Variation desselben Gedankens, wenn man von der Stärke des Interesses, das gerade Großbetriebe an der Ausnützung der Wasserkräfte haben, spricht, und aus demselben Grunde hat auch der Großunternehmer ein höheres Interesse an einer stetigen und mäßigen Syndikatspreispolitik wie der Kleinunternehmer.

Die Erklärung für die in den Tabellen I und II (1—4) ermittelten Resultate ist ganz einfach: Bei den kleinen Maschineneinheiten überwiegtder A nteil der allgemeinen Jahreskosten pro jährlich geleistete Pferdestärke den Anteil des Brennstoffkostenbetrages pro jährliche PS_e so sehr, daß hiervon die Prozentualität der Brennstoffpreissteigerung bis zu einem gewissen Grade überdeckt wird. Es sei dies an einem Beispiel (für einen Dieselmotor) verdeutlicht:

---

[1]) Was hier für Kleinbetriebsmotoren erwiesen ist, gilt in noch verstärktem Maße für große Elektromotoreinheiten. Vgl. das Kapitel: Die Elektrizität im Berg- und Hüttenwesen.

Maschinengröße in PS_e	8	12	20	25	40	60	100	160	250	400
a) Allgemeine Jahreskosten pro jährl. PS_e in M. . . .	204	163	126	109	86	74	69	60	52	51
b) Brennstoffkosten pro jährl. PS_e bei einem Ölpreis von 5,80 M. pro 100 kg	41	38,4	36,6	35,8	34	33	32,3	32,2	32,2	32,2
c) Bei einem Ölpreis von 10,00 M. pro 100 kg	70	66	63	61,6	58,5	57	55,6	55,5	55,5	55,5

Der Anteil der allgemeinen Jahreskosten sinkt also mit zunehmender Maschinengröße viel stärker, als die Minderung des Brennstoffverbrauchs, d. h. die Verbilligung der Brennstoffkosten, zunimmt. Bliebe z. B. der Brennstoffverbrauch für alle Maschinengrößen derselbe wie bei 8 PS, so wäre die prozentuale Zunahme der Kraftkosten bei großen Einheiten noch stärker, wie sie es tatsächlich ist. Die wirklich vorhandene Erscheinung wird also gemildert durch die Verbesserung des thermischen Wirkungsgrades mit wachsender Größeneinheit.

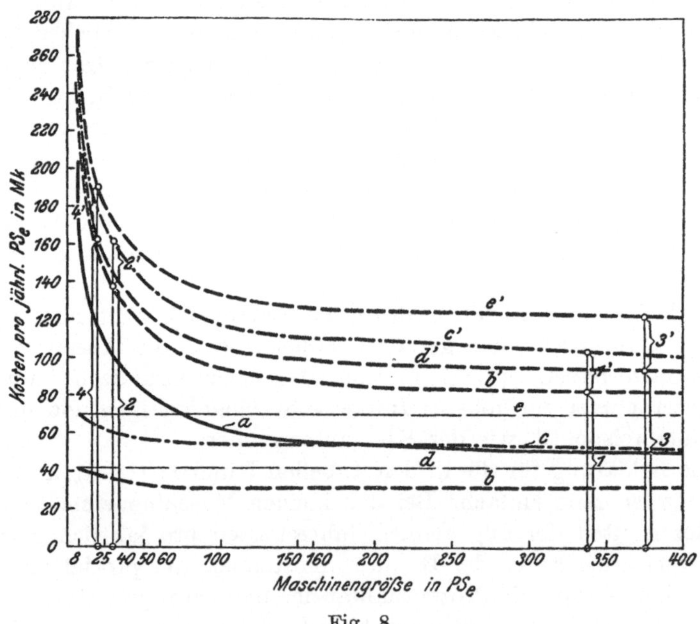

Fig. 8.

In Fig. 8 ist das Ergebnis bildlich veranschaulicht. Die Kurven a, b, c entsprechen den Zahlenreihen der Tabelle. Durch einfache Addition von b und c zu a entstehen b′ und c′, die den Gesamtaufwand pro jährliche PS_e in Abhängigkeit von den Brennstoffgrenzpreisen darstellen. Es erhellt sofort, daß das Streckenverhältnis 1′ : 1 ein ungünstigeres ist wie 2′ : 2. Die Geraden d und e sind die Brennstoffkostenkurven bei Annahme gleichbleibenden thermischen Wirkungsgrades. Auf dieselbe Weise wie vorher sind dann d′ und e′ entstanden, und ein Vergleich der Streckenverhältnisse 3′ : 3 und 4′ : 4 ergidt dann, daß in diesem Falle die größere Maschineneinheit noch ungünstiger abschneidet gegenüber der kleineren wie in dem tatsächlich allgemeinen vorliegenden Falle des Sinkens des Brennstoffverbrauchs mit zunehmender Größe der Anlage.

Nur durch einen außerordentlich schlechten thermischen Wirkungsgrad der kleinen Einheiten, wie dies für Dampfmaschinen und Lokomobilen zutrifft, kann das günstigere Progressionsverhältnis der kleineren Maschinen im Vergleich zu größeren wieder aufgehoben werden. Dies ist auch die Erklärung für die Unregelmäßigkeit der Zahlenreihen I_1 und I_2. Nur in diesen beiden Fällen scheint die Richtigkeit der Erörterungen in Frage zu stehen. Die Erklärung ist aber die, daß eben bei den kleinen Einheiten aller Arten Dampfmaschinen der kalorische Effekt ein sehr schlechter ist[1]). Dadurch wird der Einfluß der Kohlenkosten so überwiegend, daß er den Einfluß, der von den allgemeinen Jahreskosten herkommt, überdeckt und die sonst allgemeine Tatsache der geringeren prozentualen Kraftkostensteigerung der kleinen Einheiten gegenüber den großen in ihr Gegenteil verkehrt. Gerade aber in der Tabelle für Dampfmaschinen ist es sehr interessant, daß immer in den als b, b′, b″ bezeichneten Gruppen, für sich betrachtet, unsere Behauptung ihre Bestätigung findet, da diese jeweils einen besonderen Arbeitstyp repräsentieren: nämlich b die Verbundkondensationsmaschinen mit Überhitzung, b′ die Kondensationsüberhitzermaschinen ohne Verbundwirkung und schließlich b″ die Auspuffmaschinen.

5. Über das Kapitaloptimum.

Die Tatsache, daß der Einfluß der Brennstoffkosten durch Verbesserung des thermischen Wirkungsgrades gemildert werden kann, führt zu der bekannten Tendenz in jeder Unternehmung, die effektive Nutzleistung, d. h. die Gesamtwirtschaftlichkeit, durch Kapitalinvestition und Erhöhung der kalorischen Güte der Kraftmaschine zu verbessern. Dies ist der eine Standpunkt, den ein Unternehmer bei der Auswahl einer Maschinenanlage einnehmen kann, nur „das Beste“ zu kaufen. Eine zweite Anschauung aber, die man nicht selten vertreten findet, geht dahin, „das Billigste“ zu kaufen. Im ersteren Fall tritt ein Minderver-

[1]) Vgl. auch die Fig. 1.

brauch an mobilem Kapital ein auf Kosten des immobilen Anteils, im letzteren Fall das Umgekehrte[1]). Zunächst möge an einem einfachen Zahlenbeispiel der Unterschied klargemacht werden. Soll z. B. eine Dampfmaschine von 300 PS angeschafft werden, so steht es frei, eine Kondensationsmaschine mit Überhitzung, eine solche ohne Überhitzung oder eine Auspuffmaschine zu wählen. Greift man zu letzterer, so sind die Anlagekosten niedriger, der Kohlenverbrauch höher. Vergleichen wir z. B. die Kostenverhältnisse für eine hochwertige Kondensationsmaschine mit Überhitzung, Vorwärmer usw. und eine billigere Kondensationsmaschine ohne Überhitzung, so wird sich in jenem Fall die Gesamtanlage etwa auf 85 000 M., in diesem Fall auf etwa 75 000 M. stellen. Dafür aber wird jene Maschine einen Kohlenverbrauch von 0,75 kg, diese einen solchen von 0,83 kg ergeben. Es wird sich also fragen, in welchem Verhältnis die Betriebskostenersparnis einerseits zur Abschreibungs- und Verzinsungskostenerhöhung andererseits steht. Bei Annahme einer jährlichen Betriebsdauer von 3000 Stunden und einer durchschnittlichen Belastung von 90 % der Volleistung betragen die Ersparnisse an Kohlenverbrauch demnach: $\frac{300 \,.\, 0{,}08 \,.\, 3000}{1000} \,.\, 0{,}90 =$ 65 Tonnen Kohle. Legen wir einen Preis von 14 M. pro Tonne zurunde, so entspricht dies einem Geldwert von $65 \times 14 = 910$ M. jährlich. Nimmt man die Lebensdauer beider Maschinen gleich groß zu 20 Jahren an, was einem Abschreibungssatz von 5 % entspricht, und setzt ferner 5 % für Verzinsung ein, so ergeben sich an jährlichen indirekten Kosten $85\,000 \,.\, 0{,}10 = 8500$ M. für die teurere und $75\,000 \,.\, 0{,}10 = 7500$ M. für die billigere Anlage, ungeachtet der Reparaturen und Unterhaltungskosten. Dem Mehranteil des immobilen Kapitals von $8500 - 7500 = 1000$ M. steht ein Minderverbrauch an mobilem von 910 M. gegenüber. Tatsächlich wäre mithin durch die größere Investition zur Erhöhung des Nutzeffektes ein Vorteil nicht erreicht, im Gegenteil, die Gesamtwirt-

[1]) Wenn wir in diesem Zusammenhang von „Billigkeit" einer Maschinenanlage sprechen, so meinen wir damit folgendes: Es ist ein Unterschied zu machen, zwischen Verbilligung einer Maschine, die einfach auf Kosten der qualitativen Ausführungen und Solidität zu setzen ist, also Schleuderware, und Verbilligung des Herstellungsaufwandes, die ihren Ausdruck in einer Betriebskostenerhöhung (Mehrverbrauch an Brennstoff) findet. Um diese letztere handelt es sich hier allein. Zu qualitativ minderwertigen Anlagen von relativ kurzer Lebensdauer wird man, vielleicht von der Rücksicht auf das Eiltempo technischer Neuerungen beeinflußt, eventuell dann greifen, wenn nicht allzuviel von der Gefahr einer Betriebsstörung an der Maschine abhängt. Bei Kraftanlagen aber, die die Seele eines jeden Werkes bilden, wird dieser Gesichtspunkt nie gelten dürfen. Hier darf als Äquivalent der Billigkeit nicht die Minderwertigkeit der Ausführung, sondern nur die Betriebskostenerhöhung zugelassen werden. Unserer folgenden Erörterung sind also qualitativ nur hochstehende Fabrikate zugrunde gelegt.

schaftlichkeit steht bei dem angenommenen Kohlenpreis noch etwas günstiger bei der billigeren wie bei der teureren Anlage. Es ist hier schon darauf hinzuweisen und geht auch aus einer einfachen Rechenüberlegung hervor, daß das Verhältnis der Ersparnis an mobilen oder immobilen Kosten wesentlich von dem Kohlenpreis beeinflußt wird, worauf wir genauer noch an späterer Stelle einzugehen haben. Aus dem angeführten Beispiel ergibt sich aber, daß zwischen den Grenzwerten der „billigsten" und der „besten" Maschinen, also dem möglichen Kapitalminimum und Kapitalmaximum, ein Optimum liegen wird, für das bei einem bestimmten Preis des Brennstoffs, des Kredits und des Arbeitslohns die absolut größte Gesamtwirtschaftlichkeit besteht. Es möge gestattet sein, auf das Wesen des Kapitaloptimums, auf das wir in früheren Abschnitten schon verschiedentlich gestoßen sind, unter Zuhilfenahme des graphischen Verfahrens an dieser Stelle näher zu einzugehen [1]).

Die Lehre vom Kapitaloptimum ist ganz allgemein gültig für alle Arten Betriebe, in denen technische Einrichtungen, Maschinen usw. verwendet werden. Die Kosten aller Produktionen setzen sich ja aus zwei Teilen, dem Anteil des immobilen und dem des mobilen Kapitals, zusammen. Baut man nun eine Anlage, die einen bestimmten Rohertrag abwerfen soll, so gibt es demgemäß zwei Wege, auf denen man zum Ziele kommen kann. Entweder man kauft sich sehr teure Maschinen, die dann niedere direkte Betriebskosten ergeben, oder umgekehrt billige Maschinen mit hohem direkten Kostenanteil. Diese beiden prinzipiellen Wege schließen aber mannigfaltige Zwischenmöglichkeiten in sich, die mehr oder weniger zu dem einen oder anderen Extrem hinneigen. In allen Fällen wird aber derselbe Rohertrag erzielt. Es ist nun schwer zu übersehen, bei welcher der gegebenen Möglichkeiten der größte Kapitalertrag resultiert und bei welcher der größte Unternehmergewinn, mit anderen Worten, welche Wahl die optimale ist. Kapitalertrag und Unternehmergewinn haben ja eine grundsätzlich verschiedene Bedeutung, indem jener den Produktionserfolg in volkswirtschaftlichem, dieser in privatwirtschaftlichem Sinne darstellt. Sie unterscheiden sich durch den Betrag der festen und landesüblichen Verzinsung des investierten Kapitals, da ja von einem Unternehmergewinn erst dann die Rede sein kann, wenn eine Verzinsung des Anlagekapitals über den normalen Zinsfuß hinaus erreicht wird. Ganz allgemein verstehen wir unter dem Kapitaloptimum diejenige Kapitalinvestition, bei welcher jeweils die Summe aus den Kosten des mobilen und immobilen Kapitals, d. h. die

---

[1]) Die Anregung zu dieser Untersuchung verdanke ich Herrn Dr. Mertens, Heidelberg. Von ihm stammt auch das graphische Verfahren, das ich mit seiner Genehmigung benütze.

Summe der direkten und indirekten Betriebskosten, ein Minimum wird, und zwar ein Minimum entweder mit Rücksicht auf die erreichbare Verzinsungshöhe des investierten Kapitals oder ein Minimum mit Rücksicht auf die absoluten Kostenbeträge. Wir werden also vier charakteristische Punkte in der Kurvendarstellung dieser Verhältnisse erhalten, von denen jeder seine besondere Bedeutung hat, d. h. jeder unter bestimmten Voraussetzungen eine optimale Kapitalinvestition darstellt.

Auf die Lage derselben wirken eine Reihe verschiedenartiger und verschieden wichtiger Faktoren ein, die in jedem Falle genau rechnungsmäßig festgestellt und durch das graphische Verfahren leicht gegen einander ausgewertet werden können. Hier seien praktisch konkrete Beispiele vermieden. Vielmehr erscheint es uns zweckmäßiger und für die hier aufzustellende Lehre anschaulicher und richtiger, an einem abstrakten Beispiele, das die einzelnen konkreten allgemein und zur besseren Verdeutlichung vielleicht etwas übertreibend umfaßt, die möglichen einschlägigen Faktoren sowohl ihrer Art wie Stärke nach zu analysieren.

Voraussetzung der ganzen Lehre ist, daß die fraglichen Mehrkapitalinvestierungen nur zum Zwecke der Verbesserung des Nutzeffektes, also des Reinertrages, erfolgen und nicht etwa zum Zwecke der Erhöhung des Rohertrages[1]). Es handelt sich mithin um eine ganz bestimmte Maschinengröße und eine ganz bestimmte Ausnützung derselben, also Betriebsdauer und Belastung.

Wir führen das Beispiel für eine, etwa für ein großes Elektrizitätswerk gedachte Zentralanlage durch. Über Fig. 9 ist folgendes zu sagen: Der mögliche Preis der Anlage schwanke zwischen 500 000 M. und 1 000 000 M.[2]), und dementsprechend gehe der Brennstoffaufwand analog der gezeichneten Kurve a zurück. Es könnte nun die Frage aufgeworfen werden, ob denn die Kurve a in allen Fällen einen ähnlichen Verlauf, wie er in der Figur angegeben ist, haben wird. Hierzu ist zu sagen, daß ein linearer Verlauf derselben aus dem Grunde ausgeschlossen ist, da auch hier das Gesetz vom abnehmenden Ertrag zur Geltung kommt. Die mit einer steigenden Kapitalinvestition erzielte wärmeökonomische Verbesserung geht in abnehmender Progression vor sich, also anfänglich stärker, dann immer schwächer, solange bis der Höhepunkt

[1]) Kapitalinvestition zum Zwecke der Steigerung des Rohertrages ist zwar volkswirtschaftlich ebenfalls etwas außerordentlich Wichtiges, muß aber für die abstrakte Betrachtung unserer Lehre ausgeschaltet werden.

[2]) Die große Preisdifferenz ist aus praktischen Gründen und der deutlichen Darstellung halber gewählt. Wenn in einem gegebenen Falle solche Unterschiede auch nicht bestehen werden, so hat dies für die Theorie als solche keine prinzipielle Bedeutung.

technischer Vollkommenheit erreicht ist. Die Kurvenform wird also dementsprechend einen anfänglich stärker, dann schwächer abfallenden Verlauf zeigen, um schließlich in einen asymptotischen Auslauf überzugehen. Über die angenommenen Kosten- und Ertragsbeträge geben die Zahlen der Vertikalreihe Aufschluß. Die geraden Linien 1, 2, 3

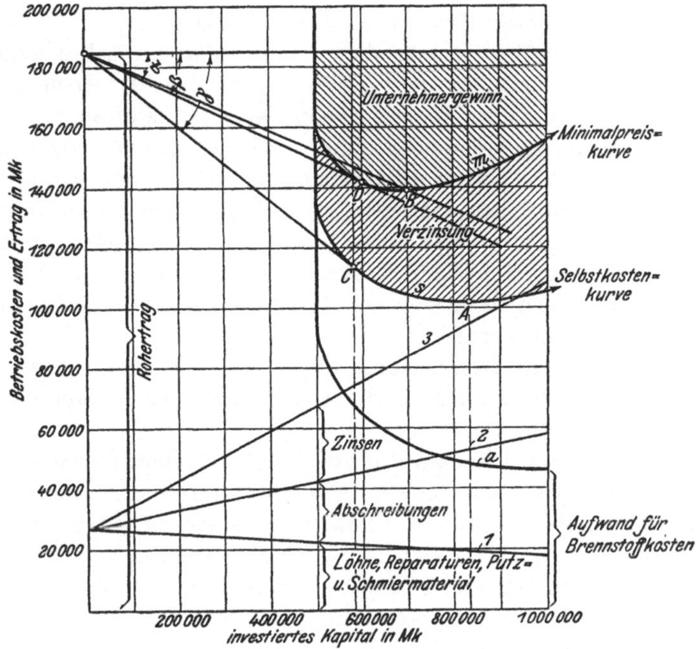

Fig. 9.

A = absolutes volkswirtschaftl. Kapitaloptimum (Betriebskostenminimum)
B = „ privatwirtschaftl. „
C = relatives volkswirtschaftl. „
D = „ privatwirtschaftl. „

stellen diejenigen für Bedienung und Erhaltung, Abschreibung und Verzinsung dar, wobei 2 und 3 naturgemäß mit wachsender Kapitalinvestion zunehmen, während wir für 1 einen kleinen Rückgang haben eintreten lassen. Durch geometrische Addition von a zu 2 bzw. 3 entstehen die Kurven s und m. Und zwar ist die Kurve s maßgebend für die Größe des erzielbaren Kapitalertrages, die Kurve m für die Größe des Unternehmergewinns. Wir wollen jene die Selbstkostenkurve (in volkswirtschaftlichem Sinne), diese die Minimalpreiskurve (in privatwirtschaftlichem Sinne) nennen. Die zwischen beiden liegende Fläche stellt dann die jeweiligen normalen Verzinsungskosten des investierten

Kapitals dar. Da mithin die indirekten Kosten bei Steigerung des Kapitalaufwandes zunehmen, die direkten aber ab, so müssen beide Resultatskurven irgendwo einen Kehrpunkt haben, die, auf verschiedenen Vertikalen liegend, entsprechend die Stellen des absolut höchsten Kapitalertrages sowie des absolut höchsten Unternehmergewinns bezeichnen. In der Figur sind es die Punkte A und B. Es hat vielleicht den Anschein, als ob dieser Kehrpunkt nur bei Kraftanlagen als typische Folge der Brennstoffkurve entstehen könne, und die Lehre daher für andere maschinelle Anlagen nicht gültig sei. Dies trifft jedoch nicht zu. Bei Arbeitsmaschinen z. B. entspricht der Brennstoffkurve mit zunehmender Kapitalinvestierung eine analoge Kurve, nämlich die, welche über die Höhe der erforderlichen Arbeitslöhne und den Materialverbrauch, jetzt natürlich auf einen ganz bestimmten festen Ertrag bezogen, Aufschluß gibt. Denn es liegt im Sinne der Hauptvoraussetzung unserer Erörterung, daß Kapitalinvestierungen nur zur Verbesserung des Nutzeffektes, also zu dem Zwecke, an irgend einer Stelle Ersparnisse zu erzielen, gemacht werden.

Kehren wir zur Betrachtung unserer Figur wieder zurück, so können wir weiter feststellen, daß es auf jeder Kurve zwei charakteristische Punkte gibt.

Zunächst die bezeichneten Punkte A und B, welche durch die Kehrpunkte der Kurven s und m eindeutig bestimmt sind. Der Punkt A bestimmt diejenige Kapitalinvestition, bei welcher der absolut höchste Kapitalertrag erzielt wird. Wir haben ihn als absolutes volkswirtschaftliches Kapitaloptimum oder besser Betriebskostenminimum bezeichnet. Der Punkt B bestimmt entsprechend diejenige Kapitalinvestition, bei welcher der absolut höchste Unternehmergewinn resultiert. Wir haben ihn als absolutes privatwirtschaftliches Kapitaloptimum bezeichnet. Beide können als volks- oder privatwirtschaftlich erlaubte Grenzen der Kapitalinvestierung gelten, die absolut genommen den höchsten Kapitalertrag bzw. Unternehmergewinn abwerfen, oder mit anderen Worten, es sind die Punkte, von denen an bei weiterer Immobilisierung der Mittel das Gesetz vom abnehmenden Kapitalertrag in Wirksamkeit tritt. Auf vorliegenden Fall angewendet, besagt dies, daß der Reinertrag langsamer wächst als der Rohertrag, oder, da hier der Rohertrag konstant bleibt, der Reinertrag abnimmt, wie entsprechend aus der graphischen Darstellung erhellt. Das Resultat, das sich an das Vorhandensein dieser absoluten Kapitaloptima knüpft, ist die mehrfach erwähnte, hier praktisch veranschaulichte Tatsache, daß bei allen technischen Anlagen die technisch vollkommenste durchaus nicht die wirtschaftlichste zu sein braucht, weder vom privatökonomischen noch vom nationalökonomischen Standpunkt, sondern daß überall der optimale Punkt in Erscheinung tritt, von dem aus bei Voraussetzung gegebener Verhältnisse technische Verbesserungen keinen wirtschaftlichen Erfolg mehr bringen.

Außer diesem absoluten Optimum ist aber für beide Kurven ein zweites, das relative Optimum, wie wir es nennen wollen, von Bedeutung, das die höchste Verzinsung darstellt, die ein bestimmter Kapitalaufwand unter den gemachten Voraussetzungen erreichen kann. Während in der Figur das erste Optimum bei 830 000 bzw. 700 000 liegt, liegt das zweite entsprechend bei einer Investitionshöhe von ~ 580000 bzw. 600000 M., Punkte C und D in der Figur. Dieselben sind so gefunden: Denkt man sich vom Punkte 0 der angenommenen Rohertragslinie unter beliebigen Winkeln Geraden schräg nach unten gezogen, so stellt jede derselben einen ganz bestimmten Zinsreinertrag dar, dessen Prozenthöhe man sich leicht aus den gewählten Zahlen errechnen kann, z. B. für die Linie a sind es $6\frac{1}{2}$ %. Je größer nun der Winkel, desto größer die Prozenthöhe, am größten also im Tangentenfalle. Die Tangenten β bzw. γ an die Kurven s und m bestimmen demnach jeweils dieses zweite Kapitaloptimum, und zwar ist C der Punkt des relativ höchsten Kapitalertrages, D derjenige des relativ höchsten Unternehmergewinns.

Für die weitere Erörterung wollen wir von der Berücksichtigung der Selbstkostenkurve absehen und nur die für unsere Betrachtungen wichtigere, die Minimalpreiskurve, heranziehen. Es entsteht die Frage, welche der beiden optimalen Investitionshöhen die für den Unternehmer zweckmäßig zu wählende ist: Dies hängt wesentlich von dem Verhältnis des fremden Kapitalanteils zum eigenen ab, wie wir gleich sehen werden. Arbeitet der Unternehmer bzw. die Unternehmung nur mit eigenem Kapital, und zwar bezüglich der fraglichen Anlage in jeder erforderlichen Höhe, so kommt nur das relative Optimum in Betracht, da es die höchste Verzinsung des angelegten Kapitals repräsentiert. Wir wollen dies an einem Zahlenbeispiel klarmachen. Zu dem Zweck müssen wir zunächst zurückgreifen und ziffernmäßig den Unterschied der beiden Optima zeigen. Der Deutlichkeit halber seien runde Zahlen in loser Anlehnung an die Figur gewählt:

Beispiel	Relatives Optimum	Absolutes Optimum
Investiertes Kapital	600 000 M	700 000 M
Rohertrag	185 000 M	185 000 M
Selbstkosten ohne Verzinsung . . .	112 000 M	105 000 M
Volkswirtschaftlicher Ertrag	73 000 M	80 000 M
In % des invest. Kapitals	12,2 %	11,4 %
Verzinsung 5 %	30 000 M	35 000 M
Unternehmergewinn	43 000 M	45 000 M

Im ersten Falle ergibt sich, wie ersichtlich, obwohl der Ertrag kleiner ist, eine größere Verzinsung des Kapitals wie im zweiten. Nehmen wir nun an, der Unternehmer hätte 2,1 Millionen eigenes Kapital zur Verfügung, so wird er wahrscheinlich nicht 3 Anlagen zu je 700 000 M., bauen, sondern nur 3 Anlagen zu je 600 000 M. (immer vorausgesetzt, daß der Rohertrag ja nicht vergrößert werden soll). Denn so erzielt er mit 1,8 Millionen 129 000 M. Unternehmergewinn, mit 2,1 Millionen 135 000 M. Die letzten 300 000 M. bringen ihm also nur 6000 M. Unternehmergewinn gegen je 21 500 M. auf dieselbe Summe im Falle der niedereren Kapitalinvestierung. Es wird also für ihn zweckmäßiger sein, diesen letzten Teil seines Vermögens in einem anderen, lukrativeren Unternehmen zu verwerten. Hat der Unternehmer dagegen nur 1,8 Mill. Eigenkapital, ist aber in der Lage, durch Kredit 300 000 M. festverzinsliches (sagen wir zu 5 %) fremdes Kapital zu beschaffen, so wird er 3 Anlagen zu je 700 000 M. bauen, die Leihsumme mit 15 000 M. verzinsen, und es bleibt ihm dann immer noch ein positives Mehr an Unternehmergewinn von (3 . 45 000 = 135 000 M.) — (3 . 43 000 = 129 000 M.) = 6000 M. Bei Annahme eines anderen Verhältnisses des Eigenkapitals zum fremden beschaffungsmöglichen wird nun die tatsächlich wirtschaftlichste Investierungshöhe zwischen den beiden Optima liegen.

Wir kommen so zu dem wichtigen Resultat, daß festverzinsliche und zum Zweck der Erhöhung des Nutzeffektes gewährte Kreditdarlehen[1]) zu einer Verbesserung der Technik führen. Mit anderen Worten: Es wird für die Unternehmungen, sofern sie überhaupt Unternehmergewinn abwerfen, immer zweckmäßiger sein, festverzinsliches Leihkapital aufzunehmen, als das Gesellschaftskapital zu erhöhen (natürlich nur solange dies aus Rücksichten der Kreditwürdigkeit zulässig ist). Und zwar zieht der Anteil des festverzinslichen Kapitals um so stärker nach dem absoluten privatwirtschaftlichen Kapitaloptimum hin, je größer er ist im Verhältnis zum Gesamtkapital.

In welcher Art und Stärke wirken nun die die Kurven zusammensetzenden Einzelfaktoren auf die Verschiebung des Kapitaloptimums ein? Im allgemeinen ist zu sagen, daß jede Produktionsbedingung für sich einen variierenden Einfluß darauf ausübt. Im einzelnen lassen sich über die Wirkung der wichtigsten derselben folgende Ergebnisse aufstellen[2]):

1. Eine Erhöhung des Zinsfußes verschiebt das absolute Optimum nach links, treibt demnach zu extensiverem Betrieb. Das bedeutet aber,

[1]) Es sei hier darauf hingewiesen, daß bei Aktiengesellschaften nicht etwa das Aktienkapital, sondern nur die festverzinslichen Schulden, wie die Obligations- und Blankokontokorrentdarlehen, als fremdes Kapital auzusehen sind, da ja der Aktionär Selbstunternehmer ist.

[2]) Die diesbezüglichen Ermittelungen sind durch graphische Empirik gemacht. Hier seien der Einfachheit halber nur die Ergebnisse mitgeteilt.

daß Länder mit dauernd teurem Geldstande, also gering entwickelter Volkswirtschaft, schlechtere Technik haben werden wie wirtschaftlich hochstehende Länder. Vorübergehende Zinserhöhungen können gelegentlich einen temporären Einfluß in derselben Richtung ausüben, generell aber nicht, da es sich hier in der Hauptsache doch wohl nur um den landesüblichen Zinsfuß für langfristiges Leihkapital handelt.

2. Eine Steigerung der Kohlenpreise verschiebt das relative Optimum D nach rechts in die Nähe des absoluten Optimums B, treibt also zur Erhöhung des immobilen Kapitals, wie zwar längst bekannt, aber hier graphisch folgerichtig nachweisbar ist.

3. Eine bestimmende Wirkung auf die Lage des Kapitaloptimums übt weiter der Marktpreis der erzeugten Ware, die Höhe des Ertrages aus; jedoch handelt es sich hier nur um das relative Optimum, während das absolute unbeeinflußt bleibt[1]). Man braucht nur die Rohertragslinie nach oben oder unten zu verschieben, so ersieht man, daß dadurch auch die Lage der β-Tangente und mit dieser des Berührungspunktes modifiziert wird[2]). Und zwar bewegt eine Minderung des Ertrages das relative Optimum in die Nähe des absoluten hin, eine Steigerung desselben hat die entgegengesetzte Wirkung.

Es könnte nun die Frage erhoben werden, was denn unter Ertrag einer Kraftanlage und dessen Marktpreis zu verstehen sei. Meines Erachtens läßt sich auch bei Kraftanlagen rechnungsmäßig mit einiger Genauigkeit ein Ertrag ermitteln. Nehmen wir z. B. an, eine Fabrik erzeuge so und so viele Produkteinheiten zu je einem bestimmten Durchschnittsmarktpreis, so zieht man von dem Gesamtertrag die Aufwände für Generalunkosten, Arbeitslöhne, Gehälter sowie Materialkosten ab, und verteilt den Restertrag entsprechend den Kapitalbeträgen oder nach einem anders gewählten Modus auf die Anlage der Gesamtarbeitsmaschinerie und die Anlage der Gesamtkraftmaschinerie. Der Weg erscheint vielleicht gezwungen und ist auch aus mehreren Gründen, auf die wir hier aber nicht eingehen wollen, nicht ganz genau. Immerhin mag dies in Kauf genommen werden, und kann auf diese Weise ein richtigerer Einblick in die tatsächliche Wirtschaftlichkeit und die Zweckmäßigkeit einer Kapitalinvestierung bei der Kraftanlage gewonnen werden, als wenn man, wie üblich, die Kosten der Krafterzeugung zu den Produktionskosten der Arbeitsmaschinerie schlägt und sich einfach, sofern derartige Erwägungen überhaupt angestellt werden, für das absolute Kapitaloptimum entscheidet.

---

[1]) Zu beachten ist, daß natürlich nur die Lage des Grenzoptimums dieselbe bleibt.

[2]) Dasselbe gilt für die γ-Tangente und den Tangentialpunkt C.

4. Über den Einfluß des Verhältnisses des eigenen zum fremden Kapitalanteil läßt sich noch folgende interessante Erscheinung aus dem Kurvenbild entnehmen: Stellt man sich auf den Standpunkt, daß die Zinsen nicht als etwas dem Kapital Adhärentes zu den Selbstkosten gehören, sondern auch privatwirtschaftlich als Ertrag anzusehen sind, so ergibt sich mit dem Wachsen des eigenen Kapitalanteils eine Verschiebung des relativen Optimums nach links, d. h. in Richtung einer niedereren Kapitalinvestierung, also extensiveren Betriebes. Die Lage des absoluten Optimums bleibt unverändert. Der Grund ist der: Entsprechend dem kleineren durch das fremde Kapital notwendig bedingten Verzinsungsaufwand verschiebt sich die Linie 3 und ebenso die Kurve m parallel zu sich selbst nach unten, wodurch das Wandern des fraglichen charakteristischen Punktes nach links entsteht. Das bedeutet aber: Die Anwendung festverzinslichen Kredits ist privatwirtschaftlich immer zweckmäßig und verbessert die Technik.

Fassen wir das Gesagte zusammen, so kommen wir zu dem Schluß, daß bei Verwendung fremden festverzinslichen Kapitals die höhere Kapitalinvestierung dem Unternehmer zwar einen höheren Unternehmergewinn, für das aufgewendete Gesamtkapital aber eine ungünstigere Verzinsung erbringen wird. In diesem Falle läuft also das spezifisch volkswirtschaftliche Interesse einer möglichst günstigen Verzinsung des aufgewendeten Kapitals dem privatwirtschaftlichen Interesse der Erzielung eines möglichst hohen Unternehmergewinns entgegen. Wird dagegen nur eigenes Kapital in der Produktion verwendet, so ergibt das relative Kapitaloptimum die günstigste Verzinsung, und in diesem Falle decken sich die privatwirtschaftlichen zugleich mit den volkswirtschaftlich erforderlichen Interessen.

6. Einfluß der Betriebsdauer und verschiedener Imponderabilien.

Bei den früheren Erörterungen über die Wirtschaftlichkeit der verschiedenen Maschinengattungen haben wir stillschweigend eine Annahme gemacht, die nötig war, um für die objektiven Betrachtungen eine einheitliche Basis zu bekommen, nämlich die, daß die Betriebsdauer eine konstante war, und zwar bei Groß- und Mittelbetriebstypen täglich 10 Stunden bei jährlich 300 Betriebstagen, bei Kleinbetriebsmaschinen täglich 5 Stunden bei ebenfalls 300 Betriebstagen. Ohne diese Voraussetzungen waren die Erörterungen in einiger Klarheit und Übersichtlichkeit nicht durchführbar, es müßte denn sein, wir hätten zu dreidimensionaler Flächendarstellung unsere Zuflucht genommen, was die Sache ungeheuer kompliziert gestaltet hätte. Wir behandeln daher den

Faktor des Betriebsdauereinflusses an dieser Stelle gesondert, wobei wir jetzt, um wieder eine Vergleichsbasis zu gewinnen, eine bestimmte Maschinengröße herausgreifen und unter dem bezeichneten Gesichtspunkt für die bekannten Typen analysieren. Zunächst werden wir uns fragen müssen: Wie steht es denn im praktischen Wirtschaftsleben mit der Wichtigkeit dieses Faktors? Da ist bezüglich der Großmaschinen zu bemerken, daß wohl für die Mehrzahl der Gewerbegruppen, die nicht zu den sogenannten Saisongewerben gehören, in normalen Konjunkturen die gewählte Betriebsstundenzahl als zutreffend angesehen werden kann. Der Energiebedarf kann sich aber auch bei diesen periodisch in bestimmten Jahreszeiten nach oben oder unten verändern, und wir werden gleich später sehen, welche Konsequenzen aus der Veränderung der Kraftkosten in diesem Falle für die Art und Weise, in der die Produktionseinschränkung vom Standpunkt des Unternehmers am zweckmäßigsten zu erfolgen hat, resultieren. Es gibt aber weiter eine große Zahl von Betriebsanlagen, in denen die Betriebsdauer schon der Natur des Betriebes nach stark veränderlich ist, die Saisongewerbe und besonders die „reinen Betriebsanlagen", Wasserwerke, Elektrizitätswerke u. a. m. Bei ihnen üben die Schwankungen des Energieverbrauchs auf die Gestehungskosten der Krafteinheit einen ausschlaggebenden Einfluß. Bezüglich der Kleinkraftmaschinen haben wir früher schon erwähnt, daß die Betriebsdauer mit täglich 5 Stunden im Verhältnis zur Wirklichkeit eine hohe ist, dort aber begründet, warum wir dieselbe gewählt haben. Es wird daher für diese um so wichtiger erscheinen, die Veränderlichkeit der Betriebszeit in ihrer Wirkung auf die Energiekosten zu erfassen.

Es mag auffallen, daß wir oben von Veränderlichkeit des „Energieverbrauchs" und unten der „Betriebszeit" sprechen. Die Beziehungen zwischen beiden Begriffen sind die: Will man die Krafteinheitskosten eines Energieerzeugers ermitteln, so geht man so vor, daß man den Gesamtkostenbetrag durch die Gesamtenergieabgabe dividiert. Diese letztere ist aber ein Produkt aus zwei Teilen, nämlich = Betriebsstundenzahl × Belastung. Ist nun der Betrieb einzuschränken, so kann dies auf mehrfache Weise erfolgen: entweder man kürzt die Zeit oder, man verändert die Betriebsintensität, indem man unterlastet laufen läßt, oder aber man macht beides. Bei größeren Anlagen wird es genauer Untersuchungen bedürfen, welcher Weg einzuschlagen ist. Bei Kleinbetriebsmaschinen ist die Minderung der Belastung von untergeordneter Bedeutung, hier wird wohl meist die Betriebszeit herabgesetzt.

Ganz generell kann man nun sagen, daß die Wirtschaftlichkeit der einzelnen Typen, wie wir sie in unseren Tabellen 10—18 errechneten, mit der Änderung des Energieverbrauchs nach oben oder unten zunimmt

Kosten der Leistungseinheit in Abhängigkeit von der Betriebsdauer.

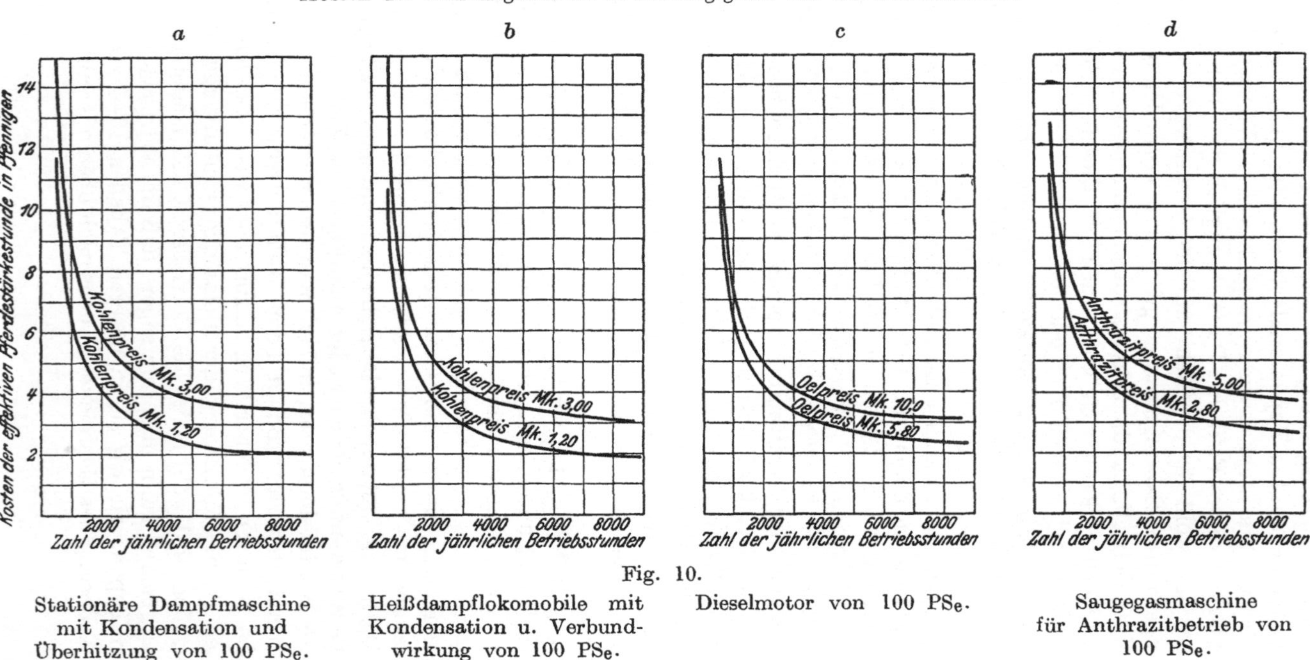

Fig. 10.

Stationäre Dampfmaschine mit Kondensation und Überhitzung von 100 PSe.

Heißdampflokomobile mit Kondensation u. Verbundwirkung von 100 PSe.

Dieselmotor von 100 PSe.

Saugegasmaschine für Anthrazitbetrieb von 100 PSe.

Kosten der Leistungseinheit in Abhängigkeit von der Betriebsdauer.

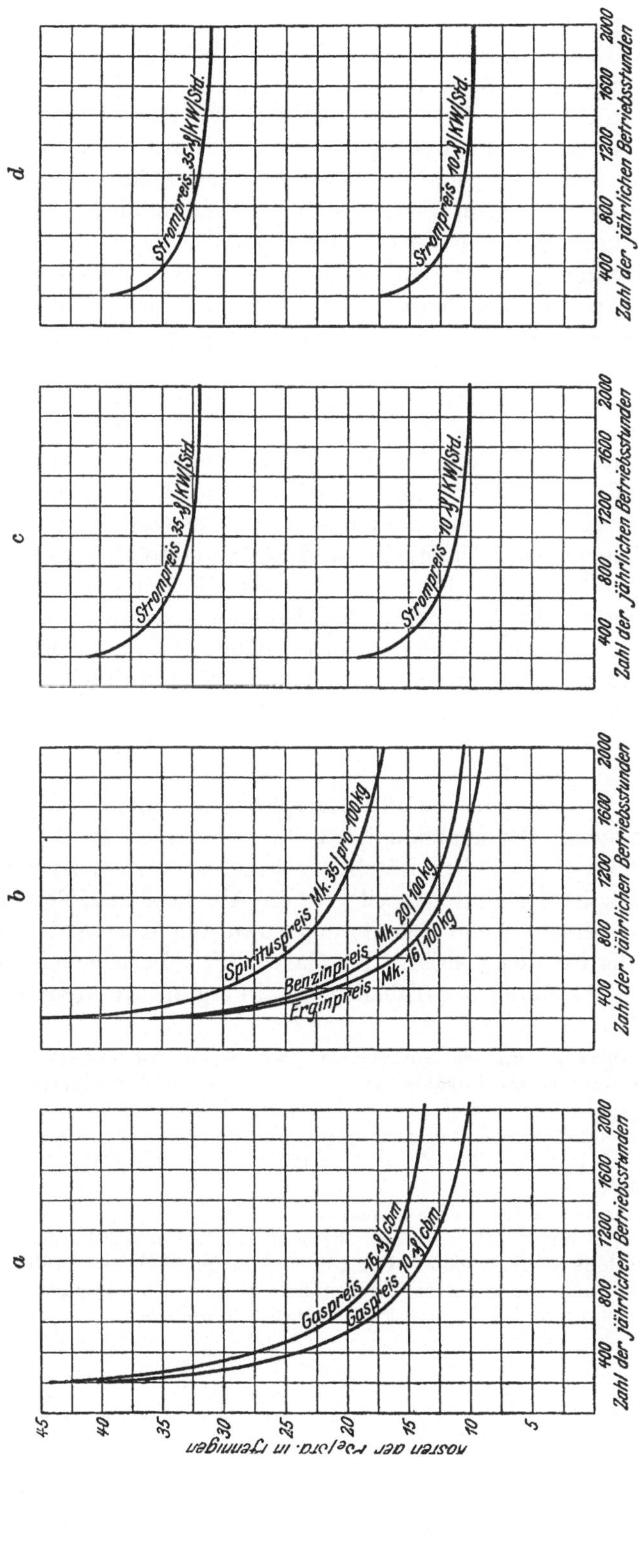

Fig. 11.

Leuchtgasmotor von 8 PS_e. Benzin-, Ergin- und Spiritusmotor von 8 PS_e. Gleichstrommotor von 7,5 PS_e. Drehstrommotor von 7,5 PS_e.

oder abnimmt, und im Einzelfalle darf man den voraussichtlich durchschnittlichen Energiebedarf bei einer Vergleichsrechnung nicht unberücksichtigt lassen. Z. B. bestehe die Wahl zwischen einer teuren und einer billigeren Maschine derselben Leistung. Die teurere Maschine ergebe bei bestimmter Energieabgabe eine Brennstoffersparnis von, sagen wir, der Größe 2 gegenüber der billigeren Maschine, dagegen habe ihr Mehraufwandsbedarf für Verzinsung und Abschreibung die Größe 1. Der Vorzug läge also hier bei der kostspieligeren Anlage. Bei nur halb so großer Energieabgabe wird aber die letztere Zahl dieselbe bleiben, die erstere dagegen auf annähernd die Hälfte zurückgehen. Ein absoluter Vorteil der einen Anlage gegen die andere ist jetzt schon nicht mehr vorhanden.

Aus den Kurvenbildern 10 und 11 ist ein Anhalt zu gewinnen, wie groß der Einfluß der Energieabgabenschwankung ist. Wir haben zwei besondere Reihen aufgestellt, die eine vergleichsweise für eine Maschinengröße von 100 PS_e für Dampfmaschine, Lokomobile, Dieselmotor und Saugegasmaschine, die zweite vergleichsweise für eine 8 PS_e-Einheit für Leuchtgas-, Flüssigkeits- und Elektromotoren. Als Variable der Energieabgabe ist der Einfachheit halber die Betriebsstundenzahl gewählt, und zwar für die Kurven (Fig. 10) eine Änderung von jährlich 500 auf 8760 (= 24 . 365) Stunden, für die Kurven (Fig. 11) eine solche von 200 auf jährlich 2000 Stunden. Die Kurven sind sämtlich nach einer Formel gerechnet, bei der wir uns von folgenden Erwägungen leiten ließen: Unter dem Gesichtspunkt veränderlicher Betriebsdauer setzen sich die Kosten der Leistungseinheit einer Kraftmaschine aus zwei Teilen zusammen, einem von der Energieabgabe unabhängigen und einem abhängigen. Der unabhängige Teil ist derjenige, der den Brennstoffaufwand für die wirklich nützlich abgegebene Arbeitsleistung angibt. Abhängig ist der Kostenanteil[1]) für die Abschreibung, Verzinsung, Reparatur, Bedienung und Schmierung sowie die Kosten des Kraftstoffverbrauchs für den Leerlauf der Maschine[2]). Bezeichnen wir den Aufwand, wie er sich aus den Tabellen 10—18 ergibt, für Abschreibung,

---

[1]) Um Mißverständnissen vorzubeugen, sei darauf hingewiesen, daß die Abschreibungs- und Reparatursätze als solche fest und von der Betriebsdauer, um Komplikationen zu vermeiden, unabhängig angenommen wurden (vgl. S. 140). Hier handelt es sich vielmehr um den auf die angegebene Energieeinheit entfallenden und mit der Betriebszeit variablen Anteil des Gesamtaufwandes für diese Posten.

[2]) Wie an einer anderen Stelle schon angedeutet, wird ein Teil des Energiemittelaufwandes benötigt allein für den Leerlauf, d. h. um die Reibungswiderstände der Maschine zu überwinden. Der größere Restteil bleibt für Kraftleistung. Jener Verlustteil nun ist, wenn man von unbedeutenden Schwankungen absieht, annähernd konstant und nur eine Funktion der Betriebszeit.

Verzinsung und Reparatur mit K_1, den für Bedienung und Schmierung mit K_2, so ergibt sich als generelle Formel für die Kosten in Pfennigen:

$$G = \frac{K_1 \cdot 100 + \frac{K_2 \cdot 100 \cdot \text{Betriebszeit}}{3000\,(\text{bzw. } 1500)} + \text{Brennst.aufw. f. Leerl.} \times \text{Betrzt.}}{\text{Betriebszeit} \times \text{Maschinengröße (Gesamtenergieabgabe)}}$$

$$+ \text{Brennst. aufw. f. d. Nutzl. Einh.} + \text{einem Zuschlag f. d. jew. Anheiz- und Abbrandverluste.}$$

Der letzte Posten fällt bei den nicht mit Kohle betriebenen Maschinen ganz fort.

Der Zuschlag nimmt proportional der Abnahme der Betriebsdauer zu und ist nach Erfahrungszahlen eingesetzt[1]).

Zahlenmäßig seien hier nur die Formeln für die stationäre Dampfmaschine und den Leuchtgasmotor aufgestellt: Ist t die Anzahl der Betriebsstunden, so lauten sie:

a) für die 100 PS_e-Dampfmaschine (vgl. Tabelle 10): Kosten der effektiven PS-Std. in Pf.

$$G = \frac{K_1 \cdot 100 + \frac{K_2 \cdot 100}{3000} \cdot t + 0{,}12 \cdot 3{,}0 \text{ bzw. } 1{,}2 \cdot 100 \cdot t}{100 \cdot t}$$

$$+ 0{,}65 \cdot 3{,}0 \text{ bzw. } 1{,}2 + \text{Zuschl. f. Abbrand.}$$

b) für den 8 PS_e-Leuchtgasmotor (vgl. Tabelle 15):

$$G = \frac{K_1 \cdot 100 + \frac{K_2 \cdot 100}{1500} \cdot t + 0{,}11 \cdot 10 \text{ bzw. } 16 \cdot 8 \cdot t}{8 \cdot t}$$

$$+ 0{,}45 \cdot 10 \text{ bzw. } 16.$$

Zu bemerken ist, daß sich die Betriebsdauerkurven für Flüssigkeits- und Leuchtgasmotoren nicht unmittelbar mit denen für den Elektromotor vergleichen lassen. Dieser würde darnach zu urteilen auch bei mittleren Stromkosten von 12 und 15 Pf. pro KW-Stunde recht schlecht abschneiden. Die Kurvenbilder für die beiden ersten Gattungen sind viel zu günstig, wenn man bedenkt, wie die angenommenen kurzen Betriebszeiten zustande kommen; doch lediglich durch die intermittierende Betriebsweise, d. h. dadurch, daß der Motor alle Augenblicke an- und abgestellt wird, wie man die Kraftleistung gerade benötigt.

Denn auch in Kleinbetrieben wird nicht nur eine bestimmte Tageszeit hindurch, nicht nur morgens, oder nicht nur nachmittags, sondern eben auch den ganzen Tag gearbeitet, die mechanische Kraft aber nur aushilfsweise in jedem Bedarfsfalle mit herangezogen. Wie die Dinge

[1]) Dieselben sind in Anlehnung an die Angaben in Christian Eberle; „Kosten der Krafterzeugung", Halle a. S. 1898, und Karl Urbahn: „Ermittelung der billigsten Betriebskraft für Fabriken", Berlin 1907, in Abhängigkeit von der Betriebsdauer ausgerechnet und in die Formel eingesetzt.

liegen, wäre es zu umständlich, bei den Explosionsmotoren das nicht ganz einfache Anlaßverfahren täglich Dutzende von Malen zu wiederholen. Es bleibt nichts übrig, als durchlaufen zu lassen und die Leerlaufverluste, die, je kleiner die Betriebszeiten sind, um so belastender auf die Kosten der Krafteinheit wirken, im Nichtbedarfsfalle mit in Kauf zu nehmen. Anders beim Elektromotor. Hier genügt die einfache Drehung eines Hebels, so ist die Maschine in Gang. Trotzdem sind die Kurven hier mit aufgeführt, um wenigstens einen Vergleich zwischen Leuchtgas- und Flüssigkeitsmotor zu ermöglichen. Unmittelbar vergleichsfähig unter sich sind also die Kurven 11a und b sowie 11c und d. Man sieht, daß der Spiritusmotor bei dem heutigen Spirituspreis vollkommen unwirtschaftlich arbeitet. Was aber allen Kurven, sowohl 10 wie 11a bis b, gemeinsam ist, ist die Kraftkostenerhöhung pro Einheitsleistung mit abnehmender Betriebsdauer.

Wir haben vorhin erwähnt, daß die Betriebsdauer nur einer von zwei Faktoren ist, aus denen sich die jährliche Gesamtenergieabgabe bei einer Kraftanlage, auf die es ja in letzter Linie ankommt, zusammensetzt. Der andere Faktor ist die Belastung. Beide sind variierbar, und in manchen Fällen wird es sich fragen, welcher zweckmäßig zu variieren ist. Z. B. für unsere 100-PS_e-Maschine könnte entweder nach dem folgenden Schema 1 oder 2 variiert werden. Beide stellen Grenzfälle dar, zwischen denen es natürlich eine Reihe von Zwischenmöglichkeiten gibt. Für das, was wir ermitteln wollen, genügt die Untersuchung der Grenzfälle.

Schema 1: Betriebsstundenzahl konstant: jährlich maximal = 8760 Stunden.

Jährl. Energieabgabe	= 100 %	= 8760.100	= 876 000	PS-Std.
,, ,,	= 50 %	= 8760. 50	= 438 000	,,
,, ,,	= 25 %	= 8760. 25	= 219 000	,,
,, ,,	= 12,5 %	= 8760. 12,5	= 109 500	,,

Schema 2: Belastung konstant = 100 PS_e.

Jährl. Energieabgabe	= 100 %	= 8760.100	= 876 000	PS-Std
,, ,,	= 50 %	= 4380.100	= 438 000	,,
,, ,,	= 25 %	= 2190.100	= 219 000	,,
,, ,,	= 12,5 %	= 1095.100	= 109 500	,,

Wir haben nun mit derselben Formel, die wir oben aufgestellt, diese Grenzfallkurven für unsere 1500-KW-Maschine (vgl. Tabelle 14) gerechnet und in Kurvenbild 12 dargestellt[1]). Dabei mußten wir nur statt der Zahlenangabe der Maschinengröße den variierbaren Faktor b einsetzen, so daß die Formel mithin lautet:

---

[1]) Vgl. hierzu: Zeitschr. des Ver. d. Ing. 1909, S. 1968 f. H. Gisi: „Betriebskostenberechnung".

$$G = \frac{K_1 \,.\, 100 + \frac{K_2 \,.\, 100}{3600} \,.\, t + 0{,}12 \,.\, 1{,}8 \,.\, b_{\text{normal}}\, t}{b \,.\, t} + 0{,}75 \,.\, 1{,}8.$$

Da nun die Aufwendungen für Bedienung wie für Leerlaufverluste einer Kraftmaschine, wenn man von unbedeutenden Abweichungen absieht, nur von der Zahl der Betriebsstunden, nicht aber von der Größe der Belastung abhängig sind — die Verluste für Anheizen und Ab-

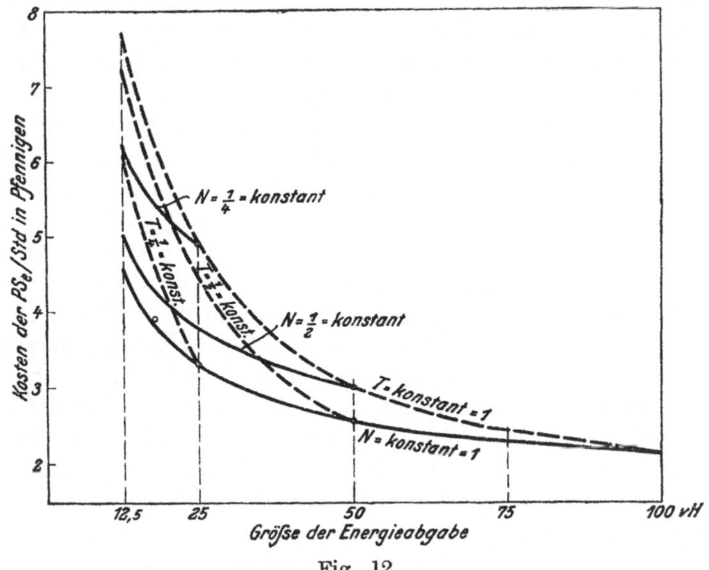

Fig. 12.
Kurvenbild über die Veränderungsmöglichkeiten der Energieabgabe.
1. Möglichkeit: Zeit konstant, Belastung variabel.
2. Möglichkeit: Belastung konstant, Zeit variabel.

brand sind, um die Rechnung nicht zu komplizieren, vernachlässigt — so ist klar, daß die Gesamtkraftkosten am größten sind, wenn nach Schema 1, am kleinsten, wenn nach Schema 2 variiert wird. Die gerechneten Kurven a und b zeigen das ganz deutlich[1]). Die anderen noch gezeichneten Kurven stellen nur Zwischenfälle dar. Das Resultat bedeutet aber, in die Wirklichkeit übersetzt: Wenn man genötigt ist, die Energieabgabe einer Anlage, also den Betrieb einzuschränken, so ist es wirtschaftlich richtiger, die Maschine voll belastet, aber nur wenige Stunden täglich laufen zu lassen, statt umgekehrt unterzubelasten und eine möglichst lange Betriebszeit einzuhalten.

1) Auch die Anregung zu dieser Untersuchung verdanke ich Herrn Dr. Mertens in Heidelberg.

Von großen Kraftanlagen sind solche mit starken vorkommenden Schwankungen der Energieabgabe die Elektrizitätsanlagen. Für sie wird sich also aus obiger Tatsache die Konsequenz ergeben, daß es zweckmäßiger ist, mehrere mittelgroße oder kleinere Einheiten zu wählen und diese im Bedarfsfalle vollbelastet laufen zu lassen, wenn auch nur für kurze Zeit, als größere Einheiten, die die meiste Zeit unterbelastet sind. Auch für Betriebsanlagen in Fabriken, die saisonweise einen anormal hohen Kraftverbrauch haben, wird es aus demselben Grunde vorteilhaft sein, ev. die Maximaleinheit in zwei Einheiten zu zerschlagen, von denen die größere normalerweise dauernd vollbelastet läuft, die kleinere aber nur als „Spitzendeckungsmaschine“ in den Ausnahmezeiten herangezogen wird. Zu beachten ist allerdings, daß die Unterteilung nicht übertrieben werden darf. Denn wie wir früher gesehen haben, wird ja bei den kleineren Einheitsgrößen 1. der Brennstoffverbrauch, 2. der Kapitalaufwand pro Einheit und 3. auch der erforderliche Platz größer; Faktoren, die ev. geeignet sein können, die Vorzüge der dauernden Vollbelastung wieder illusorisch zu machen, und im Einzelfalle wird man zweckmäßig die Frage zu prüfen haben, ob die Verschlechterung der Gesamtwirtschaftlichkeit beim Zerschlagen der maximal erforderlichen Anlageleistung in kleinere Einheiten mit Vollbelastung oder die Verschlechterung der Gesamtwirtschaftlichkeit einer maximalen, aber in der Regel unterbelasteten Maschineneinheit, die größere ist. Generell wird man sagen können, daß bei großen Schwankungen der Energieabgabe das erstere, bei kleineren dagegen das letztere das wirtschaftlich Richtigere sein wird.

Aber weiter läßt sich jedenfalls vom Standpunkt des Unternehmers folgende wichtige Schlußfolgerung aus unseren Betrachtungen ziehen: Sind in einer Fabrikation aus irgend welchen Gründen Betriebseinschränkungen vorzunehmen, so ist es besser — rein privatwirtschaftlich gesprochen — mit der normalen Arbeiterzahl wenige Stunden bei vollbeanspruchter Maschinenleistung zu arbeiten, als die übliche Zeit mit eingeschränkten Arbeitskräften bei unterbelasteter Maschinenleistung.

Zum Schlusse dieses zweiten Hauptteils unserer Erörterungen erübrigt noch die Besprechung von Sondereigenschaften einzelner Maschinentypen und der Imponderabilien, die, außerhalb der bisherigen Betrachtungssphäre liegend, für die Wahl einer Kraftmaschine ausschlaggebend werden können.

Bei den vielen und verschiedenartigen Typen von Energieerzeugern, die im Verlauf der letzten zwei Jahrzehnte neu aufgekommen sind, könnte man zu der Meinung gelangen, daß in absehbarer Zeit das drohende Ende der so glorreichen Entwicklungslaufbahn der Dampfmaschine als Kolbenmaschine bevorstehe. Mit Entschiedenheit ist aber gegen eine solche Anschauung aufzutreten. Es gibt allerdings eine Reihe von Verwendungsgebieten, aus denen die alte Universalmaschine heute schon völlig verdrängt ist oder doch voraussichtlich bald verdrängt sein wird; wie besonders das Gebiet der elektrischen Krafterzeugung, aber auch manche Mittelbetriebsindustrien, die in dem Explosions- und Verbrennungsmotor ihren Zweckmäßigkeitstyp gefunden haben. Neben den vielen allgemeinen Vorzügen der Dampfmaschine, die sie an sich besitzt, wie Überlastungsfähigkeit, unverwüstliche Betriebssicherheit usw., ist es besonders eine Eigenschaft, die wir bis jetzt noch nicht hervorgehoben haben, die aber schon allein genügt, der Kolbenmaschine ein zwar gegen die Zeit alleiniger Vorherrschaft eingeschränktes, aber immer noch großes Anwendungsfeld zu sichern: Es ist die Fähigkeit, nach Belieben mit Auspuff oder Kondensation betrieben werden zu können, je nachdem man den Auspuffdampf noch für die mannigfaltig vorkommenden Nebenzwecke, zur Beheizung der Fabrikräume, zu Koch- oder chemischen Zwecken verwerten kann oder nicht.

Wir haben früher (vgl. S. 82) darauf hingewiesen, daß nur etwa der 7. Teil der im Brennstoff enthaltenen Wärme günstigstenfalls in den Dampfmaschinen in Arbeit umgesetzt wird[1]). Der große Rest geht für die Kraftleistung verloren und ist nur dadurch noch nutzbar, daß der Dampf als Auspuffdampf eben zu den bezeichneten Nebenzwecken verwendet wird.

Das Gebiet aber, in dem sich solche aus der Art des Betriebes ergeben, ist nicht klein. Zunächst kommen fast die meisten mittelgroßen und größeren Fabrikanlagen durch ihr Heizungsbedürfnis im Winter in Betracht, wenn nicht gerade das Verhältnis des Gesamtkraftbedarfs zu der zu heizenden „Räumigkeit“ der Anlage so ungünstig ist, daß die für die Energieerzeugung benötigten Dampfmengen etwa um mehr als 50 % diejenigen für die Heizungszwecke übertreffen[2]). Als solche sind

[1]) Die physikalische Erklärung für diese Tatsache ist bekanntlich die, daß zur Umwandlung des Niederdruckdampfes in Hochdruckdampf nur ein geringer Mehraufwand von Wärme nötig ist. Der größte Teil der Niederdruckdampfwärme geht aber im Kondensator verloren und ist für die Arbeitsleistung nicht wertbar. Statt nun den Dampf von 1 auf 0,1 Atm. weiter zu expandieren und dann in den Kondensator zu schicken, wo er wieder in Wasser verwandelt wird, entnimmt man ihn beim Auspuffbetrieb dem Zylinder mit einer Spannung von etwas über 1 Atm. und verwendet ihn für Heiz- oder sonstige Zwecke.

[2]) Urbahn hat in seinen diesbezüglichen Untersuchungen (Karl Urbahn: „Ermittelung der billigsten Betriebskraft für Fabriken“, Berlin 1907) ermittelt, daß etwa bei 55—60 % Mehrverbrauch an Dampf für Energiezwecke wie für Heizzwecke die Grenze der wirtschaftlich vorteilhaften Anwendung des Auspuffbetriebs anstatt des Kondensationsbetriebs mit besonderer Heizanlage liegt. Denn bekanntlich frißt ja die Auspuffmaschine wesentlich mehr Kohle als die Kondensationsmaschine.

vielleicht zu nennen: Zementfabriken, Holzschleifereien, Walzwerke und ähnliche[1]). Beispiele, in denen dieses Verhältnis ein günstiges, d. h. der Energiebedarf relativ gering, die zu heizende „Räumigkeit“ aber groß ist, sind die Betriebe der Textilbranche, der Spinnereien, Webereien und Bekleidungsindustrie, der Wäsche-, Schuh- und Posamentierwarenfabriken, die verschiedensten Betriebe der Maschinenbranche, Anstalten für Lithographie, Kunstdruck und Feinmechanik. Hinzu kommen aber weiter die zahlreichen Werke, in denen das ganze Jahr hindurch Dampf zum Trocknen, zur Warmwasserbereitung oder zu chemischen und Kochzwecken benötigt wird, wie die Papier- und Zuckerfabriken, Brauereien, Konservenfabriken, die Färbereien und chemischen Fabriken, die Brikett-, Holzbearbeitungs- und Pappenfabriken, die Ziegeleien mit Trockenanlagen u. a. m.

Der Gewinn an Wärmeausnützung des Brennstoffs, der auf diese Weise möglich ist, ist so erheblich, daß im ganzen in der kombinierten Kraft- und Heizanlage bis zu 70% der Brennstoffwärme umgewertet werden, gegen nur 14—15% in der Kraftanlage allein; das Verhältnis der Wertbedeutung der beiden Verwendungszwecke wird also gerade umgekehrt. Nicht mehr die Energieerzeugung ist — von diesem Standpunkt aus betrachtet — die Hauptsache, sondern der Heizungs-, Trocken- oder Kochzweck, und die Kraftmaschine wird gewissermaßen gratis „mitgeschleppt“, indem der Dampf eben einfach, bevor er zur Weiterverwendung kommt, durch den Dampfzylinder hindurchgeschickt wird.

Neuerdings ist es auch bei Dampfturbinen gelungen, den Dampf als Auspuffdampf oder in irgend einer Stufe des Arbeitsprozeses zu entnehmen und in derselben Weise auszunützen. Erfahrungen liegen aber noch nicht in genügendem Maße vor, um zu einem abschließenden Urteil gelangen zu können. Jedenfalls ist aber zu beachten, daß nur diejenigen der vorhin angeführten Betriebe in die Notlage kommen, auch die Dampfturbine mit in ihren Erwägungskreis zu ziehen, die elektrische Krafterzeugung und -Verteilung anwenden können. Denn die Turbine kommt ja nur als Turbodynamo, nie als Transmissionsmaschine in Frage. Ferner wird aber bei Auspuffbetrieb der Dampfverbrauch der Turbinen ein sehr hoher, so daß die benötigten entsprechenden Heizdampfmengen wohl um ein erhebliches größer sein müssen wie bei Kolbenmaschinen, wenn die Gesamtausnützung eine wirtschaftliche sein soll.

Daß die Verwendung der Verbrennungsgase der Saugegasmaschine zu Heiz- oder Kochzwecken praktisch unzweckmäßig ist, wurde früher schon hervorgehoben. Greift man doch in den genannten Betrieben zur Wahl eines Motors, so bleibt nichts übrig, als für die Befriedigung der Heiz-

[1]) S. ebenda a. a. O.

und Kochbedürfnisse besondere Niederdruck-Dampfkessel anzulegen, wodurch natürlich die Gesamtgestehungskosten für die gesonderte Kraft- und Heizungsanlage teurer werden, wie wenn beide Zwecke in einer einzigen Anlage mit Auspuffkolbenmaschinenbetrieb vereinigt sind[1]).

Außer dieser Sondereigenschaft der Dampfkraftanlagen, ihrer gleichzeitigen Eignung zur Energieerzeugung wie zu Heiz- und chemischen Zwecken, die ein rein wirtschaftliches Vorzugsmoment derselben bildet, gibt es noch eine Reihe von Forderungen, die an eine Kraftmaschine gestellt werden, die zwar imponderabiler Natur, aber häufig von ausschlaggebendem Einfluß für die Wahl einer solchen werden können. In erster Linie sind es die Betriebssicherheit und die Betriebsbereitschaft, die hier in Frage kommen. Jene ist unter zwei Gesichtspunkten zu betrachten, und zwar 1. hinsichtlich der Gefährlichkeit der Maschinen für das bedienende Personal und die Umgebung, 2. hinsichtlich der dauernden Betriebssicherheit auch für den Fall der mannigfaltigsten möglichen Betriebsbedingungen.

Zu 1 ist zu bemerken, daß bei den hochentwickelten Konstruktionen und der soliden Ausführung unseres modernen Maschinenbaues die „Gefährlichkeit" der Energieerzeuger eine minimale und in diesem Zusammenhang kaum zu erörternde ist. Durch weitgehende spezialisierte Gesetzesbestimmungen ist Vorsorge getroffen, daß sowohl bei Saugegas- wie allen Arten Dampfanlagen Gasvergiftungen und Explosionen bzw. Kesselexplosionen nach menschlichem Ermessen so gut wie ausgeschlossen sind. Bei den Leuchtgas-, Flüssigkeits- und Elektromotoren bestehen solche Möglichkeiten überhaupt nicht.

Die dauernde Betriebssicherheit ist wohl für alle Typen unter den normalen Verhältnissen, für die sie gebaut sind, auch gewährleistet. Anders aber, wenn Änderungen in diesen Bedingungen eintreten. Hierher gehören vor allem die Belastungsschwankungen, die in einem einzelnen Betrieb periodenweise auftreten können, oder die Rücksichtnahme darauf, daß beim Bau einer Fabrik von vornherein die Kraftanlage so gewählt werden soll, daß sie bis zu einem gewissen Grade auch für voraussichtliche Betriebserweiterungen ausreicht. Unter diesem Gesichtspunkt verdienen die Dampfmaschinen und Elektromotoren den Vorzug vor ihren Schwestertypen. Die Zahlen für den Grad der Überlastungs-

[1]) Die Rückwirkungen, die das Aufkommen der neuen Kraftmaschinen auf den Dampfmaschinenbau und die ihn betreibenden Firmen ausgeübt hat, sind natürlich sehr bedeutend und teilweise von umgestaltendem Einfluß auf Art und Organisation der Betriebe gewesen. Es wäre aber, so interessant diese Dinge auch sind, im Rahmen dieser Arbeit unmöglich, näher darauf einzugehen, und mögen sie daher hier nur angedeutet sein.

fähigkeit sind im einzelnen an anderer Stelle angegeben (vgl. S. 126). Auch die Dampfturbine läßt sich großen Belastungsschwankungen anpassen. Am ungünstigsten verhalten sich die Saugegasmaschinen. Bei ihnen versagt eben schon bei geringster Mehrleistung als der normalen die Saugwirkung des Kolbens durch alle Reinigungsapparate hindurch bis zurück zum Generator, und der Motor bleibt einfach stehen[1]). Das Aushilfsmittel ist bekanntlich das, daß man normalerweise unterlastet laufen läßt.

Die Forderung der dauernden Betriebssicherheit unter verschiedenen Betriebsbedingungen ist natürlich für die Mehrzahl der Fabriken eine außerordentlich wichtige. Denn in ihnen ist ja die Kraftanlage sozusagen das Herz des ganzen Betriebs. Versagt dieselbe, so können die Folgen sehr weitgehende sein, es kann nicht produziert werden, es entstehen große Verluste, die Arbeiter sind beschäftigungslos u. s. f.

Eine Erhöhung der Betriebssicherheit, die zugunsten der Dampfanlagen ausschlägt, ist die weitgehende Unabhängigkeit in der Wahl des Brennstoffs, da es leicht möglich ist, im Falle daß aus irgend welchen Gründen, z. B. wegen übermäßiger Inanspruchnahme der Kohlenwerke, Streiks oder Wagenmangels, die Brennstofflieferung ausbleiben sollte, zu einem anderen Brennstoff überzugehen. Darin besteht weiter ein, wenn auch geringes Repressivmittel gegen etwaige übertriebene Preis- oder Lieferungsbedingungen der Kohlensyndikate. Denn verfeuern lassen sich ja in den Dampfkesseln alle Sorten von Steinkohlen, von den besten bis zu den schlechtesten herunter, Braunkohlenbriketts, Koks und alle Arten Abfallstoffe[2]). Eine Freiheit in der Wahl des Brennstoffs besteht bei Saugegasmaschinen gar nicht, bei Flüssigkeitsmotoren allerdings, aber doch nicht in so weitgehendem Maße wie bei Dampfkraftanlagen. Überhaupt kann es vorkommen, daß das Vorhandensein von Abfallstoffen oder Abfallgasen, die teilweise gar nicht anders als durch Verbrennung beseitigt werden können oder aber nutzlos verloren gehen würden, für die Wahl von Dampfmaschinen von vornherein entscheidend wird. Als solche Betriebe sind z. B. zu nennen die Fabriken der Lederindustrie, der Holz- und Schnitzstoffe, auch Zementfakriken, die dazu übergehen, die Abhitze der in den Drehrohröfen entstehenden Abfallgase

---

[1]) Bei den Großgasmaschinen auf den Hütten- und Bergwerken hat man diesem Mißstand erfolgreich dadurch abgeholfen, daß man zwischen Generator und Maschine einen großen Gasometer einschaltet, in den durch einen elektrischen Exhaustor das Gas hineingedrückt wird. Damit ist es möglich geworden, daß diese Aggregate ohne Schwierigkeiten Überlastungsbeträge von bis zu 25 % überwinden können.

[2]) Diese Unabhängigkeit ist neuerdings in den Fällen stark reduziert worden, wo an Stelle der Handfeuerungen automatische Feuerungen eingeführt worden sind (vgl. später S. 174).

dadurch, daß dieselben durch die Feuerzüge der Kessel geleitet werden, auszunützen und in Energie umzusetzen, und ähnliche.

Wie die Betriebssicherheit so ist die Betriebsbereitschaft von ausschlaggebendem Einfluß auch in Fällen, wo eine größere Wirtschaftlichkeit des gewählten Maschinentyps gegenüber anderen nicht vorhanden ist. Untersuchen wir die verschiedenen Möglichkeiten hierauf, so schneidet von den Großbetriebsmaschinen der Dieselmotor, von den Kleinbetriebsmaschinen der Elektromotor am besten ab, die Dampfmaschine relativ am schlechtesten. Denn die zum Anheizen und Dampfaufbereiten eines Kessels erforderliche Zeit beträgt etwa 1—1½ Stunden, während der Saugegasgenerator nur 30—40 Minuten zur Betriebsfertigkeit benötigt.

Außer diesen eben besprochenen Imponderabilien, den „objektiven“, wie wir sie nennen wollen, gibt es noch eine Reihe „subjektiver“ Imponderabilien, die ihren Ursprung mehr in individuellen Verumstandungen und Anschauungen als in positiven Vorteilen der Maschinengattung haben, die wir aber hier nur kurz streifen wollen. Solche sind z. B. die Bevorzugung minimalen Bedienungserfordernisses, um unabhängig von der Tüchtigkeit und dem guten Willen des Personals zu sein. Sofern dies nicht gleichzeitig von erheblichem Einfluß auf die Wirtschaftlichkeit ist, scheint uns dieser Standpunkt übertrieben zu sein, daß man sagt: die Betriebssicherheit einer Maschine sei um so größer, je unabhängiger ihr Funktionieren von der Tüchtigkeit des Maschinisten ist. Denn das käme ja letzten Endes auf einen Vertrauensbankerott der Zuverlässigkeit jedweder menschlichen Arbeitskraft hinaus. Immerhin gibt es Unternehmer, die unter diesem Gesichtspunkt die Lokomobile der stationären Dampfmaschine und den Dieselmotor allen anderen Typen vorziehen. Weiter sind zu nennen Rücksichten auf Raumverhältnisse, ortspolizeiliche Vorschriften, Sauberkeit und schönes Aussehen, die gelegentlich den Ausschlag zur Wahl des einen oder anderen Typs geben können, und schließlich sei noch darauf hingewiesen, daß in den Fällen, wo die Möglichkeit der Selbstherstellung vorliegt, die Firmen ohne Rücksicht auf die Zweckmäßigkeit schon der Reklame halber diejenige Kraftmaschine, die sie selbst als Absatzprodukt herstellen, auch als Typ für ihre eigene Kraftzentrale wählen werden.

Damit glauben wir die Gesichtspunkte, die für die Wirtschaftlichkeit und die Eignung einer Kraftmaschine zur Deckung des Energiebedarfs von Kleinbetrieben und Fabriken in Betracht kommen, erschöpfend behandelt zu haben. Wir schließen diesen zweiten Hauptteil unserer Arbeit, indem wir das Gesagte noch einmal in allgemeinen Resultaten zusammenfassen. Bei der endgültigen Wahl einer Kraftanlage wird man als wichtigste Momente in den Kreis der Betrachtungssphäre einzubeziehen haben: die Größe des Kraftverbrauchs, die voraussichtliche durchschnittliche Betriebsdauer und die Regelmäßigkeit oder Unregelmäßigkeit des Betriebes, ferner die Standortlage der Brennmaterialien, das eventuelle Vorhandensein von Abfallstoffen und die Verwendungsmöglichkeit des Abdampfes zu Koch- oder Heizzwecken. Bei sehr kleinen Anlagen scheidet die Dampfmaschine völlig aus. In Betracht kommen der Elektromotor, Gasmotor und Flüssigkeitsmotor. Entscheidend wird sein, ob Gasanstalten oder Elektrizitätswerke in der Nähe sind, und zu welchem Preis die Energie zu erhalten ist. Ist beides nicht vorhanden, so kommt nur der Flüssigkeitsmotor in Frage. Die elektrischen Zentralanlagen sind das ausschließliche Anwendungsgebiet der Turbodynamos. Die Dampfkolbenmaschinen werden dort vorherrschend sein, wo der Abdampf verwertbar ist. Die übrigen Großkraftmaschinen haben in gewerblichen Betrieben ein ähnliches unbestrittenes Anwendungsgebiet nicht, vielmehr wird bei ihnen meistens eine, unter den besonderen Verhältnissen errechnete, größere Wirtschaftlichkeit gegenüber den anderen Kraftspendern den Ausschlag geben müssen. Eine absolute Überlegenheit der einen technischen Betriebskraft über die andere gibt es nicht, vielmehr hat jede ihre Vorzüge und Fehler, kann unter bestimmten Bedingungen ökonomisch, unter anderen wieder unwirtschaftlich sein. Die große Mannigfaltigkeit an Energieerzeugern aber, die die letzten zwei Jahrzehnte haben entstehen lassen, bedeutet keinen Nachteil und keine Zersplitterung der Technik, sondern im Gegenteil deren großen Vorzug. Es zeigt sich darin die Tendenz des modernen Maschinenbaues, sich den außerordentlich differentiellen Bedürfnissen des Wirtschaftslebens in weitgehendem Maße unterzuordnen. Nicht eine Kraftmaschine kann heute mehr den vielseitigen Betriebsverhältnissen genügen, vielmehr handelt es sich darum, die Maschine den Verhältnissen und nicht die Verhältnisse der Maschine anzupassen. Es läßt sich vermuten, daß in der Zukunft sich immer mehr für einzelne Gewerbegruppen sowohl wie für die standortsmäßig verschieden orientierten Gegenden jeweils ein wirtschaftlich und betriebstechnisch richtiger Kraftmaschinentyp herausentwickeln wird, sowie daß fernerhin die verschiedenen Gattungen sich nicht mehr feindlich auf dem Markte begegnen werden, sondern daß sie, einander gegenseitig ergänzend, dem Zug der Zeit nach Verbilligung der Energie in weitgehendstem Maße gerecht werden. Und damit würde dann auch die große Unsicherheit, die heute an maßgeblichen Stellen in diesen Dingen noch herrscht, verschwinden zu Nutz und Frommen von Industrie, Gewerbe und Handel.

III. Spezielle Kraftverbrauchsgebiete.

In dem nun folgenden dritten Hauptteil sollen einzelne Kraftverbrauchsgebiete in den Bereich der Betrachtung einbezogen werden, die entweder besonders Typisches bieten, wie die Berg- und Hüttenindustrie, oder aber deren Grundbedingungen und Voraussetzungen der Energieverwendung andere als die tabellarisch besprochenen sind, wie die Landwirtschaft, das Landesverkehrswesen sowie die See- und Binnenschiffahrt. Gelegentlich mußten wir ja wohl in den beiden früheren Teilen kurz darauf hinweisen, hier seien diese Dinge eingehend behandelt. Der Vollständigkeit halber lassen wir noch eine kurze Besprechung der verschiedenen Feuerungsarten und deren Bedeutung für vornehmlich deutsche Verhältnisse vorausgehen. Die zahlreichen anderen Kraftverbrauchsgebiete, die durch die mannigfaltigen, früher beiläufig erwähnten Gewerbegruppen repräsentiert werden, beanspruchen aus dem Grunde kein besonderes Interesse mehr, da die Grundlagen der Kraftverwendung in ihnen die bereits erörterten, in der Hauptsache rein rechnungsmäßigen sind, mit jeweiliger Präponderanz des einen oder anderen zahlenmäßig erfaßbaren bzw. imponderabilen Faktors. Interessant wäre allerdings die statistische Feststellung und Prüfung, inwieweit diese Rentabilitätsorientierungsgründe befolgt sind und standortsmäßig bestimmend wirken. Allein eine Analysierung dieser Dinge ginge weit über den Rahmen dieser Arbeit und auch die Kräfte des Verfassers hinaus. Dagegen mußte, um nicht eine große Lücke in dem Überblick über die Kraftgewinnung und -verwendung einer Volkswirtschaft zu lassen, auf den Einfluß elektrischer Energieübertragung und -verteilung, die diese für die ganzen Probleme der Krafterzeugung gehabt hat, eingegangen werden, und insbesondere waren die typischen Erscheinungen auf dem Gebiete des Kraftzentralenwesens sowie des Berg- und Hüttenwesens zu behandeln. Hier kann man von einem Wettbewerb und einem gegenseitigen Konkurrenzmachen der verschiedenen Kraftmaschinen kaum mehr sprechen. Vielmehr kommt hier sozusagen heute schon überwiegend die elektrische Kraft in Frage, deren Primärmaschine dann entweder die Gichtgas-Koksofengasmaschine oder Dampfturbine ist, wofür jeweils die rein standortsmäßigen Bedingungen den Ausschlag geben.

1. Die Kohlen-, Gas- und Ölfeuerung.

Der Wettbewerb der Brennstoffe, der festen, flüssigen und gasförmigen, in der Krafterzeugung und die Möglichkeit, dieselben entweder durch das Mittel der Dampferzeugung oder direkt in Gasmaschinen in nutzbringende Arbeitsenergie umzusetzen, haben einen entscheidenden Einfluß auf die Ausbildung und Verbesserung der industriellen Feuerungsvorrichtungen ausgeübt. Für deutsche Verhältnisse kommen solche für flüssige Brennstoffe, und zwar nur für das Rohpetroleum, hauptsächlich in der Kriegsmarine vor. Dagegen haben die Gasfeuerungen in der Berg- und Hüttentechnik bis jetzt noch eine erhebliche Bedeutung und sind durch die erdrückende Konkurrenz der Großgasmaschine zu hoher Vervollkommnung gebracht worden. Wir wollen hier zunächst auf die Kohlenfeuerungen, besonders die Einführung der automatischen Apparate eingehen, und im Anschluß daran die Gasfeuerungen und die der flüssigen Brennstoffe auf Kriegsschiffen besprechen.

Die Unzulänglichkeit und Unwirtschaftlichkeit einer Kohlenfeuerungsanlage läßt sich an den dicken Rauchsäulen erkennen, die man heute noch häufig genug aus den Fabrikschornsteinen aufsteigen sieht, und die eine große Belästigung für die umliegenden Gebiete in hygienischer und propretärer Beziehung bilden[1]). In früherer Zeit, als die Fabrikanlagen in der Regel in abgelegenen Gegenden fern von den Städten errichtet wurden, war das Bedürfnis, Änderung hierin zu schaffen, nicht sehr dringend, zumal wenn billige Kohlenkosten diese Verschwendung an Brennstoff nicht drückend erscheinen ließen. Das wurde anders, als die Dampfmaschine auch innerhalb des Weichbildes der Städte zur Einführung gelangte, da hier die ortspolizeilichen Vorschriften vielfach wegen der Rußentwicklung die Konzession zur Aufstellung verweigerten. So wurde beispielsweise die Erlaubnis zur ersten Dampfmaschinenkonzession in Berlin wegen der Rauchplage 12 Jahre hinausgezogen. Zahlreich waren daher schon in den ersten Jahrzehnten des 19. Jahrhunderts mit dem Eindringen der Dampfmaschine in die Städte die Kohlenbeschickungs- und -Verteilungsvorrichtungen, die zum Zwecke einer möglichst vollkommenen und gleichmäßigen Verbrennung dienen sollten. Aber die erdachten Apparate waren technisch zu kompliziert und infolge davon auch zu teuer, als daß sie eine allgemeine Verbreitung

---

[1]) Der Ruß besteht bekanntlich aus nicht verbrannten Kohlebestandteilen, die bei unvollkommener Verbrennung mit den Feuergasen fortziehen. Aus einem dauernden Rußen des Kamins kann man immer auf eine fehlerhafte Verbrennungsanlage schließen. Dagegen läßt sich das zeitweilige Rußen, das durch den Eintritt falscher Luft regelmäßig während der Schürperioden entsteht, bei Handbeschickung nicht vermeiden.

finden konnten. Das wirksamste Mittel, der Kalamität abzuhelfen, war die Ausbildung tüchtiger Heizer.

Man paßte die Feuerung in weitgehendem Maße den speziellen Anforderungen der verschiedenen Kohlensorten, die diese in mechanischer und feuerungschemischer Hinsicht stellten, an und suchte auf diese Weise die Rußentwicklung möglichst auf die periodischen Beschickungszeiten zu beschränken. Damit war die Ökonomie des Brennstoffverbrauchs der Kesselanlagen auf die Geschicklichkeit des Heizerpersonals gestellt. Der Zustand dauerte, so gut und schlecht wie er war, bis gegen Ende des Jahrhunderts, als man im Dampfmaschinenbau, etwa gleichzeitig mit der Einführung der Überhitzung, durch die Konkurrenz der neuen Wärmemotoren bedrängt, zur erhöhten Rationalisierung der Anlagen überging und an allen Stellen, wo in bezug auf Verringerung des Kohlenverbrauchs verbessert werden konnte, dies auch wirklich tat. Man führte die automatischen Kesselfeuerungen ein, entweder als Wurfschaufelapparate oder Kettenroste, bei welchen durch die genaue Regulierung der Geschwindigkeit der Brennstoffbewegung und der erforderlichen Luftzufuhr eine feuerungstechnisch vollkommene Verbrennung ermöglicht wurde. Man erreichte so eine wesentlich wirtschaftlichere Ausnutzung der Kohle und eine Reduzierung der Verluste durch unverbrannte Bestandteile in den Abgasen auf ein Minimum. Als angenehme Zugabe nahm man dabei gleichzeitig die Verminderung der Rußentwickelung mit in Kauf. Es ist charakteristisch für die Erkenntnis der Triebfedern, die bei Anwendung technischer Neuerungen ausschlaggebend sind, daß für die Einführung der automatischen Feuerungen nicht etwa in erster Linie die Forderungen der vom Rauch belästigten Nachbarn oder humanitäre Rücksichten hygienischer Art den Anlaß gebildet haben, sondern daß erst, als die Praxis den früher schon bekannten, aber wieder vergessenen Zusammenhang zwischen Rauchverminderung und Kohlenersparnis festgestellt hatte, die erwünschte Interessengemeinschaft zwischen Kesselbesitzern und belästigten Nachbarn erreicht war, die zur vielfachen Einführung rauchsparender industrieller Feuerungen führte.

Entsprechend der mehr oder minder tüchtigen Ausbildung und den persönlichen Qualitäten des Heizerpersonals im Einzelfalle ist auch der Vorteil, der durch die automatischen Apparate zu erzielen ist, verschieden groß. Im Gegensatz zu den früher besprochenen Rationalisierungsproblemen der Dampfkrafterzeugung, der Erhöhung des Drucks und der Geschwindigkeiten, der Anwendung der Überhitzung usw., die in sich eine absolute Verbesserungsmöglichkeit enthalten und bis zu einem technischen Höhepunkt weitergeführt werden können, ist der Vorteil der mechanischen Feuerungen gegenüber der Handbeschickung nur ein relativer, der in manchen Fällen sich direkt in den ersparten Kohlenbeträgen bilanzieren lassen wird, in anderen aber in dem nicht in Geld auszudrückenden Vorzug der Unabhängigkeit von menschlicher Unzuverlässigkeit konzipiert werden muß. Außerdem entsteht in ethischer Hinsicht der Vorteil, daß das Heizerpersonal von der physisch anstrengenden Tätigkeit des Kohlenaufwerfens und Abschlackens der Rückstände befreit und zu geistig höher stehenden Verrichtungen, der Überwachung der Mechanismen und der mehr wissenschaftlichen Kontrolle des Verbrennungsvorgangs auf Grund selbsttätig erfolgender Rauchgasanalysen, verwendet werden kann.

Der Einführung automatischer anstatt der Planrostfeuerungen ist dadurch eine Grenze gezogen, daß sie den Kesselbesitzer auf eine oder wenige bestimmte, in der Stückelung ähnliche, Kohlensorten festlegen. Das ist unbedenklich in Gegenden, wo beispielsweise zwischen den verschiedenen Sorten an Maschinenkohlen keine große Preisdifferenz besteht. In bestrittenen Gebieten aber, wie besonders an Küstenplätzen der Ost- und Nordsee, wo häufig durch die englische Konkurrenz eine billigere Kohle angeboten wird, als sie bisher vom Inland geliefert wurde, kann dann bei Anwendung mechanischer Feuerungen ein Gewinn aus diesem Wettbewerb nicht gezogen werden. Die Unbeständigkeit der Kohlenpreise kann also hier auf eine Durchkreuzung volkswirtschaftlicher Interessen hinwirken. Ob es privatwirtschaftlich vorteilhafter ist, die Kohlenersparnis einer Kettenrostfeuerung oder den möglichen Preisgewinn eines Kohlensortenwechsels zu wählen, hängt natürlich von den jeweils vorliegenden Betriebsverhältnissen und Rohstoffbezugsbedingungen ab und ist von Fall zu Fall zu entscheiden. Auch in den Kesselanlagen der Bergwerksbetriebe haben sich die mechanischen Beschickungsanlagen nur vereinzelt mit Vorteil anwenden lassen. Entsprechend der in neuerer Zeit auf den deutschen Zechen vorherrschenden und im Zunehmen begriffenen Entwicklungstendenz, für die eigene Krafterzeugung von den höherwertigen zu den minderwertigsten Brennmaterialien überzugehen, müssen die Feuerungen hier für einen stetigen Wechsel der verschiedenartigsten Kohlensorten geeignet sein, um die mannigfaltigen und minderwertigen Abfallbestände, die nicht oder nur unvorteilhaft zu verkaufen sind, verstochen zu können. Hinzu kommt außerdem noch das Erfordernis einer stetigen Wechselbereitschaft und Übergangsfähigkeit des Kesselbetriebes zu Gas- oder Abhitzefeuerungen, wenn aus irgend welchen Gründen auf den Kokereien Überschußenergien frei werden.

Das Hauptanwendungsgebiet der Kettenroste und anderer mechanischer Beschickungsvorrichtungen bilden daher die Gegenden mit ungünstigen Kohlenbezugsbedingungen, für Deutschland besonders die süddeutschen Industriezentren, denn für diese ist der Bezug einer hochwertigen, gut gewaschenen und dadurch auch gleichmäßig gestückelten Kohle, um nicht unwertbares Material mit verfrachten zu müssen, an sich schon ökonomische Notwendigkeit. Da sie auch nicht so leicht in Versuchung kommen können, mit der Kohlenart je nach Konjunkturverhältnissen zu wechseln, so sind hier die Vorbedingungen für vorteilhafte Verwendung automatischer Feuerungen von selbst gegeben. Ein weiteres wichtiges Absatzfeld stellen die elektrischen Zentralanlagen großer Städte dar. Für sie bildet die Einführung jener, bei den oft mehrere Dutzende von Einheiten umfassenden langen Kesselreihen, ein willkommenes Mittel, an Arbeitspersonal zu sparen. Einen ausschlaggebenden Einfluß üben hier auch sanitäre Rücksichten, da die Elektrizitätswerke, sei es für Beleuchtung oder Bahnbetrieb und Kraftgewinnung, in sehr vielen Fällen im Besitz der Gemeinden sind, und diese ihr natürliches Interesse an einer möglichst weit getriebenen Verminderung der Rauchbelästigung bei ihren eigenen Anlagen in den Vordergrund stellen werden.

Die Gasfeuerung[1]) hat in Deutschland für Energieerzeugungszwecke nur auf Berg- und Hüttenwerken Verwendung gefunden. In besonderen Düsen wird eine innige Vereinigung des zugeführten Gases mit gleichzeitig angesaugter Luft bewerkstelligt und dadurch ein entzündbares Luftgasgemisch erzeugt, das unter den Kesseln verbrannt wird. Bis heute dient sie hauptsächlich infolge der fortschreitenden Einführung der Regenerativkoksöfen zur Ausnützung der überschüssigen Koksofengase und auch der Gichtgase, soweit diese nicht auf dem rationelleren Wege der unmittelbaren Umsetzung in Gasmotoren zur Arbeitsleistung herangezogen werden. (Vgl. hierüber S. 58—66.)

Durch die Konkurrenz der Gasmaschinen auf den Berg- und Hüttenbetrieben mehr und mehr bedrängt, sind auch die Gasfeuerungen wesentlich verbessert worden. Während vor noch nicht 10 Jahren in der Regel 2—2,5 cbm Gas zur Erzeugung von 1 kg Dampf erforderlich waren, genügen heute zu derselben Leistung schon 1,4 cbm. Früher rechnete man bei direkter Ausnützung in Motoren auf eine 5 mal so große Arbeitsleistung wie bei der Verwertung in Dampfkesseln, heute erzielt man nach Professor Bonte[2]) nur noch 2½- bis 3 mal soviel Energiegewinn,

---

[1]) Hier kann nur auf die der Krafterzeugung dienenden Gasfeuerungen eingegangen werden. Die den mannigfaltigen Schweiß- und Schmelzzwecken des Gewerbelebens dienenden Feuerungen, wie die auf Hüttenwerken, in Glasschmelzereien u. a. m., müssen wir übergehen. Erwähnt sei nur, daß diese neuerdings ausschließlich nach dem Regenerativverfahren eingerichtet sind.

[2]) S. Zeitschr. des Ver. d. Ing. 1906, S. 1367.

was lediglich eine Folge der vervollkommneten Konstruktion der Verbrennungsdüsen ist.

Die für flüssige Brennstoffe eingerichteten Feuerungen beruhen auf dem Prinzip, daß man die flüssigen Rohmaterialien in besonderem Brenner durch Preßluft oder Wasserdampf zerstäubt, in den Feuerungsraum einbläst und so entzündet. Für die Industrie auf dem westeuropäischen Kontinent kann wegen des hohen Preises des Heizöls von einem Wettbewerb der Ölfeuerungen mit Kohlenfeuerung nicht gesprochen werden. Eine größere Verbreitung besitzen dieselben auf Schiffen und Lokomotiven, auch in Fällen, wo andere Rücksichten als die rein ökonomischen den Ausschlag gegeben haben. In den amerikanischen Petroleumgebieten haben die meisten Bahnen, selbst große transkontinentale Linien, wie die Southern Pacific-Bahn und die Western Pacific-Bahn, ihre Lokomotiven für Ölfeuerungen eingerichtet. Um in Bezug und Preisgestaltung des Brennmaterials unabhängig zu sein, haben sich dieselben rechtzeitig eigene Ölländereien erworben und sind dadurch in der Lage, beträchtliche Vorteile in ihrer Energieerzeugung gegenüber anderen Bahnen zu erzielen. So hatten die kalifornischen Eisenbahngesellschaften in den 5 Jahren 1902—1907 einen Heizölverbrauch von 40 Millionen Faß. Bei einem Durchschnittsgestehungspreis von 20 c pro Faß betrugen die Gesamtbrennstoffkosten demnach 8 Millionen $. Da dieser Heizölmenge ein Kohlenquantum von etwa 7,5 Millionen Tonnen gleichkommt, so hatten die Gesellschaften bei dem damaligen Preise von 4 $ für die Tonne eine Ersparnis von rund 22 Millionen $. In ähnlich günstiger Lage sind die Bahnen in den russischen Petroleumdistrikten. Die Lokomotiven, die in den kaukasischen Ländern fahren, ferner die Personen- und Schleppdampfer auf der Wolga, dem Kaspischen und Schwarzen Meere verfeuern ausschließlich Rückstände aus den dortigen Petroleumraffinerien. Aus strategischen Gründen, um im Kriegsfall für den Betrieb der Bahnen von anderen Ländern unabhängig zu sein, sind gegenwärtig auch noch die in anderen Gebieten Rußlands stationierten Lokomotiven neben der Kohlen- und vielfach verwendeten Holzfeuerung mit Hilfseinrichtungen zur Verheizung flüssiger Brennstoffe versehen. Im deutschen Binnenverkehr ist die Anwendung sehr selten. Wegen des großen Vorzugs der rauchlosen Verbrennung bei Ölfeuerungen sind z. B. die Schiffe der Teltowkanal-Verwaltung damit ausgerüstet. Derselbe Grund hat auch auf der österreichischen Arlbergbahn den Anlaß gebildet, in die dort verkehrenden Lokomotiven wegen der unzuträglichen Rauchbelästigung im Arlbergtunnel Hilfsfeuerungen für flüssigen Brennstoff einzubauen.

Ein großes Interesse an der Durchbildung der Ölfeuerung hat die Großschiffahrt. Schon seit längerer Zeit haben die Handels- und Kriegsmarinen verschiedener westeuropäischer Staaten eingehende Versuche damit gemacht. Für die Handelsdampfer haben dieselben auch bereits zu einem gewissen Abschluß geführt. Der Jahresbericht der Hamburg-Amerika-Linie aus dem Jahre 1901 führt darüber aus: „Mit der Verwendung von Ölfeuerung haben wir umfangreiche Versuche angestellt, die in technischer Beziehung recht zufriedenstellende Resultate geliefert haben. Nicht so befriedigend geht es mit der finanziellen Seite der Frage. Es ist zu hoffen, daß durch eine Ermäßigung des Ölpreises bald die Möglichkeit geboten wird, diese nach verschiedenen Richtungen hin erhebliche Vorteile versprechende Neuerung in größerem Maßstab dauernd einzuführen."

Die gewaltigen Schnelldampfer unserer Groß-Schiffahrtslinien lassen heute eine Steigerung der Schiffsleistung sowie der Fahrgeschwindigkeit aus wirtschaftlichen Gründen nicht mehr zu. Die Grenze hierfür ist durch die Größe des für die Stapelung der Brennstoffe erforderlichen Lagerraums und das daraus entstehende ungünstige Verhältnis des „toten" nicht nutzbaren Schiffsraums zum Laderaum für Güter und Passagiere gegeben. So hat die kohlefeuernde „Deutschland" z. B. mit einem Deplacement von 23 200 Tonnen eine Maschinenleistung von 37 000 ind. Pferdestärken und verbraucht für eine Durchquerung des Ozeans vom Heimatshafen nach New York eine Kohlenmenge von annähernd 4000 Tonnen. Infolge dieser enormen Brennstoffladequantitäten haben die heutigen Schiffsgrößen der modernen Dampfer einen solchen Tiefgang erhalten müssen, daß die mittlere Fahrtiefe einiger unserer Hauptseehäfen schon nicht mehr ausreicht.

Auch die Dampfturbine hat in dieser Beziehung den in sie gesetzten Erwartungen nicht entsprochen. Die Turbinenschnelldampfer der Cunard-Linie mit 33—34 Zoll Tiefgang stellen selbst für die New Yorker Hafenanlage die äußerste Grenze dar. Für Hamburg und Bremerhaven sind sie bereits zu groß.

Die allgemeine Verwendung des Heizöls als Betriebsmittel wäre wohl geeignet, hierin eine wirksame Abhilfe zu ermöglichen. Technisch ist das Problem einwandsfrei gelöst, aber wirtschaftliche Hinderungsgründe stehen vorläufig und auch für die absehbare Zukunft im Wege. Als die wesentlichsten Hemmnisse der Entwicklung haben wir einerseits die Vertrustung des Ölgeschäfts, andererseits die derzeitige Unstetigkeit der Produktion überhaupt anzusehen.

Für die Verfeuerung unter Kesseln kommen hauptsächlich das Texas-, das kalifornische und das Borneo-Öl wegen ihres geringen Schwefelgehaltes, der für die Lebensdauer der Kesselwände außerordentlich schädlich ist, in Frage. Das Rohöl hat im Durchschnitt einen etwa um 2500 WE größeren Heizwert pro kg als die Kohle. Nach den Ergebnissen der Praxis ist für dieselbe Leistung auf den Dampfern bei Ölfeuerung ein um etwa 26 % geringeres Brennstoffgewicht mitzunehmen wie bei Kohlenfeuerung, oder umgekehrt gesprochen, erhöht sich in demselben Maße der Aktionsradius eines Schiffes. Hinzu kommt die erheblich geringere Rauminanspruchnahme der flüssigen Brennstoffe gegenüber den festen, ihre günstige Stapelung, die kurze Bunkerzeit und außerdem die große Personalverminderung, die sich gleichzeitig erzielen läßt. Förster[1]) stellt in seinen bezügl. Untersuchungen fest, daß bisher bei den ölfeuernden Schiffskesselanlagen eine durchschnittliche Ersparnis von 25 % an Bedienungsmannschaften erreicht wurde. Dadurch wird wiederum eine Vergrößerung des Nutzraums ermöglicht, da sich der für das Schiffspersonal bis dahin erforderliche Wohnraum als Passagierraum oder Raum für Frachtenballast bezahlt machen würde. Es ließe sich also durch die Möglichkeit beträchtlicher Raumersparnis einmal der Tiefgang der großen Hochseedampfer auf ein solches Maß reduzieren, wie es die Fahrtverhältnisse der normalen Hafenanlagen verlangen, und damit würde die lästige Beschränkung in der Auswahl der jeweils anlaufsfähigen Hafenplätze wegfallen, dann aber würde in vielen Fällen eine wertvolle Vergrößerung des Aktionsradius resultieren. Beides Vorteile seetechnischer Natur, die bedauerlicherweise aus wirtschaftlichen Gründen infolge der eigenartigen Produktions- und Verkaufsverhältnisse auf dem Petroleummarkt von den großen Schiffahrtslinien nicht konzipiert werden können.

Die Rentabilität der Ölfeuerung auf den Handelsdampfern hängt von dem Verhältnis ab, das zwischen den Mehrkosten des flüssigen Brennstoffs gegenüber der Kohle und der möglichen Mehreinnahme besteht, die durch die Raum-, Gewichts- und Personalersparnis zu erzielen ist. Trotz dieser erheblichen Ersparnisse ist aber bei den bestehenden Ölpreisen und der Unsicherheit der Produktionsgestaltung eine Einführung derselben auf den nordatlantischen Linien, die ja die größten und vollkommensten Schiffstypen des modernen Seeverkehrs ausgebildet haben, und für die folglich die Erweiterung der technischen Grenzen nach Dimensionen und Leistungen durch die Ölfeuerung besonders wichtig wäre, für Passagier-, wie Frachtdampfer bis heute nicht möglich gewesen. Nach Förster betrug der Preis des Texasöls 1907 in London 50 M. pro Tonne, in Hamburg zuzüglich Frachtkosten 52,50 M. Der New Yorker Preis hätte sich damals bei den vorherrschenden Konjunktur- und Frachtverhältnissen auf 37,50 M. gestellt, so daß ein Mittel zwischen Hamburger und New

[1]) Vgl. Dr.-Ing. Förster: „Die Bedeutung der flüssigen Feuerung für Konstruktion, Betrieb und Rentabilität eines transatlantischen Schnelldampfers". (Dissert. Berlin 1907.)

Yorker Preis von 45 M. pro Tonne resultiert. Vergleicht man damit den von den großen Reedereien für ihre Kohlen gezahlten Großhandelspreis von 16—17 M. für die Tonne, so ergibt sich unter gleichzeitiger Berücksichtigung eines Heizwertunterschiedes von $\frac{7500}{10000}$ für die Heizölenergie ein annähernd doppelt so hoher Preis wie für die Kohlenenergie[2]). Solange Produktion und Export des für den westeuropäischen Konsum allein in Frage kommenden Texasöls — Rußland verbraucht seine Produktion im eigenen Lande — sich in wenigen Händen rücksichtsloser amerikanischer Petroleummagnaten befinden, und die Preisbildung infolge davon deren absoluter Willkür überlassen ist, wird auch eine Änderung in der Richtung der Heizölverwendung für diese Linien kaum zu erwarten sein. Dagegen hat die Ölheizung auf den ostasiatischen Hauptrouten, die an den ostindischen Petroleumgebieten Borneo und Sumatra vorbeiführen und günstigere Bezugsbedingungen besitzen, schon mehrfach Eingang gefunden. Im ganzen sind im Jahre 1906 bereits 1200 bis 1500 Handelsdampfer europäischer Linien einschließlich der auf den südrussischen Flüssen und im Schwarzen Meer fahrenden mit Ölfeuerungen ausgerüstet gewesen.

Während aus Gründen der Wirtschaftlichkeit die Energieerzeugung mit flüssigen Brennstoffen auf den Handelsdampfern begrenzt, in vielen Fällen unmöglich wird, ist ihre Bedeutung für die Kriegsfahrzeuge, besonders für alle diejenigen, welche mit einem möglichst geringen Deplacement einen großen Aktionsradius verbinden bzw. wegen der einheimischen Hafenverhältnisse im Maximaltiefgang beschränkt werden müssen, noch in stetem Steigen begriffen. Hier spielen eben wirtschaftliche Gesichtspunkte nur eine sekundäre Rolle neben den strategischen Rücksichten. Von ausschlaggebender Bedeutung sind hier neben den bereits angeführten Einflüssen der Vorteil rauchloser Verbrennung sowie die Verkürzung der Bunkerzeit. Die Erfolge, die man durch die Anwendung der Ölfeuerung erzielt hat — auf den englischen Torpedobootszerstörern ist damit bei gleichem Bunkerraum ein annähernd $1\frac{1}{2}$-mal größerer Aktionsradius wie bei Kohlenfeuerung erreicht worden — haben einen großen Ansporn in dieser Entwicklung gegeben, und die zu-

---

[2]) Unter Zugrundelegung dieser Preise rechnet unser Gewährsmann für einen modernen Dampfer bei einem Ausnützungsgrad von 60 % des um die Raumersparnis erweiterten Nutzraums eine Bilanzgleichheit für Kohlen- oder Ölfeuerung aus. Bei höherer Ausnützung würde sich ein Gewinn zugunsten der Ölfeuerung ergeben. Trotz dieses relativ günstigen Ergebnisses wird bei der Unsicherheit der Produktionsgestaltung und Preisbildung eine allgemeine Einführung der Heizölverwendung auf den bezeichneten Linien zu riskiert erscheinen müssen, als daß sie in absehbarer Zeit zu gewärtigen wäre.

nehmende Weitereinführung der Ölfeuerungen für gewisse Schiffstypen der britischen und neuerdings auch der deutschen Marine, der Torpedobootszerstörer der Aufklärungsschiffe u. a., ferner die fortdauernden Versuche der meisten anderen Kriegsmarinen mit flüssigen Brennstoffen sind ein Beweis für die Wichtigkeit und die Aussichten, welche der Heizölfrage an sich auf diesem Gebiete noch zukommen.

2. Einfluß der Elektrizität auf Kraftgewinnung und -verwendung.

Von ausschlaggebendem Einfluß auf die Gestaltung der Krafterzeugung ist die Art der Kraftübertragung, die durch das Aufkommen der Elektrizität eine völlige Umwälzung der Betriebsorganisation auf vielen Gebieten des Industrie-, Gewerbe- und Verkehrswesens hervorgerufen und in gewissem Sinne eine neue Epoche unseres Wirtschaftslebens eingeleitet hat. Bevor wir daher zur ökonomischen Würdigung des Energieverwendungsproblems in einzelnen Wirtschaftszweigen übergehen, müssen wir auf die Bedeutung der Elektrizität und ihre mit elementarer Gewalt sich ausbreitende Wirkung zu sprechen kommen. Wenn im Früheren absichtlich vermieden wurde, auf die elektrische Kraft als solche ausführlicher einzugehen, so taten wir dies mit Rücksicht darauf, daß die Elektrizität bis heute als selbständiges Krafterzeugungsmittel zur Deckung des vorhandenen Energiebedarfs einer Volkswirtschaft noch nicht in Frage kommt und daher unter ganz anderen Gesichtspunkten zu betrachten ist wie diese.

Die Anwendungsmöglichkeiten, die die Elektrizität für die verschiedensten Zwecke erfahren hat, sind außerordentlich vielfältige, aber das eine ist immer im Auge zu halten: sie ist nicht primäre, sondern nur sekundäre Energiequelle. Sie hat uns, wenn wir von der erweiterten Ausnützungsmöglichkeit der Wasserkräfte in diesem Zusammenhange absehen, nicht ein neues, bisher ungewertetes Gut erschlossen, wie seinerzeit die Dampfmaschine die in der Tiefe schlummernden Kohlenschätze der wirtschaftlichen Verwertung zuführte und damit die grundlegenden Vorbedingungen moderner Wirtschaftsgebarung schuf. Die Gewinnung der elektrischen Kraft aus der Atmosphäre oder aus dem Erdplaneten ist, wenn auch keine Utopie, so doch bis heute ungelöstes Problem. Die Elektrizität bedarf zu ihrer Erzeugung immer einer besonderen Kraftmaschine, eines Generators, sei es nun eine Dampfkraft, Wasserkraft oder Gaskraft in Verbindung mit der Dynamo, und darin besteht ihr Hauptunterschied von den früheren Energiequellen. Sie dient nicht der Krafterzeugung, sondern nur der Kraftumsetzung und -übertragung. Sie ermöglicht es, die mechanische Arbeit irgend einer der früher besprochenen Kraftmaschinen unter geringen Verlusten in elektrische Energie umzuwandeln, diese in dünnen Drähten auf weite Strecken fortzuleiten und an beliebiger Stelle wieder zur Auslösung zu bringen.

Keinesfalls ist die Kraftmaschine durch das Aufkommen und die Ausbreitung der Elektrizität zurückgedrängt worden, sondern das Gegenteil ist der Fall gewesen. Gerade durch die Vorzüge der elektrischen Energieübertragung, die wir später noch im einzelnen erkennen werden, hat das Anwendungsgebiet aller Arten primärer Energiequellen eine erhebliche Erweiterung erfahren, haben diese in ihrer Entwicklung einen mächtigen Ansporn bekommen. Tourenzahl und Einheitsgrößen der Antriebsmaschinen sind durch den Einfluß der Dynamomaschinen gesteigert worden. Die hohen Umlaufszahlen derselben verlangten große und verlustbringende Übersetzungen. Das Streben nach Einfachheit und Erhöhung des Wirkungsgrades drängte aber zur direkten Kupplung von Dynamo und Dampfmaschine. Man mußte also beide einander anpassen. Bei großen Einheiten, bei denen man aus technischen Gründen mit der Kolbenmaschine nicht über 120—150 Touren minutlich hinausgehen konnte, baute man Schwungraddynamos von gewaltigem Durchmesser, wie wir sie heute noch in älteren Zentralen sehen, bei kleineren Einheiten ging man bis auf 300 und 400 Umdrehungen über. Die Elektrisierung der Betriebe und die Zentralisation der Energieerzeugung wirkten auf eine Vergrößerung der Leistungseinheiten hin. Die Steigerung der Leistungen und Geschwindigkeiten wiederum nötigte dazu, solider und präsiser zu bauen, und insofern hat die Einführung der Elektrizität einen außerordentlich günstigen Einfluß auf den gesamten Kraftmaschinenbau ausgeübt.

Für die Beurteilung der Wirtschaftlichkeit elektrischer Energiegewinnung ist nicht nur die Erhöhung der Kapitalinvestition, die durch das Zweierlei des Maschinenaggregats als Primärmaschinen und Sekundärmaschinen entsteht, in Erwägung zu ziehen, sondern es sind alle bei den Kraftmaschinen durch schlechten kalorischen oder mechanischen Wirkungsgrad entstehenden Energieverluste für die Gesamtanlage mit in Anrechnung zu bringen. Denn die in der Kohle enthaltene Energie wird dreimal umgesetzt, bis sie zur Kraftleistung verwendet wird. Die auf diesem Wege sich nacheinander ergebenden Verluste sind in ihrer Summe so groß, daß nur ein kleiner Bruchteil des in dem Kraftstoffe vorhandenen Energiebetrags in nutzbarer elektrischer Arbeit wiedergewonnen wird. Der weitaus überwiegende Teil dieser Verluste ist aber auf das Konto der Primärmaschine zu setzen. Unsere heutigen Dynamomaschinen wie auch Elektromotoren haben unter normalen Betriebsverhältnissen einen mechanischen Wirkungsgrad von 90 %, und eine

Verbesserung dieser Teile um einige Prozent, die vielleicht mit der Zeit noch zu erreichen ist, wird eine wirksame Änderung in der Rationalisierung der Kraftverwendung nicht bringen können. Vielmehr wird diese bei der primären Krafterzeugung einsetzen müssen, und es ist einleuchtend, welche ungeheuren wirtschaftlichen Vorteile eine Umgehung aller indirekten elektrischen Energieerzeugung haben müßte zugunsten einer unmittelbaren Gewinnung der Elektrizität aus der Kohle und direkter Umsetzung derselben in Elektromotoren. Es ist dies keineswegs ein utopistisches Problem, und zahlreiche anerkannte Forscher haben sich bereits damit abgegeben. Vielleicht ist es dem 20. Jahrhundert vorbehalten, dasselbe zu lösen und damit einen neuen allgemeinen Umschwung des Industrie- und Verkehrslebens hervorzurufen, der vielleicht noch weit folgenschwerer für den Gesamtorganismus der Volkswirtschaft wäre wie vor einem Jahrhundert die Einführung der Dampfmaschine. Verlassen wir aber dieses Gebiet ökonomischer Spekulation und kehren wir zur Wirklichkeit zurück.

Wenn wir vorhin von einer scheinbaren Verschlechterung der Ökonomie der Kraftgewinnung durch die Elektrizität gesprochen haben, so bedarf dies einer Erläuterung. Es ist bereits betont worden, daß die Umsetzung der mechanischen Kraft in elektrische und die Rückwandlung dieser wieder in mechanische Bewegung nur mit relativ kleinen Verlusten verbunden ist. Diese addieren sich allerdings zu denjenigen der Primärmaschine und wirken folglich auf eine Verminderung des Nutzeffekts derselben hin, tatsächlich aber sind die Vorteile, die durch die „elektrische Transmission" für die ganze Betriebsorganisation der kraftverbrauchenden Industrien und Gewerbe entstehen, gegenüber den früher üblichen Arten der Fortleitung der Kraft von der Erzeugungs- an die Verbrauchsstellen so groß, daß die in der doppelten Energieumsetzung gelegenen Verlustquellen mehr als aufgewogen werden.

Unter den verschiedenartigen Verwendungszwecken der Elektrizität lassen sich vier Hauptgruppen unterscheiden: Beleuchtung, Heizung, Kraftübertragung und Signalwesen. Das Signalwesen ist das ausschließliche Gebiet der Schwachstromtechnik. Die hier zur Übertragung der Zeichen erforderlichen Kräfte sind so gering, daß sie meist in elektrochemischen Elementen erzeugt werden können. Ihre Erörterung gehört daher nicht in den Rahmen dieser Arbeit. Die drei anderen Gruppen, die das Anwendungsfeld der Starkstromtechnik darstellen, führen, so ungleichartig im einzelnen auch ihre Gebrauchszwecke sind, auf die Dynamomaschine und die Verwertung der in dieser erzeugten elektrischen Ströme hin. Die wichtigste Funktion der Elektrizität in allen diesen Fällen ist die Energieübertragungsfunktion. Aus ihr ergeben sich fast die meisten weiteren Eigentümlichkeiten und Vorteile, die als

Folgeerscheinungen elektrischer Energieverwertung auftreten und dieser in der kurzen Zeit von zwei Jahrzehnten zu einem ungeahnten Siegeszug im modernen Wirtschaftsleben verhalfen. Die Gebiete der Beleuchtung und Heizung, welch letzteres erst in allerneuster Zeit durch die Einführung des elektrischen Ofens in der Elektrometallurgie und Elektrochemie zu großer Bedeutung gelangt ist und für mannigfache Produktionsgebiete aussichtsvolle Weiterungen eröffnet, bilden ein umfangreiches Anwendungsfeld für die Dynamomaschine. Der Endzweck der Kraftleistung derselben hierbei ist jedoch nicht die Erzeugung irgend einer mechanischen Arbeitsleistung, sondern besteht in der Umsetzung der elektrischen Energie in intensive Wärmewirkung, die im einen Falle zum Erleuchten der Kohlenstifte in der Bogenlampe, der Fäden in der Glühbirne, im anderen Falle zum Schmelzen der Erze weiter benützt wird.

Wenn wir die elektrische Kraftübertragung in die dabei auftretenden Einzelvorgänge zerlegen, nämlich: 1. die Umsetzung mechanischer Energie in elektrische, 2. die Fortleitung und Verteilung elektrischer Energie von der Erzeugungsstelle zu den Verbrauchsorten und 3. die Rückwandlung dieser elektrischen Energie wieder in mechanische, so sehen wir, daß die beiden ersten Vorgänge bei jeder Art Elektrizitätsverwendung erforderlich sind, während der dritte Vorgang der eigentlichen Kraftübertragnng als solcher, dem spezifischen Zwecke mechanischer Arbeitsleistung allein eigentümlich ist. Diese stellt das wichtigste Anwendungsgebiet elektrischer Energieverwertung dar. Sie ist es auch gewesen, die hauptsächlich der Elektrizitätsindustrie ihre beispiellose Entwicklung ermöglichte. Nach den Schätzungen des „Vereins zur Wahrung gemeinsamer Wirtschaftsinteressen der deutschen Elektrotechnik" betrug Ende 1906 das von der deutschen Elektrotechnik und ihren Erzeugnissen absorbierte Nationalvermögen etwa 2¾ Milliarden Mark, und der Bericht des „Berliner Jahrbuchs für Handel und Industrie" führt für das Jahr 1907 mit Rücksicht auf diese Tatsache gelegentlich aus: „Die Anforderungen, die die Elektroindustrie und der Übergang vom Dampf- zum elektrischen Betriebe in einer großen Reihe von Erwerbszweigen an den Kapitalmarkt gestellt haben, finden in den letzten Jahrzehnten ihresgleichen nicht. Man muß bis in die Zeit des Aufkommens des Eisenbahnen zurückgehen, um in dem Wirtschaftsleben eine Erscheinung zu finden, die eine ähnlich hohe Kapitalsausrüstung verlangte."

Welches sind nun die großen Vorzüge, die die elektrische Kraftübertragung gegenüber den übrigen Arbten der Kraftverwendung so wertvoll erscheinen lassen? Sie liegen wiederum in erster Linie auf wirtschaftlichem Gebiet. Sehen wir zunächst von der ökonomischen

Übertragungsmöglichkeit der elektrischen Energie auf weite Strecken ab und betrachten die Kraftverteilung innerhalb eines selbständigen Fabrikbetriebes, also eines beschränkten Gebäudekomplexes, so können wir in fast allen Gewerbezweigen, deren Produktionsmethoden die Anwendung vieler einzelner Arbeitsmaschinen erfordern, den Übergang von der mechanischen zur elektrischen Transmission beobachten. Man kann wohl sagen, daß sie bei Neuanlagen fast ausschließlich zur Anwendung kommt, und in vielen älteren Werken meist nur die Scheu vor erneuter Kapitalinvestition der Einführung hinderlich ist. Krafterspamis und Kohlenersparnis sind die Schlagworte, die den Hauptgrund für diese Umänderung der Betriebsorganisation bezeichnen.

Ein Rundgang durch eine alte Fabrikanlage mit den kreuz und quer verzweigten Transmissionssträngen, den zahllosen Riemenübersetzungen, Kupplungen und Zahnrädern, und durch einen modernen Betrieb mit elektrisch angetriebenen Arbeitsmaschinen wird auch den Laien von der Bedeutung überzeugen, den die Elektrisierung der Produktion für die ganze Organisation der Betriebe im Gefolge hatte. Dort welches Wirrwarr an Riemen, Gestängen, Vorgelegen, hier welche Einfachheit und Übersichtlichkeit in der Anordnung der Arbeitsmaschinerie. Dort bildeten die langen Transmissionswellen mit ihren vielen mechanischen Übersetzungsmitteln enorme Verlustquellen, die in ihrer Summe allein mitunter größere Energiemengen verzehrten, als zum Antrieb der sämtlichen Arbeitsmaschinen, die sie zu treiben hatten, erforderlich waren. Von der Größe der Verluste konnte man sich in den meisten Fällen keine Vorstellung machen, da keinerlei Anhaltspunkte vorhanden waren. Selbstverständlich war auch eine exakte Kalkulation des auf das einzelne Arbeitsstück entfallenden Kraftverbrauchs und der entsprechenden geldlichen Anteilsquote an den Gesamtenergieerzeugungskosten ausgeschlossen. Wohl gab es lange vor der allgemeinen Elektrisierung der Betriebe selbsttätige Arbeitsmesser für mechanische Transmissionen, die hinreichend genau arbeiteten, aber nur selten kamen sie zur Anwendung, da sie für die praktische Verwertung zu umständlich und auch zu kostspielig waren. Durch den Einbau von Volt- und Amperemeter läßt sich dagegen mit Leichtigkeit bei dem Elektromotor die jeweilige Arbeitsleistung in den verschiedensten Produktionsstufen selbst von ungeschultem Personal feststellen. Gerade aber die Möglichkeit, den einzelnen Arbeitsvorgang auf seinen jeweiligen Kraftverbrauch zu prüfen und alle Phasen desselben genau zu verfolgen, gibt bei dem scharfen Wettbewerb in der modernen Produktionsorganisation ein schätzenswertes Mittel an die Hand, diejenigen Stellen in der Stufenfolge der Produktionsprozesse herauszufinden, wo zu teuer produziert wird, wo verbessert und verbilligt werden kann[1]). Auch in den bisweilen in größeren Städten eintretenden Fällen, daß ein Fabrikbesitzer einen Teil seiner Werkstätten mit Betriebskraft für kleinere oder mittlere Gewerbebetriebe vermietet, bietet der Elektromotor die einzige Kontrolle über die wirklich abgegebenen Energiebeträge.

Über die Größe der auftretenden Verluste bei mechanischen Transmissionen gegenüber elektrischen sind bereits Anfang der 90er Jahre von den führenden Elektrizitätsfirmen, der Allgemeinen Elektrizitäts-Gesellschaft und Siemens & Halske, Berlin, mit Hilfe des Elektromotors genaue Versuche über den Unterschied der Wirkungsgrade einer Transmission bei mechanischem und elektrischem Antrieb der Unterstufen gemacht worden, die zu einem ziemlich übereinstimmenden Resultat geführt haben. Hier seien diese, wie sie bei mehreren für verschiedenartige Verhältnisse aufgenommenen Ermittlungen sich ergaben, mitgeteilt. Die Übersetzung war dreistufig, d. h. sie ging von der Kraftantriebsmaschine auf die Transmission, von dieser auf das Vorgelege und von letzterem auf die Arbeitsmaschinen. Die Übersetzungsstufen sind einzeln und in ihrem Gesamteinfluß untersucht, wie aus den Zahlen zu ersehen ist.

Aus umsehender Tabelle gehen die Ersparnisse, die mit elektrischer Transmission im allgemeinen zu machen sind, ohne weiteres hervor. Es zeigt sich, daß der Nutzeffekt mechanischer Transmissionen um so schlechter ist, je geringer die Besetzung der Transmissionsstränge, d. h. je weniger Arbeitsmaschinen anzutreiben sind.

Die Erscheinung wird sofort verständlich werden, wenn man überlegt, daß die dauernde Bewegung der Transmissionswellen allein, also ohne daß nützliche Arbeitsleistung verrichtet wird, einen bestimmten Kraftaufwand verzehrt. Der Anteil im Verhältnis zur abgegebenen Nutzleistung fällt natürlich prozentual um so mehr ins Gewicht, je kleiner diese ist. Als weiteres Moment, das die Vorzüge elektrischer Transmission in noch günstigerem Licdte erscheinen läßt, kommt der Einfluß der Betriebsdauer der einzelnen Arbeitsmaschinen hinzu. Im praktischen Betriebe nämlich tritt der Grenzfall, daß sämtliche von der Transmission angetriebenen Maschinen gleichzeitig mit voller Belastung genutzt werden, nur selten ein. In der Regel ist die Belastung wesentlich geringer, da der Produktionsprozeß im einzelnen ein häufigeres Stillsetzen der Arbeitsmaschinen erfordert, sei es zum Nachmessen, Auf- oder Abspannen der Werkstücke, zum Einrichten der Schneidewerk-

[1]) Hier und im folgenden halten wir uns an den Aufsatz von Laasche: „Der elektrische Einzelantrieb“ in Zeitschr. des Ver. deutsch. Ing. 1892, der die technischen und wirtschaftlichen Vorteile der elektrischen Transmission erschöpfend behandelt hat.

Tabelle 20.

Vergleichstabelle der Wirkungsgrade mechanischer und elektrischer Transmissionen.

Beispiel Nr.	1	2	4	
Besetzung der Wellen	schwach	gut	voll	
1. Mechanische Transmision.				
Wirkungsgrad der I. Stufe	0,256	0,86	0,93	
Wirkungsgrad der II. Stufe	0,683	0,835	0,915	
Wirkungsgrad der III. Stufe	0,762	0,84	0,775	
Gesamtwirkungsgrad zweistufig	0,521	0,70	0,71	bei Vollbelastung
	im Mittel 0,644			
Gesamtwirkungsgrad dreistufig	0,137	0,605	0,660	bei Vollbelastung
	im Mittel 0,467			
Gesamtwirkungsgrad zweistufig	0,465	0,640	0,645	bei $^3/_4$ der Vollbelastung
	im Mittel 0,583			
Gesamtwirkungsgrad zweistufig	0,433	0,645	0,620	bei $^2/_3$ der Vollbelastung
	im Mittel 0,566			
Mittlere Entfernung d. Riemenscheiben	2,08 m	0,55 m	0,375 m	

2. Mittel- und Grenzwerte.

	Mechanische Transmission	Elektrische Transmission	Ersparnisse d. elektr. Transmission in %	
a) Mittelwerte:				
Wirkungsgrade bei 2 Stufen	0,644	0,72	10,5	bei Vollbelastung
Wirkungsgrade bei 3 Stufen	0,467	—	35,1	bei Vollbelastung
Wirkungsgrade bei 2 Stufen	0,583	0,72	16,7	bei $^3/_4$ d. Vollbelastung
Wirkungsgrade bei 2 Stufen	0,566	—	19,2	bei $^2/_3$ d. Vollbelastung
b) Grenzwerte:				
Wirkungsgrade bei 2 Stufen	0,521—0,71	0,70	25,5—0	bei Vollbelastung
Wirkungsgrade bei 3 Stufen	0,137—0,66	—	80,5—5,7	bei Vollbelastung
Wirkungsgrade bei 2 Stufen	0,465—0,640	—	33,6—8,6	b. $^3/_4$ d. Vollbelastung
Wirkungsgrade bei 3 Stufen	0,433—0,645	—	38,3—7,9	b. $^2/_3$ d. Vollbelastung

Tabelle aus ETZ. 1892, S. 684. E. Hartmann: „Über Anwendungen elektrischer Kraftübertragung.“

zeuge u. s. f. In allen Fällen aber haben die Transmissionen selbst den gleichen Kraftverbrauch für die Eigenbewegung und wirken dadurch auf eine prozentuale weitere Verminderung des Nutzeffekts hin. Dies ist bei elektrischem Antrieb der Arbeitsmaschinen anders. Mit dem Augenblick, in dem der Elektromotor stillgesetzt wird, hört auch der Kraftverbrauch auf, eine Reduzierung des Wirkungsgrades durch nutzlose Energieaufzehrung in den Arbeitspausen findet also in keiner Weise statt; d. h. die elektrische Transmission wird in solchen Betrieben besonders ein ökonomisches Erfordernis sein, wo Individualerzeugnisse in verschiedenartigen aufeinander folgenden Produktionsstufen hergestellt werden, und die Produktionsbedingungen an sich schwankende Belastungsverhältnisse der Arbeitsmaschinen mit sich bringen. Aus demselben Grunde setzte sich die Einführung des neuen ökonomischen Antriebs am schnellsten bei der großen Zahl der mannigfachen Hebemaschinen, der Aufzüge und sonstigen Transportvorrichtungen, die ausschließlich stark intermittierenden Betrieb haben, durch. Sie werden heute nur noch elektrisch angetrieben. Zu den Kraftersparnissen, die sich unmittelbar durch die Elektrisierung der Fabriken machen lassen, kommen andere ökonomische Vorteile, die sich zahlenmäßig direkt nicht feststellen lassen, die aber in ihrer Gesamtheit eine weitere Verwohlfeilung der Produktion zur Folge haben. Durch die elektrische Transmission ist es möglich geworden, die Anordnung der Arbeitsmaschinen bei modernen Anlagen lediglich nach Zweckmäßigkeitsgesichtspunkten, d. h. in erster Linie nach der Stufenfolge der Arbeitsprozesse vorzunehmen. Dadurch wird jeder unnötige Transport der Werkstücke durch die Fabrikräume vermieden und lassen sich wertvolle Gewinne an Zeit- und Kraftaufwand erzielen, während bei den Fabriken mit mechanischer Transmission nicht der Werdegang der Fabrikate, sondern in der Regel die Rücksicht auf Kraftzuleitung und -Verteilung für die Aufstellung der Werkzeugmaschinen den Ausschlag gab. Man ist in gut eingerichteten Werken sogar so weit gegangen, daß große und schwere Maschinenteile überhaupt nicht mehr transportiert werden, sondern man hat bewegliche Arbeitsmaschinen gebaut, die man an das Werkstück heranbringt. Der Antrieb erfolgt elektrisch, indem die Kraft von irgend einer Stelle der Hauptleitung abgezweigt und mittels eines biegsamen Kabels auf die Arbeitsmaschinen übertragen wird. Ein weiterer Vorteil, der sich schon bei der Anlage bezahlt machen wird, ist der, daß durch den Fortfall der mechanischen Transmission die Gebäude leichter und billiger gehalten werden können und in der Grundrißgestaltung unabhängig von der Möglichkeit der Kraftzuleitung sind. Als Imponderabilien sind ferner in Betracht zu ziehen die Verminderung der gewerblichen Gefahr, die Übersichtlichkeit der Werkstätten, die Staubfreiheit, erhöhte Sauberkeit und Helligkeit, die sich bei elektrischem Betrieb erreichen lassen.

Im allgemeinen unterscheidet man nun zwei Arten des elektrischen Antriebs für Fabriken, über deren Zweckmäßigkeit im Einzelfalle früher viel gestritten wurde. 1. Die Fabrik wird in mehrere Unterabteilungen geteilt und jede derselben durch einen Elektromotor getrieben: sog. Gruppenantrieb. 2. Jede Arbeitsmaschine erhält ihren eigenen Elektromotor: sog. Einzelantrieb. Die Streitfrage ist bei deutschen Industrien in der Weise gelöst, daß nur die schwereren Arbeitsmaschinen mit Einzelmotoren ausgerüstet, die kleineren dagegen im Gruppenantrieb vereinigt werden. Bei ihnen ist, wenn sie in einer Werkstatt zusammengefaßt sind, der Gruppenantrieb schon aus dem Grund vorteilhafter, weil, wie früher bereits hervorgehoben, die Gesamtheit dieser Arbeitsmaschinen fast niemals gleichzeitig vollbelastet ist. Der Antrieb braucht daher nur für den mittleren, aus Erfahrungswerten festzustellenden Kraftbedarf bemessen werden und ist natürlich billiger als die Summe vieler Einzelmotoren, die in diesem Falle für die einzelnen Maximalleistungen ausreichend berechnet werden müßten. Ebenso ist in den Betrieben, wo die Maschinen nur mit kurzen Unterbrechungen den ganzen Tag über laufen, der Einzelantrieb ökonomisch unrichtig. Die Übertreibung der Unterteilung des Antriebs brächte hier eine übermäßige Belästigung durch Wartung und Instandhaltung der vielen kleinen Motoren mit sich. Tatsächlich überwiegt auch in Deutschland der Gruppenantrieb bei weitem. Zu beachten ist aber hierbei wieder, daß der Begriff der ökonomischen Richtigkeit oder Unrichtigkeit immer nur ein relativer sein kann. Denn eine absolute Wirtschaftlichkeit gibt es in diesen Dingen nicht. Vielmehr ändern sich die Voraussetzungen einer solchen mit den gesamten Produktionsverhältnissen und können von Industriezweig zu Industriezweig, von Land zu Land andere sein. In den Vereinigten Staaten von Nordamerika z. B., wo vor allem der Einfluß der hohen Arbeitslöhne von ausschlaggebender Bedeutung für Organisation und Gestaltung der Produktion geworden ist, ist man zur allgemeinen Durchführung des Einzelantriebs übergegangen. Man empfindet hier schon die Zeitverluste, die bei der Veränderung der Arbeitsgeschwindigkeit durch das Umlegen des Riemens von einer Stufe auf die andere entstehen, als unerlaubt und reguliert die Umdrehungszahl der Maschinen auf elektrischem Wege mittels eines einfachen Handgriffs durch Ein- oder Ausschalten von Widerständen. Hier sind selbst kleine Drehbänke und andere Arbeitsmaschinen durch Elektromotoren angetrieben[1]). Daß solche Entwicklungstendenzen einen hervorragenden

[1]) Paul Möller: „Mitteilungen über eine Studienreise in Amerika". Zeitschr. des Ver. deutsch. Ing. 1904, S. 84.

Einfluß auf den Beschäftigungsgrad der dortigen Elektroindustrie ausüben, sei hier nur angedeutet.

3. Kraftkonzentration unter dem Einfluß der Elektrizität.

Trotz der Ersparnisse, die sich augenscheinlich durch obige Organisation der Kraftverteilung für den inneren Betrieb der Fabriken erzielen lassen, hätte die Elektrizität nicht die erstaunlich rasche und allgemeine Verbreitung erlangen können, hätte sie nicht gleichzeitig die Möglichkeit weitgehender Zentralisation der Krafterzeugung geschaffen. Denn der Aktionsradius ökonomischer Energieübertragung erstreckt sich nicht nur auf den beschränkten Gebäudekomplex einzelner Fabrikanlagen, sondern darüber hinaus liegt die epochale Bedeutung der Elektrizität erst richtig in dem Umstand, daß durch sie die Fortleitung der von den primären Kraftspendern, der Dampfturbine, dem Gasmotor oder der Wasserturbine, erzeugten mechanischen Arbeit auf große Entfernungen zur ökonomischen Errungenschaft geworden ist. Durch die Möglichkeit der mannigfachsten und ausgedehntesten Verzweigung der Kraftverteilung entsteht aber der technische und wirtschaftliche Vorzug, die Kraft jeweils an der bequemsten und geeignetsten Stelle zu erzeugen und von da durch das elektrische Kabel an die entlegenen Verbrauchswinkel hinzuschaffen. Wenn es aber möglich ist, die Energie von einer Zentralstelle auf beliebig weite Entfernungen fortzuschicken, so liegt umgekehrt der Gedanke nahe, alle in dem wirtschaftlichen Aktionsbereich einer elektrischen Energiequelle vorhandenen Kraftbedürfnisse, sei es daß sie für Beleuchtungs- und Heizzwecke, oder als Triebkräfte für Industrien und Bahnen auftreten, zu sammeln und in einer Kraftzentrale zu vereinigen.

Wie wir an früherer Stelle gesehen haben (vgl. hierzu S. 129), haben die meisten Kraftmaschinen, die zum Antrieb von Dynamos in Frage kommen, die „natürliche Tendenz der Vergrößerung". Insbesondere gilt dies auch für die Dampfturbine, die ja in neuerer Zeit als die vorteilhafteste Ergänzung der Dynamomaschine ausgiebig in elektrischen Primäranlagen Verwendung gefunden hat. Ihr eigentliches, auch bezüglich des Kohlenverbrauchs wirtschaftliches Aktionsgebiet gegenüber der Kolbendampfmaschine beginnt erst bei Einheitsleistungen von 1000 und mehr PS, wenn auch eine Reihe anderer Vorzüge, wie vor allem die große Platzersparnis, minimale Wartung und geringer Öl verbrauch, ihre Anwendung schon in kleineren Größen vorteilhaft erscheinen lassen. In großen Fabrikanlagen mit mehreren an verteilten Plätzen liegenden Gebäuden, in denen früher häufig jedes einzelne seine Kraftstation hatte, bringt die Möglichkeit der Zentralisation, also der Ersatz der relativ unrationell arbeitenden kleinen und mittelgroßen

Dampfmaschinen durch eine große, erhebliche Ersparnisse an Brennstoffverbrauch, Bedienungs- und Wartungskosten mit sich. Ebenso wird sich durch die Vereinigung der zerstreut angeordneten Kesselhäuser zu einer einheitlichen Anlage eine wesentliche Minderung der Kosten für Baulichkeiten, Rohrleitungen und Spezialausrüstungen erzielen lassen; denn offenbar wird die Errichtung mehrerer kleiner Einzelanlagen mit jeweils besonderem Kesselhaus, Schornstein, Maschinenraum höhere Anlagekosten verursachen wie eine einzige große Zentralanlage. Hinzu kommt die Notwendigkeit, für jede Einzelanlage ausreichende Reserven zu beschaffen, während dieselben bei der Zentralisation der zerstreuten Kraftstationen eventuell durch die sich ausgleichenden Betriebsbedingungen der verschiedenen Abteilungen sehr klein gehalten werden können. Vielfach ist man neuerdings dazu übergegangen, dieselben ganz wegzulassen und die Aufrechterhaltung des Betriebes bei unvorhergesehener Steigerung des Kraftbedarfs durch Anschluß an städtische Elektrizitätswerke zu sichern.

Die Vorteile, die durch die Zentralisation der Krafterzeugung und ihre Verteilung mittels des elektrischen Kabels entstehen, sind so groß, daß die Verteuerung der Anlagekosten, die durch das Zweierlei des Gesamtaggregates, der Kraftmaschine und der Dynamo, entsteht, reichlich aufgewogen wird.

Die Erzeugungskosten der elektrischen Kraft hängen außer von der Größe der Anlage auch wesentlich von der speziellen Stromart ab, welche der Elektrizitätszentrale zugrunde gelegt ist. Maßgebend hierfür ist häufig, die Spannung die verwendet werden soll. Während man früher den Gleichstrom wegen seiner besonderen Eignung für Beleuchtungszwecke und der größeren Anpassungsfähigkeit des Gleichstrommotors an die Belastung der Arbeitsmaschinen bevorzugte, geht man jetzt in allen den Fällen, wo der Kraftverbrauch den Lichtverbrauch überwiegt, mehr und mehr zur Verwendung des Wechselstroms und besonders des dreiphasigen Wechselstroms — Drehstrom genannt — über, und zwar aus folgenden Gründen: Zunächst ist der Drehstrommotor als Kurzschlußmotor, besonders in den für den Einzel- oder Gruppenantrieb in Fabriken erforderlichen kleinen Größen, billiger als der Gleichstrommotor. (Vgl. hierzu Tabelle 16—17, Seite 119 u. 120). Außerdem läßt der Gleichstrom infolge der schwierigen und teuren Isolation der Gleichstrommaschinen bei weitem nicht die hohen Spannungen zu wie der Wechselstrom, so daß er bei Kraftübertragung großer Energiemengen und auf weite Entfernungen von vornherein ausscheidet[1]).

[1]) Neuerdings ist dem Drehstrommotor ein erfolgreicher Konkurrent in dem Wechselstrommotor als Einphasenmotor erstanden. Technische Schwierigkeiten standen der allgemeinen Verwendung desselben bis jetzt entgegen, die

Aus technischen Gründen steht ferner die Gleichstromdynamo der natürlichen Vergrößerungstendenz der Kraftmaschinen entgegen, insofern Leistungseinheiten von über 1000 oder 1200 PS für den praktischen Betrieb zu kompliziert werden. Soll also die Verbilligung der Krafterzeugung durch Maschinensätze der größtmöglichen Dimensionen von 10 000 und 15 000 bis zu 20 000 SP, wie sie bis zum heutigen Stand der Technik die Dampfturbine ermöglicht hat, zur Geltung kommen, so ist man ohnedies auf die Verwendung des Drehstroms angewiesen, da die Drehstromdynamo sich ohne Schwierigkeiten in solchen Größen herstellen läßt, wie es die Rücksicht auf ökonomische Ausnützung der Antriebsmaschinen erforderlich macht. Bei Gleichstromwerken ist in der Regel die Angliederung einer Akkumulatorenbatterie erforderlich, die aber eine beträchtliche Erhöhung der Gesamtanlagekosten zur Folge hat. Sie stellen gewissermaßen einen Reservebehälter dar zur Aufspeicherung aller der Energiebeträge, die vom Generator über den Verbrauch hinaus erzeugt werden. Bekanntlich arbeitet ja die Dampfmaschine am wirtschaftlichsten, wenn sie mit der vollen Leistung, für die sie gebaut ist, auch in Anspruch genommen wird. Da aber der Kraftkonsum je nach dem Bestimmungszweck der Anlage in weiten Grenzen schwankt, so hilft man sich damit, daß man die von der Dynamo bei Vollbelastung erzeugten Überschußenergiemengen in den Akkumulator leitet und dort im Gebrauchsfall wieder entnimmt. Beide lösen sich also in der Stromlieferung ab und ergänzen sich gegenseitig.

Eine große wirtschaftliche Bedeutung haben die Akkumulatorenbatterien und überhaupt die Verwendung des Gleichstroms besonders in städtischen Elektrizitätswerken erlangt. Die hier vielfach vorliegenden eigenartigen Betriebsverhältnisse lassen trotz der ökonomischen Vorzüge der Wechsel- bzw. Drehstromerzeugung diesen häufig als die ungeeignetere Stromart erscheinen. Fast alle derartigen Zentralen haben heute mindestens eine oder aber mehrere Akkumulatorenbatterien. In den meisten Fällen findet der größere Teil der von diesen Werken abgegebenen Energie zu Beleuchtungszwecken und nur der geringere Teil zu Kraftleistungszwecken Verwendung. Die Folge ist aber, daß das Zentralwerk nach Tages- und Jahreszeiten starken Belastungsschwankungen ausgesetzt ist. Der Strombedarf für Beleuchtung wird im Winter

---

aber offenbar heute überwunden sind. Wirtschaftlich ist aber der Einphasenmotor überlegen, da er nur zwei Leitungsdrähte anstatt dreier beim Drehstrom benötigt, was besonders bei Übertragung auf weite Entfernungen von ausschlaggebender Bedeutung wird, und da außerdem Transformatoren und Anlaßapparate billiger sind wie bei Dreiphasenmotoren.

größer sein als im Sommer. Während des Tages ist nur der Verbrauch der angeschlossenen Motoren zu decken, der aber mit Einbruch der Dunkelheit plötzlich stark in die Höhe geht, da die Lampen in der Regel ziemlich gleichzeitig eingeschaltet werden. Gegen Mitternacht geht derselbe dann wieder allmählich zurück. Wollte man nun diesen Bedarf in Dynamomaschinen ohne Zuhilfenahme einer Ausgleichsbatterie erzeugen, so müßte diese natürlich für das auftretende Energiemaximum bemessen werden, würde also sehr teuer, und bei der geringen Vollbelastungsdauer in den wenigen Abendstunden wäre ihre Ausnützung eine denkbar schlechte. Anders bei Verwendung von Akkumulatorenbatterien. Ist der Verbrauch an Energie gering, so wird die Überschußleistung der Maschine in den Akkumulatoren aufgespeichert. Tritt nun am Abend plötzlich ein starker Strombedarf ein, so läßt man die Akkumulatoren mit auf das Netz arbeiten. Beide, Dynamo und Akkumulator, addieren sich dann in der Energielieferung. Geht der Bedarf wieder zurück, in den Nacht- und Morgenstunden, so setzt man die Maschine still und läßt die Akkumulatoren allein auf das Netz arbeiten. Man ist so in der günstigen Lage, die Kraftmaschine nur für eine mittlere Leistung dimensionieren zu müssen, sie aber während der ganzen Betriebsdauer mit annähernd gleichmäßiger Belastung laufen zu lassen.

Bei Wechselstromanlagen gibt es derartige Kraftaufspeicherungsbatterien nicht. Dagegen tritt hier durch die in der Regel bei hohen Spannungen erforderlichen Transformatoren ebenfalls eine Erhöhung der Gesamtanlagekosten ein. Die Erhöhung ist aber nur eine scheinbare und wird reichlich aufgewogen durch die erheblichen Ersparnisse an Kupfergewicht, die sich bei der Fortleitung hochgespannter Ströme erzielen lassen. Der Wert der elektrischen Arbeitsleistung wird bestimmt durch das Produkt aus Stromstärke und Spannung mal einem Reduktionsfaktor, der von der Bauart des Elektroaggregats abhängt ($\cos \varphi$ genannt). Es ist nun offenbar möglich, denselben Effekt zu erreichen durch Erzeugung starker Spannung und schwachen Stroms oder umgekehrt durch starken Strom und schwache Spannung. Da aber das Kupfergewicht der elektrischen Leitung und damit die Kosten derselben bei nur wenig sich verschlechterndem Wirkungsgrad quadratisch zur Größe der Spannung abnehmen, so ist man heute allgemein dazu übergegangen, den in der Dynamo erzeugten Starkstrom von einigen Hundert oder Tausend Volt im Transformator auf höhere Spannungen hinauf zu transformieren und in dünnen Drähten auf weite Entfernungen fortzuleiten. An der Verbrauchsstelle findet darauf wieder der entgegengesetzte Vorgang statt, indem die Spannung abermals in besonderen Umwandlungsapparaten auf eine für die weitere Verwendung ungefährliche Höhe reduziert wird. So ist man heute in der Lage, Hochspannungsströme bis zu 70 000 Volt[1]) auf diese Weise zu erzeugen und damit eine Reihe von Gebieten, die einzeln keinen rationellen Elektrizitätsbetrieb zulassen würden, von der wirtschaftlich geeignetsten Energiezentrale aus einheitlich zu versorgen. Man kann wohl sagen, daß erst durch die Anwendung des Wechselstroms und insbesondere des Drehstroms die Elektrizität zu ihrer epochalen Bedeutung für das gesamte Wirtschaftsleben gelangt ist. Immerhin muß aber auch hier vor Übertreibungen und utopischen Erwartungen, wie sie vielfach in der Literatur zu finden sind, gewarnt werden.

Die Länge der Kabelleitungen auf weite Entfernungen bewirkt natürlich eine wesentliche Verteuerung des Energiegestehungspreises an der Verwendungsstelle, und dieser allein, nicht etwa der Preis an der Erzeugungsstelle, ist für den Konsumenten ausschlaggebend. Wir haben bereits in der Einleitung darauf hingewiesen, daß der Aktionsradius der hydroelektrischen Anlagen aus wirtschaftlichen Gründen begrenzt ist und in direkter Beziehung zu dem Gefälle der Kraftquelle steht. Dasselbe gilt hier. Maßgebend für die Größe des ökonomisch möglichen Versorgungsgebietes sind in letzter Linie immer die Krafterzeugungskosten der für den Antrieb der Dynamos bestimmten Primärmaschinen. Wenn auch durch die Erhöhung der Spannungen die Kosten für Kupferaufwand der Leitungen in weitgehendem Maße eingeschränkt werden, so kommt man doch schließlich zu einem Punkte, wo der Gewinn an dieser Stelle durch vermehrten Aufwand für Isolation und Verlegung aufgehoben wird. Der wirtschaftliche Aktionsradius einer elektrischen Zentrale wird um so größer sein, je vorteilhafter die für die rationelle Krafterzeugung einschlägigen Momente zur Geltung kommen können. Die Stromerzeugungskosten hängen aber ab 1. von der wirtschaftsgeographischen Lage des Werkes rücksichtlich des Bezugs der Brennstoffe, 2. von der absoluten Größe des Gesamtstromverbrauchs und 3. von der relativen Gleichmäßigkeit der Bedarfsverteilung auf die verschiedenen Tages- und Nachtzeiten. Indirekt wirkt auch die Höhe der Frachtsätze durch Verteuerung der Brennstoffkosten bei eigener Krafterzeugung auf die Größe des Versorgungsgebietes ein.

Am günstigsten werden also diejenigen Zentralen gestellt sein, die sich in unmittelbarer Nähe der natürlichen Kohlenlager und gleichzeitig in dichtbevölkerten Industriegegenden befinden. Die Grenzlinie, bis zu welcher der Aktionsradius reicht, ist aber keineswegs einheitlich bestimmt, sondern je nach dem Umfang des Kraftbedarfs der einzelnen

[1]) Die höchste bis jetzt in Europa verwendete Spannung mit 72 000 Volt wird in der von der Società Generale Electrica del'Adamello in Mailand errichteten Zentrale erzeugt. (Nach dem Geschäftsbericht der Allgem. Elektr.-Ges. für das Jahr 1907—1908.)

Konsumenten eine andere. Denn da die Erzeugungskosten der Krafteinheit mit zunehmender Maschinenleistung abnehmen (vgl. Seite 124ff.), so ist klar, daß für diejenigen Konsumenten, die einen mittleren und dauernden Kraftbedarf von einigen Hundert PS und mehr haben, sich schon bei kürzeren Entfernungen von der Zentrale der Vergleich der Stromkosten bei Bezug von dieser mit denen bei eigener Erzeugung in Erwägung stellen wird, wie bei kleineren Konsumenten. Die Diskrepanz in den Gestehungskosten der Krafteinheit, die für die Einzelverbraucher infolge der Verschiedenheit der aufzustellenden Maschinengrößen sich ergibt, wird demnach eine Abstufung des möglichen Versorgungsgebietes der Zentrale nach konzentrischen Ringflächen bewirken, wobei jedesmal die engsten Ringe die größten Energieabnehmer zusammenfassen, während die weiteren entsprechend den wirtschaftlichen Aktionsbereich für die kleineren Verbraucher bilden. Im allgemeinen ist für deutsche Verhältnisse die ökonomische Traktionsfähigkeit des elektrischen Stromes bei Erzeugung desselben mittels Wärmekraftmaschinen in Entfernungen von 50—60 km von der Zentrale erreicht. Bei Großindustrien mit einem Alleinbedarf von 1000 PS und darüber liegt die Grenzlinie viel niederer und dürfte schon bei einigen 20 km nötiger Kabelleitung überschritten sein. Genauere Angaben hierüber können natürlich nicht gemacht werden. Zweckmäßigerweise werden in jedem Einzelfalle nur exakte Berechnungen Aufschluß geben, welche der beiden Möglichkeiten der Energieversorgung, eigene Erzeugung oder Bezug des Stromes von einem fremden Kraftwerk, wirtschaftlich vorzuziehen ist.

4. Die Krafterzeugung und -verteilung in der Berg- und Hüttenindustrie.

Von den verschiedenen Industriezweigen, die aus der Elektrisierung ihrer Produktion und insbesondere der Möglichkeit der Energieübertragung auf einen bestimmten Umkreis großen Vorteil gezogen haben, sind vor allen die Berg- und Hüttenbetriebe zu nennen. Es war eine der volkswirtschaftlich bedeutendsten Leistungen der Elektrotechnik, als sie in zielbewußter Arbeit um die Wende dieses Jahrhunderts daran ging, Kraftgewinnung und -verwendung im Berg- und Hüttenwesen von Grund aus zu reformieren; sind doch gerade diese Industrien die größten Energieverbraucher unseres Landes, und haben doch alle übrigen Produktionsgebiete ein grundsätzliches Interesse an der Entwicklung und Rationalisierung der Erzeugung der wichtigen Rohstoffe: Kohle und Eisen. Erst durch die Elektrizität konnten diejenigen Betriebsbedingungen geschaffen werden, die eine einheitliche und vollständige

Ausnützung der wertvollen Koksofen- und Gichtgase ermöglichten. Im Laufe des letzten Jahrzehnts ist es den Berg- und Hütteningenieuren im Verein mit Elektroingenieuren gelungen, der zahlreichen Schwierigkeiten Herr zu werden, die der allgemeinen Durchführung der „elektrischen Kanalisation" dieser Industrien im Wege standen. Man verstand es, die verschiedenen, teilweise enormen Kraftaufwand verzehrenden Hilfs- und Arbeitsmaschinen der Hütten- und Bergbaubetriebe, bei letzteren für Über- und Untertagbetrieb, so umzubilden, daß sie für elektrischen Antrieb geeignet wurden. Auf den Zechenanlagen waren es die Wasserhaltungen, Ventilatoren und Kompressoren, die Lesebänder, Kohlenwäschen, Kipper und Schüttelroste, die verschiedenen Materialaufzüge, der Bau elektrischer Grubenlokomotiven nach dem Fahrdraht- oder Akkumulatorensystem und schließlich der wichtigste Schlußstein in der ganzen, die Kraftversorgung der Kohlengebiete revolutionierenden Entwicklung, die Erfindung der elektrischen Fördermaschinen durch die Kombination der Ilgnerschen und Leonardschen Patente, die die mannigfaltigsten Aufgaben stellten, und die im einzelnen zuerst gelöst sein mußten, bevor man die als Endziel vorschwebende Zentralisation der Energieerzeugung zur Ausführung bringen konnte. Die Vereinigung von Zechen und Hütten zu den „gemischten Werken" machte es ferner zur Notwendigkeit, gleichzeitig auch die Elektrisierung der einzelnen Hochofen- und Walzwerkseinrichtungen, der Beschickvorrichtungen, der Gichtaufzüge und Schiebebühnen, der Duo- und Triowalzenstraßen, der Roheisenwagen, Stahlpfannenwagen, der Rollgangantriebe, der Dachwippen, Drahthaspel, Dampfscheren und anderer durchzubilden. Die erforderliche Größe der Motoren bietet bei der allgemeinen ausschließlichen Verwendung des Drehstroms fast gar keine Schwierigkeiten mehr. Es sind Motoren ausgeführt mit einer Einzelleistung von bis zu 7000 PS. Auch die letzte Aufgabe, die als die schwierigste erschienen war, der elektrische Antrieb der schweren Blockumkehrwalzenstraßen der Träger- und Schienenwalzwerke, die die größten Kraftverbraucher und Dampffresser unserer Hüttenwerke darstellen, ist seit wenigen Jahren gelöst und damit das letzte Hindernis der einheitlichen Zentralisierung selbst für die weitverzweigten Einzelwerke unserer großen Fusionsbetriebe beseitigt. Bereits gibt es in Deutschland Hütten, die ihre sämtlichen Walzenstraßen und Arbeitsmaschinen elektrisch betreiben. Die erste war die Georgs-Marienhütte bei Osnabrück, die Ende 1907 das erste elektrisch betriebene Reversierwalzwerk in Betrieb setzte.

Daß die Elektrisierung der Berg- und Hüttenbetriebe sich in der erstaunlich kurzen Zeit von weniger als einem Jahrzehnt zur Durchführung bringen konnte, hat in erster Linie seinen Grund in den großen

Vorzügen und Kraftersparnissen, die sich durch die Zentralisation und elektrische Übertragung bei den eigenartigen hier vorliegenden Betriebsbedingungen machen lassen. Sicherlich aber hat auch beschleunigend der Zwang der Verhältnisse und die Notlage der elektrotechnischen Industrie, in welche sich diese durch ihre eigene Entwicklung am Anfang dieses Jahrhunderts gebracht hatte, eingewirkt. Durch die große Unternehmer- und Gründertätigkeit gegen Ende der 90er Jahre hatte sich die Elektroindustrie enorme Aufträge für Straßenbahn- und Vorortbahnanlagen sowie für Beleuchtungszentralen geschaffen. Da sie naturgemäß genötigt war, auch ihre Produktion auf den gesteigerten Bedarf an Dynamos, Elektromotoren, Kabelleitungen, Beleuchtungskörpern und den zahlreichen zugehörigen Schalt-, Regulier- und Sicherungsapparaten einzurichten, so konnte, als dieser Bedarf einigermaßen gedeckt war, der Rückschlag nicht ausbleiben. Die Firmen, die in jener Zeit ihre Werke erheblich erweitert und ausgebaut hatten, mußten sich, wollten sie für ihre Einrichtungen den erforderlichen Beschäftigungsgrad erhalten, auf ein neues ausgiebiges Absatzfeld werfen und fanden dasselbe glücklicherweise in der Bergbau- und Hüttenindustrie. Es ist dies ein Beispiel dafür, wie verschiedenartiger Natur die Ursachen häufig sein können, die das Wirtschaftsleben in irgend einer Richtung beeinflussen.

Außer dem Vorteil der zahlenmäßig berechenbaren Energieersparnis, die die Elektrisierung der Krafterzeugung bietet, ist für die Bergwerksbetriebe ein zweites Moment von fast noch größerer Bedeutung: nämlich die durch die Elektrisierung gewährte absolute Sicherheit der Kraftversorgung. Bei den großen Werken mit ihren im Revier zerstreut liegenden Zechen sind heute in der Regel sämtliche zugehörigen Zechen, Wetterschacht- und Wasserhaltungsanlagen durch Doppelkabel, sog. Ringkabel, verbunden. Damit ist eine weitgehende Sicherung aller Betriebe geschaffen, indem in Ausnahmefällen bei Versagen irgend einer der ringförmig verbundenen lokalen Kraftzentralstellen ohne weiteres eine andere zur Aushilfe herangezogen werden kann. Gleichzeitig wird eine Ersparnis an Reserven, ein rationeller Ausgleich der Energieleistung und des Energieverbrauchs ermöglicht, insofern eben die Kraft jedesmal dort erzeugt wird, wo sie auf die zweckmäßigste und wirtschaftlichste Weise hergestellt werden kann, und so z. B. auch die Zechen ohne Kokereien einen Nutzen aus den überschüssigen Koksofengasen der Anlagen mit Kokereibetrieb ziehen, also an der billigsten Energiegewinnung des Gesamtwerkes teilnehmen können. Die reinen Zechenanlagen, bei denen der Kraftbedarf je nach der Schichtzeit ein ungleichmäßiger ist, und die besonders am Abend eine erschöpfende Verwendungsmöglichkeit für die in ihren Überschußgasen verfüglichen Energiemengen nicht haben, helfen sich damit, daß sie den benachbarten Gemeinden gerade in der Zeit, wo sie selbst keine Verwendung dafür haben, Strom für Beleuchtungszwecke abgeben. Der glückliche Umstand, daß sich Gruben und Gemeinden in ihren Stromverbrauchszeiten gegenseitig ergänzen, ermöglicht so eine außerordentlich günstige Gesamtausnützung der Energiebeträge, die sowohl den Produzenten wie den Konsumenten der Kraft zugute kommt. In der Früh- und Mittagsschicht, wo die Förderung am stärksten und folglich der Eigenkraftbedarf der Zechen am größten ist, verbrauchen die Grubenzentralen den Strom selbst, während sie in den Abendstunden, in denen nur der geringe Bedarf für Bewetterung und Wasserhaltung zu decken ist, den größten Teil an die Gemeinden zu Beleuchtungszwecken abgeben.

Für die gemischten Werke potenzieren sich die Vorteile der elektrischen Kraftübertragung noch durch die Erweiterung der Kraftausgleichsgelegenheiten und das Hinzukommen der Ausnützungsmöglichkeit der vorhandenen Gichtgasmengen. Vor der Durchführung der Elektrisierung auf den Zechen- und Hüttenwerken war es auf diesen üblich, den Dampf von größeren Kesselzentralen aus in weitverzweigten Rohrleitungen an die, oft viele Hunderte von Metern entfernten, Verbrauchsstellen zu verteilen. Dies brachte natürlich erhebliche Kondensations-, Undichtigkeits- und Wärmeverluste mit sich. Selbst bei gut isolierten Rohrleitungen waren Verluste von stündlich 2 kg Dampf pro Quadratmeter Rohrfläche keine Seltenheit. Ein Hochofenwerk mittlerer Größe (4 Öfen zu je 150 Tonnen Ausbringen) enthält nach Janssen[1]) beispielsweise bei reinem Dampfbetrieb eine Rohrleitung von 1500 bis 2000 qm Strahlungsoberfläche, das zugehörige Stahlwerk vielleicht 500 bis 700, das Walzwerk mit 3 bis 4 Walzenstraßen (Block- und Trägerstraßen) 1600 bis 2400 qm, so daß das Gesamtrohrnetz etwa eine Rohrfläche von 3500 bis 5000 qm hat, Es resultiert ein stündlicher Verlust von 7000 bis 10 000 kg Dampf, was bei Annahme siebenfacher Verdampfungsfähigkeit einem Kohlenverbrauch von 1 bis 1,3 Tonnen für jede Betriebsstunde entspricht. Rechnet man sich den Verlustbetrag für ein volles Betriebsjahr aus, so kommt man auf die erstaunlich hohe Zahl von 1 bis 1,3 × 24 × 300 = 7200—9360 Tonnen oder, in Geld umgerechnet, 80 000—120 000 M., die als ungenütztes Wirtschaftsgut der Produktion verloren gingen. Hierzu kommt, daß die Leitungen auch während der Stillstandsperioden, an den Sonn- und Feiertagen, unter Dampf gehalten werden mußten, was wiederum einen weiteren nutzlosen Kohlenverbrauch bedingte. So wurden nach den Mitteilungen von Prof.

[1]) Siehe F. Janssen in „Stahl und Eisen" 1905, Nr. 9: „Die elektrische Kraftübertragung auf Hüttenwerken".

Bonte[1]) auf einem luxemburgischen Hüttenwerke „neben dem Betrieb einiger kleiner Hilfsmaschinen in der Hauptsache zum Warmhalten der Rohrleitungen" 47 t Kohlen benötigt.

Während sich also für Dampfübertragung gerade bei geringer oder gar keiner Nutzleistung ein konstanter und prozentual sehr hoher Verlust in der Leitung ergibt, besteht der Unterschied bei elektrischer Übertragung darin, daß die hier auftretenden an sich schon sehr mäßigen Verluste — für hochgespannten Drehstrom betragen die Spannungsverluste bei Fortleitung auf 1000 m Entfernung und mehr im Mittel etwa 1% der Anfangsspannung — nur bei höchster Beanspruchung vorhanden sind und mit der Nutzleistung kleiner werden bis zur Größe 0 herunter bei Stillstand der Arbeitsmaschinen.

Als weiterer Vorteil kommt zu den Ersparnissen, die durch die Elektrizität und Zentralisierung der Energiegewinnung erreicht wurden, die gleichzeitige Erhöhung der Arbeitsgeschwindigkeiten. Sie hat recht eigentlich die Voraussetzungen geschaffen für jene gewaltige Produktionssteigerung am Anfang des Jahrhunderts, durch welche die deutsche Eisenerzeugung die englische Konkurrentin zu übertreffen und dauernd an die zweite Stelle auf dem Weltmarkt aufzurücken vermochte.

Wie wir bereits früher erwähnt haben[2]), hat die Verschiedenartigkeit der Betriebsverhältnisse, nach denen im Bergbau- und Hüttenwesen ein Unterschied besteht zwischen den sog. Normalhütten und Normalzechen, deren Abfallgase gerade den eigenen Kraftbedarf zu decken vermögen, den reinen Hochofenwerken einerseits, die großen Kraftüberschuß haben, und den reinen Walzwerken andererseits mit ihrem enormen Kraftbedarf, ferner den Zechen mit großen Kokereianlagen, die viel Energie erzeugen und wenig verbrauchen, bzw. wieder anderen Zechen, die vielleicht gar keinen Koks herstellen, gleichzeitig womöglich aber großen Wasserzufluß haben, mit der Einführung der Elektrizität und der Möglichkeit rationellen Kraftaustausches zu weitgehenden Fusionierungen in unseren „schweren Industrien" und zu häufigen Verbindungen mit Gemeinde- und Privatelektrizitätswerken geführt. Es haben sich hierbei interessante Verhältnisse herausgebildet. Die Zechen, Hütten und Gemeinden gründen eine „Kraftgenossenschaft" und verbinden ihre Einzelwerke durch ein Doppelringkabel mit einem Hauptzentralwerk. Haben sie nun Überschuß an Energie, so geben sie diese an die große Zentrale ab, haben sie aber Bedarf, so beziehen sie von dieser, soviel sie benötigen. In technischer Beziehung hat das Hauptwerk also die Funktion, die „Spitzen" der Krafterzeugung der Einzelwerke

[1]) Prof. Bonte in Zeitschr. des Ver. deutsch. Ing. 1908, Nr. 48: „Einfluß der Großgasmaschine auf die Entwicklung der Hüttenwerke".

[2]) Vgl. S. 58—66.

zur Ergänzung der selbsterzeugten Energie alle aufzusammeln und gleichzeitig mit dieser an andere bedürftige Stellen weiter zu verteilen. In wirtschaftlicher Beziehung hat es die Kontroll- und gleichzeitige Verrechnungsfunktion. Durch den Einbau von Elektrizitätszählern in jede Einzelleitung ist es leicht, über Zuführung und Entnahme des Stromes genaue Kontrolle zu führen. Die Kaufvergütung an die Einzelwerke für gelieferte Energie ist natürlich kleiner als der Verkaufspreis für bezogene, und der Gewinn aus dem Gesamtunternehmen wird dann prozentual nach der jeweiligen Kapitalbeteiligung auf die einzelnen Mitglieder verteilt. Daß das System volkswirtschaftlich für die großen Industriebezirke unserer Kohlen- und Erzgegenden und privatwirtschaftlich für die beteiligten Unternehmungen große Vorteile hat, ist einleuchtend. Durch den weitgehenden Energieaustausch und die damit ermöglichte Gleichmäßigkeit der Belastung der Kraftstationen sind die Werke in der Lage, den Strom zu einem Preise herzutellen und auch an private Abnehmer zu verkaufen, daß es für die in nicht zu weiter Entfernung gelegenen Einzelbetriebe selbst mit mittelgroßem Bedarf (sagen wir etwa mit bis 1000 KW-Leistungsmaschinen) am rentabelsten ist, ihren Energiebedarf bei diesen zu decken. Dadurch, daß die städtischen Gemeinden und Landkreise als Mitglieder an diesen Kraftgenossenschaften beteiligt sind, ist auch für die Interessenvertretung der kleinen Stromabnehmer gesorgt. Tatsächlich sind die Tarifpreise von Licht- und Kraftstrom für kommunalen Verbrauch z. B. im Ruhrgebiet wesentlich niedriger wie in anderen Gegenden. Das Rheinisch-Westfälische Elektrizitätswerk berechnet für die Gemeinden den Lichtstrom mit 32 Pf. pro KW-Stunde und den Kraftstrom mit 15 Pf. pro KW-Stunde. Die Preise gehen bei großem dauernden Bezug auf 15 bzw. 6 Pf. zurück.

Die großartigste Vereinigung kommunaler und industrieller Kraftbedürfnisse in einer Zentrale bildet das „Rheinisch-Westfälische Elektrizitätswerk“ in Essen, das deshalb hier als Typ einer solchen Kraftlieferungsgesellschaft näher besprochen ist. Es deckt neben der Versorgung Essens sowie mehrerer Landgemeinden und privatindustrieller Unternehmungen mit Kraft und Licht den gesamten Energiebedarf der 10 km entfernten Zeche Matthias Stinnes III/IV und steht außerdem durch Ringkabel mit zahlreichen Berg- und Hüttenwerken des rheinisch-westfälischen Bezirks in Energieaustausch. Zu ihm gehören die Gewerkschaft „Deutscher Kaiser“, die Firmen Friedrich Krupp, Thyssen & Co., „Gelsenkirchener Bergwerks-Aktien-Gesellschaft“, „Harpener Bergbau-Gesellschaft“, Bergwerksgesellschaft „Nordstern“, der „Mülheimer“ und „Essener Bergwerksverein“, „Deutsch-Luxemburgische Bergwerks- und Hütten-Aktien-Gesellschaft“ und der

„Bochumer Verein für Bergbau und Gußstahlfabrikation“. In dem Anschluß an das R.W.E. ist für die beteiligten Firmen natürlich die beste und billigste Reserve gegeben, und sie brauchen ihre eigenen Kraftanlagen nur für den mittleren zu erwartenden Energieverbrauch ausbauen. Die Kraftlieferungsverträge enthalten die Bestimmung, daß das R.W.E. in der Früh- und Mittagsschicht, von 6 Uhr morgens bis mittags 2 Uhr, wenn die Förderung am stärksten ist, den Spitzenbedarf der Austauschwerke deckt. Dagegen ist diesen in den Nachmittagsstunden von $4\frac{1}{2}$ bis 9 Uhr, in denen der Energieverbrauch der Kommunen am größten ist, die Stromentnahme aus dem Ringkabel gesperrt. Es ist ihnen ferner gestattet, den eigenen Kraftüberschuß an die Hauptzentrale zurückzuliefern, wofür sie eine Vergütung von 3 Pf. pro Kilowattstunde erhalten, das sind etwa 0,5 bis 1 Pf. mehr, als die Selbsterzeugungskosten des Stroms bei Verwertung der Gicht- und Koksofengase betragen. Der bezogene Strom wird ihnen mit 6 Pf. für die KW-Stunde berechnet. Durch dieses groß angelegte System wurde es dem R.W.E. ermöglicht, außerordentlich große Einheitsmaschinensätze (Turbodynamos von je 7500 KW = ∼ 10000 PS) in ihrer Hauptzentrale aufzustellen und so den Strom auf die denkbar rationellste Weise zu erzeugen. Das Werk liegt unmittelbar neben einer Kohlenzeche, so daß die Kohle auf dem kürzesten Weg in die hochliegenden Bunker gebracht und von diesen den automatischen Feuerungen der langen Kesselreihen zugeführt werden kann. Der Preis des Stroms für Privatindustrien mit einem Bedarf von jährlich mehreren Millionen Kilowattstunden beträgt 4—4,5 Pf. pro gelieferte Kilowattstunde. Außer der Hauptzentrale und der besprochenen Kraftlieferungsgemeinschaft mit Zechen und Hütten besaß dieses unter der Leitung und dem Kapitaleinfluß unserer großen Montanmagnaten Hugo Stinnes, Kirdorf, Thyssen stehende Trustgebilde Ende 1907 noch drei weitere Werke im rheinisch-westfälischen Industriebezirk. Seine Gesamtleistungsfähigkeit stellte sich damals auf:

1.	Werk Essen bei der Zeche Matthias Stinnes . . .	22 400 KW
2.	Krukel bei Zeche Wiendahsbank	12 000 „
3.	Mingsten	5500 „
4.	Berggeist bei Brühl im Braunkohlenrevier . .	3500 „
	Zusammen:	43 400 KW

= ∼ 58 500 PS, die Länge des Leitungsnetzes auf 1357 km, wobei die größte Entfernung der Verbrauchs- von den Erzeugungsstellen 40 km betrug. Die Bestrebungen des R.W.E., seinen Einflußbereich über den gesamten westfälischen Industriebezirk auszudehnen und die Energieversorgung dieses Riesengebiets durch zerstreut zu errichtende Elektrizitätswerke zu beherrschen, wurde durch den Widerstand einiger größerer

Städte, die sich der Selbständigkeit bei der Erfüllung einer ihrer bedeutungsvollsten Wirtschaftsaufgaben nicht begeben wollten, vereitelt. Die Stadt Bochum gründete zusammen mit anderen Kommunen, Witten, Herne und Recklinghausen, das „Kommunale Elektrizitätswerk Westfalen", das vorläufig als reines Lieferungswerk gedacht ist und durch einen 45 jährigen Vertrag sich seinen Strombezug von der Bergwerksgesellschaft Hibernia gesichert hat. Somit entstand für das R.W.E. ein unerwünschter Wettbewerb, und es war die Gefahr vorhanden, daß in der Kraftversorgung des westfälischen Gebiets ein in seinen Folgen unübersehbarer, sicherlich aber mit großen Verlusten an Nationalvermögen verbundener scharfer Konkurrenzkampf eintreten könnte. In richtiger Einschätzung dieser Gefahren und rechtzeitiger Erkenntnis der ökonomischen Bedeutung einer einheitlich geregelten Kraftversorgung haben nun die leitenden Männer der dortigen Schwerindustrie und die Gemeinden dem drohenden Konkurrenzkampf durch die Gründung des „Westfälischen Verbandselektrizitätswerks" i. J. 1908 vorgebeugt. An dem als Aktiengesellschaft mit 3,3 Millionen Mark gegründeten Fusionsgebilde beteiligten sich: das städtische Elektrizitätswerk Dortmund mit 1,35 Millionen Mark, Kreis und Stadt Hörde mit 450 000 Mark, das R.W.E. mit 300 000M., das „Kommunale Elektrizitätswerk Westfalen" mit 600 000 M., die Harpener Bergbaugesellschaft mit 300 000 M. und die Gelesenkirchener Bergwerksgesellschaft mit 300 000 Mark. Der Wettbewerb der Einzelunternehmungen wurde dadurch so gut wie ausgeschlossen, daß jede vertragsmäßig ein bestimmtes Versorgungsgebiet zugeteilt erhielt, und nur wenige Bezirke für alle Werke offen blieben.

5. Die Überlandzentralen.

Die Vorteile, die aus dem Anschluß privater und kommunaler Kraftbedürfnisse an große und billige Energiequellen für Produzenten und Konsumenten sich erzielen lassen, haben auch in anderen Kohlengegenden zum Nachahmen der geschilderten Verhältnisse geführt, und man kann sagen, daß neuerdings das Problem der „elektrischen Kanalisierung" großer Industriebezirke von einer oder mehreren sogenannten Überlandzentralen mit günstigen Brennstoffbezugsbedingungen eines der wichtigsten Probleme rationeller Kraftversorgung überhaupt geworden ist. Die oberschlesischen Elektrizitätswerke speisen heute ein Gebiet von rund 1500 qkm. bei einer Jahresleistung von mehr als 60 Millionen Kilowattstunden. Auch die Berichte aus den letzten Jahren der niederschlesischen Elektrizitäts- und Kleinbahnaktiengesellschaft zu Waldenburg lassen erkennen, daß die dortigen Industrien mehr und mehr dazu übergehen, und zwar nicht nur kleinere, sondern auch größere Betriebe, ihren Bedarf an Kraft und Licht von dieser Zentrale zu decken, so daß dieselbe genötigt ist, von Jahr zu Jahr ihre Maschinensätze zu vergrößern. Das Elektrizitätswerk Berggeist A.-G. in Brühl, das die unmittelbare Auswertung der Braunkohlenlager seiner Umgebung durch Umwandlung der Rohkohle in elektrische Energie zum Ziele hat, wurde im Zusammenhang mit dem R.W.E. bereits erwähnt. Sein Versorgungsgebiet umfaßt 95 Ortschaften und einen Flächenraum von rund 4000 qkm. Ferner haben die Braunschweiger Kohlenwerke in Helmstedt zur rationelleren Verwertung ihrer Braunkohlenförderung eine Überlandzentrale zur Versorgung eines Umkreises von etwa 20 km Radius errichtet. Das Rombacher Hüttenwerk liefert mittels Fernleitung von 17 000 Volt Spannung den Strom für die Beleuchtung der Stadt Metz zu folgenden Tarifsätzen: die ersten beiden Millionen KW-Stunden zu je 7,5 Pf. pro KW-Stunde, die dritte Million zu 7 Pf. und den darüber hinausgehenden Verbrauch zu 6 Pf. pro KW.-Stunde. Neuerdings sind in verschiedenen Gegenden weitere große Überlandzentralen geplant worden und gehen teilweise ihrer Errichtung entgegen: so ein Überlandelektrizitätswerk bei Eberswalde zur Versorgung des Oderbruchs und im neuen niederrheinischen Kohlengebiet ein Überlandelektrizitätswerk für die Kreise Cleve, Geldern, Kempen, Mörs und Rees und ähnliche mehr. Auch in englischen Industriebezirken sind ähnliche Werke entstanden. Eine weitgehende Zentralisation der Kraftversorgung ist z. B. in dem Industriebezirk an der Nordostküste Englands durchgeführt, dessen Hauptplätze Middlesbrough, Durham und Newcastle sind, wo 11 zum Teil untereinander verbundene große Kraftstationen annähernd 140 000 elektrische PS erzeugen, die kommunalen und privaten Energiebedürfnissen dienen, und die beinahe den gesamten Kraftbedarf der am nördlichen Ufer des Tyne gelegenen Schiffsbau- und Maschinenindustrien befriedigen. Zahlreiche andere Beispiele ließen sich so noch aus den verschiedensten Industrieländern anführen.

Die einschneidende Bedeutung, die das Problem der „elektrischen Kanalisierung“ für die Wirtschaftsgestaltung großer Gebiete haben kann, hat begreiflicherweise in unserer Zeit das Interesse weiter Kreise auf sich gelenkt. Es sind mancherlei Befürchtungen über die vermeintliche Monopolgewalt solcher Elektrizitätstrusts, wie wir sie in den Gebieten unserer Schwerindustrien haben, laut geworden und Vorschläge über Gegenmaßregeln, die natürlich nur von seiten des Staates ergriffen werden könnten, erfolgt. Junge [1]) schreibt in seinem Werke

[1]) Junge: „Rationelle Auswertung der Kohle“. Berlin 1909. S. 72.

über die Gefahren, die in diesem System bestehen, und die voraussichtlich zu erwartende Tarifpolitik: „Es würde aller Voraussicht nach mit der Lieferung elektrischer Energie durch die Überlandzentralen genau so gehen wie mit dem Vertrieb amerikanischen Petroleums durch die Standard Oil Company. Solange sie ihren Absatzmarkt zu vergrößern, Kundschaft zu gewinnen oder Konkurrenz zu ersticken strebt, bietet sie den Abnehmern ihr Produkt zu Spottpreisen an. Sobald aber ihre Monopolmachtstellung erst einmal gesichert ist, steigert sie den Preis der Ware nach eigenstem Ermessen." Unseres Erachtens sind derartige Besorgnisse ungerechtfertigt. Bei der kurzen Zeitdauer der ganzen Entwicklung liegen natürlich Erfahrungen über mißbräuchliche Preispolitik der Zentralwerke nicht vor. Die tatsächlichen Produktions- und Absatzbedingungen derselben sind aber viel zu sehr verschieden von denen der Standard Oil Company, als daß sich ein Vergleich mit deren Geschäftsmaximen aufrecht erhalten ließe. Die Ausnützung der Monopolmachtstellung eines Kartells im schlechten Sinne beruht in der Hauptsache entweder auf der natürlichen Beschränktheit, also der nicht beliebigen Vermehrbarkeit eines Produktionsgutes, oder aber auf der Größe des für die Konkurrenz erforderlichen Kapitalaufwandes. Entscheidend ist immer „das Verhältnis der anderwärtigen Beschaffungskosten zu den Produktionskosten des Monopols über dessen wirtschaftliche Möglichkeit" [1]). Die beiden obigen Bedingungen treffen für die Petroleumproduktion zu, nicht aber für die Produktion des elektrischen Stroms. Das Vorkommen des Petroleums ist an sich schon auf ganz bestimmte Gebiete beschränkt. Die Hauptmacht der Standard Oil Company liegt aber bekanntlich in der Beherrschung der Verkehrsmittel der in Betracht kommenden Bahnen bzw. Rohrleitungen, mittels deren das Öl von der Fundstelle an die Umschlagsplätze der Seen oder ans Meer geschafft wird. Ganz anders bei der Produktion des elektrischen Stroms. Zunächst kann hier von einem beschränkten Vorkommen in diesem Sinne nicht gesprochen werden. Denn so lange es Kohlen gibt, und solche versandt werden, ist es auch an jedem beliebigen Orte möglich, Elektrizität zu erzeugen, von den vielen anderen Kraftmitteln, die außer der Kohle noch zur Energiegewinnung herangezogen werden können, gar nicht zu reden. Was nützt aber einem Elektrizitätstrust die Beherrschung seines Kabelnetzes? Gerade das Erfordernis dieser Kabelnetze muß ja in diesem Zusammenhang als der Mangel und nicht etwa als ein Vorteil für das ganze Problem der Organisation von Über-

---

[1]) Theodor Vogelstein: „Zur Frage der Monopolorganisation". (Archiv 1905.)

landzentralen erscheinen. Denn durch sie ist einmal, wie wir oben dargelegt haben, das wirtschaftlich mögliche Versorgungsgebiet eingeschränkt; für den Fall aber, daß die Kraftwerke dazu übergehen würden, ihren Bogen zu hoch zu spannen, wäre auch bei den Konsumenten in diesem Gebiet die sichere und bei dem im Einzelbedarfsfalle immerhin mäßigen Kapitalaufwand leicht durchzuführende Gegenmaßregel die, eine eigene Energieerzeugungsanlage zu errichten, und den Strom selbst herzustellen. Während also die Konsumenten der Überlandzentralen eigentlich nur Vorteile aus der „elektrischen Kanalisation“ ziehen können, insofern sie eben die Kraft billiger oder mindestens nicht teurer erhalten, als sie diese selbst herstellen würden, tragen jene das ganze Risiko, das mit der hohen Kapitalinvestition verknüpft ist, allein und sind dadurch dauernd genötigt, den Verbrauchern ihrer Energie einen bestimmten Anteil an ihren durch die Zentralisation geschaffenen günstigen Produktionsbedingungen zukommen zu lassen. Eine drohende Gefahr dauernd schädlicher Auswüchse monopolistischer Interessenwahrnehmung ist also u. E. in diesem Falle nicht vorhanden.

Nach dem Gesagten können wir auch der a. a. O. [1]) geäußerten Ansicht Junges nicht beipflichten, „daß eine der Idee eines derartigen Produktionsmonopols überlegene Maßnahme darin bestünde, die Fortleitung und Übertragung des elektrischen Starkstroms von Zentralen unter Benützung öffentlicher Wege zum Gegenstand eines Reichsmonopols zu machen“. Ein natürliches wirtschaftspolitisches Bedürfnis einer Verstaatlichung der Kabelnetze liegt aus den angeführten Gründen in den meisten Gebieten Deutschlands nicht vor. Auch vom finanzpolitischen Standpunkt aus, „um den Ausfall eines beträchtlichen Teils der fiskalischen Einnahmen infolge Verringerung der Kohlenfrachten“ zu decken, würde der gemachte Vorschlag wegen der leichten Möglichkeit, eine derartige Maßregel zu umgehen, kaum Erfolg versprechen. An und für sich ist diese Gefahr aber begrenzt. In Betracht käme ja nur der relativ beschränkte Ausfall, der durch den Versand elektrischer Energie anstatt der Kohle in der unmittelbaren Umgegend der Kohlenbezirke selbst entsteht. Für alle andern Gegenden aber, in denen Überlandzentralen errichtet werden, bleibt die Notwendigkeit des Brennstofftransports nach wie vor bestehen, nur mit dem Unterschiede, daß an die Stelle vieler kleiner ein großer Konsument getreten ist.

In den besonders begünstigten Ländern, wo infolge zahlreicher und geeignet verteilter Wasserkräfte die Elektrisierung der Staatsbahnen in den Bereich der Möglichkeit gerückt ist, ist die Sachlage

[1]) Junge: „Rationelle Auswertung der Kohle.“ S. 73.

eine andere. Hier ist der Staat, schon um absolute Selbständigkeit in seinem Bahnbetrieb zu behalten, genötigt, den Ausbau der Überlandzentralen selbst in die Hand zu nehmen und sich beizeiten ein Eigentumsrecht an den natürlichen Energiequellen, wie es z. B. in Bayern geschehen ist, vorzubehalten. Im übrigen läuft aber dieses Problem auf die Frage des staatlichen Okkupationsrechtes an seinen Naturschätzen überhaupt hinaus und ist hier nicht weiter zu erörtern. Auf die Zweckmäßigkeit und Wirtschaftlichkeit der Elektrisierung der Vollbahnen soll erst an späterer Stelle eingegangen werden.

Zusammenfassend ist zu sagen, daß der Bau von Überlandzentralen in Industriegegenden volkswirtschaftlich außerordentlich wichtig und zweckmäßig erscheint, und daß aus der selbständigen Wahrnehmung der Interessen der Hauptbeteiligten eine nachhaltige Schädigung der außenstehenden Konsumenten kaum zu befürchten ist. Durch die Vereinigung der gewerblichen, industriellen und kommunalen Kraftbedürfnisse in einem Hauptkraftwerk läßt sich die rationellste Energieverwertung erzielen.

Der billige Strombezug käme durch die Einflußmacht der beteiligten Gemeinden sowohl der Landwirtschaft wie auch dem Kleingewerbe zugute, und kann letzteres dadurch in seiner Leistungsfähigkeit auf den ihm verbleibenden Gebieten wesentlich unterstützt werden. In dieser Richtung sind noch viele Fortschritte zu machen, und es wäre zu wünschen, daß die zahlreichen bestehenden Gemeinde-, Privat- und Industriekraftwerke, soweit sie in einem technisch und wirtschaftlich für die Versorgung möglichen Einheitsgebiet liegen, sich zu einem großen Elektrizitätswerk zusammenschlössen, und daß dann auch die mittleren und kleinen der im Aktionsbereich liegenden gewerblichen Betriebe sich dazu verstehen würden, ihren Strombedarf ebenfalls aus dieser Zentrale zu entnehmen. Bezüglich der Erhöhung der Wirtschaftlichkeit der Elektrizitätswerke tritt eben dieselbe Tatsache in die Erscheinung wie im gesamten Kraftmaschinenwesen: je größer die Einheitsleistung und die Gesamtanlage, je gleichmäßiger die Belastung und je länger die Betriebsdauer, desto geringer werden die Energieerzeugungskosten. Wenn auch die außerordentlich günstigen Betriebsbedingungen, wie sie in den Bezirken der Bergbau- und Hüttenindustrie vorliegen, für andere Gegenden nicht zu erreichen sind, so könnten durch Zentralisierung im großen doch die Absatzverhältnisse so gestaltet werden, daß die hohen Strompreise, wie sie heute in der Mehrzahl der Zentralwerke noch vorherrschen, sich stark reduzieren ließen.

6. Die Kraftmaschine in der Landwirtschaft.

In der Landwirtschaft sind die Bedingungen der Kraftverwendung und des Kraftbedarfs ganz andere wie in den gewerblichen Betrieben. Hier ist der Mensch in der Lage, die Produktion nach Raum und Zeit zusammenzufassen, zu beherrschen und in beliebigem Ausmaß zu vermehren. Dort spielen eine Reihe von Naturgesetzen, Wetter und klimatische Verhältnisse, die der menschlichen Einflußsphäre entzogen sind, eine ausschlaggebende Rolle. Sie legen der Produktion ihre Schranken auf und bringen in diese ein Moment der Unsicherheit und Zufälligkeit. Die Anwendung der Kraftmaschine hat daher in der Landwirtschaft bei weitem nicht die Umwälzungen hervorrufen können wie im Gewerbeleben und setzte auch zeitlich viel später ein wie in diesem. „Zuletzt von den Hauptproduktionszweigen", sagt das Handwörterbuch der Staatswissenschaften, „hat die Landwirtschaft aus den Fortschritten der mechanischen Technik Gewinn gezogen: Dampfpflug, Säe-, Mäh-, Dreschmaschinen usw. stammen alle aus der neuesten Zeit und sind auch gegenwärtig noch keineswegs in allen Betrieben zu finden, die sie nach ihrer Größe und sonstigen Verhältnissen mit Vorteil verwenden könnten." Daß die mechanische Kraft hier so spät eingeführt wurde, hatte seinen Grund darin, daß bei den früher üblichen extensiven landwirtschaftlichen Produktionsmethoden die Menschen- und tierischen Kräfte ausreichten, und ein konzentriertes größeres Kraftbedürfnis nicht vorhanden war. Mit dem Übergang aber zu intensiven Arbeitsmethoden um die Mitte des vorigen Jahrhunderts und der zur selben Zeit infolge der Abwanderung der bäuerlichen Arbeitskräfte in die Industrie hervorgerufenen Verteuerung der Arbeitslöhne mußte man die Betriebskosten zu verringern, die Leistungen zu erhöhen suchen. Man fand die Mittel dazu in der Verwendung der verschiedenartigsten Arbeitsmaschinen, und diese wiederum ließen bald die Einführung der Kraftmaschinen als vorteilhaft erscheinen.

Die am meisten angewendete Betriebskraft ist die Dampfkraft, wenn dieselbe auch weit entfernt ist, für die eigenartigen Produktionsverhältnisse, die hier vorliegen, eine ideale Energiequelle darzustellen. Die gegebene Bedingung leichter Ortsveränderlichkeit führte zu der Zweckmäßigkeitstype der fahrbaren Lokomobile. Sie begann, abgesehen von vereinzelten mißlungenen früheren Versuchen, bei uns in den 50 er und 60 er Jahren des vorigen Jahrhunderts Boden zu fassen.

Ein grundsätzlicher Unterschied des Interesses verschiedener Betriebsgrößen an der Einführung technischer Betriebskräfte besteht in der Landwirtschaft nicht. Die Arbeiten, die auf Groß- und Klein- oder mittleren Gütern auszuführen sind, sind in der Hauptsache die gleichen, und die Wirtschaftlichkeit des Maschinengebrauchs hängt nur davon ab, ob die zu beackernden Flächenkomplexe groß genug sind, daß sich eine ausreichende Betriebsdauer für die Amortisation und Verzinsung des investierten Kapitals erzielen läßt, da andernfalls diese hieraus resultierenden Unkostenbeträge die Anwendung von Maschinen als unrentabel erscheinen lassen. Insofern allerdings ist hierbei der Großbetrieb dem Kleinbauerngute überlegen, als es ersterem, sei es durch Besitz eigenen Kapitals oder durch die unschwere Beschaffungsmöglichkeit desselben auf dem Wege des Kredits, in vielen Fällen leichter sein wird, die als zweckmäßig erkannten Maschinen auch einzustellen. Ein Ausgleich hierin ist aber in unserer Zeit vor allem durch das Genossenschaftswesen geschaffen worden, indem der gemeinsame Einkauf und der mietweise Gebrauch der Produktionsmittel durch die beteiligten Genossenschafter auch dem kleinen und mittleren Betrieb die Nutzung der mechanischen Arbeitsmethoden gestattet.

Bezüglich der Kosten der geleisteten Pferdekraftstunde einer Lokomobile spielt hier die wichtigste Rolle die Betriebsdauer. Die Größe derselben ist natürlich von Fall zu Fall verschieden. Nach den Angaben von Professor Strecker, Leipzig, der auf diesem Gebiete grundlegende Enqueten veranstaltet hat, beträgt z. B. die maximale Betriebsdauer beim Dampfdreschbetrieb etwa 2500, die minimale 334 Stunden, und im Mittel ergab sich eine Dreschzeit von ca. 1000 Stunden, entsprechend einer 100 tägigen Arbeitsdauer zu jeweils 10 Stunden. Der Kohlenverbrauch, den Strecker [1]) mit 4,28 kg pro PS-Stunde im Durchschnitt angibt, ist nach dem heutigen Stand der Technik zweifellos zu hoch und dürfte bei Annahme einer 10 pferdigen Lokomobile, wie sie für Landwirtschaftsbetriebe als normal gelten kann, mit 3 kg pro PS-Stunde einschließlich aller Verluste für Anheizen und Abbrand reichlich bemessen sein. Lang [2]) hat als spezielles Beispiel unter Zugrundelegung der Streckerschen Ermittelungen eine 10 pferdige Anlage durchgerechnet und kommt zu dem Preis von 28,59 Pf. für die PS-Stunde. Nach den Angaben einer großen süddeutschen Firma ist auch der Anlagewert der fahrbaren Lokomobile inzwischen zurückgegangen und beträgt heute etwa 4400—4800 M., im Mittel 4600 M. Unter Berücksichtigung der angegebenen Zahlen reduziert sich dann die Kostenhöhe von 28,59 Pf. auf 21,40 Pf. pro PS-Stunde.

---

[1]) Strecker: „Verwendung, Leistung und Kosten landwirtschaftlicher Motoren". Dresden 1901.

[2]) Lang: „Die Maschine in der Rohproduktion". II. Teil, S. 76.

Eine beträchtliche Kostenanteilsquote bilden hierbei die Aufwände, die für die Zuführung des Wassers und des Brennstoffes zu dem jeweiligen Arbeitsplatz der Kraftmaschine zu machen sind. Dieser Umstand, der um so mehr ins Gewicht fällt, je weiter die Entfernungen sind, auf welche das Material anzuführen ist, und außerdem die Tatsache, daß die Lokomobile ein großes Gewicht besitzt und infolgedessen auf dem häufig hügeligen oder durchfurchten Terrain nur mit erheblichen Schwierigkeiten transportiert werden kann, haben seit etwas mehr als einem Jahrzehnt die Landwirtschaft veranlaßt, sich nach anderen technischen Betriebskräften umzusehen, und in neuerer Zeit ist daher auch hier ein gewisser Wettbewerb der verschiedenen Kraftmaschinenarten entstanden, in welchem allerdings bei weitem noch die Dampfmaschine an der Spitze steht.

Da es im wesentlichen kleinere oder höchstens mittlere Kräfte bis zu einigen 20 oder 30 PS sind, die in der eigentlichen Landwirtschaft gebraucht werden, so hat die Motorenindustrie, deren hauptsächliches Betätigungsfeld ja anfänglich die Versorgung der einzelnen Wirtschaftszweige mit Kleinkraftmaschinen bildete, das willkommene Absatzgebiet gerne in ihren Wirkungskreis einbezogen, jedoch ohne der landwirtschaftlichen Produktion große ökonomische Vorteile verschaffen zu können. Die Verhältnisse liegen so, daß die mannigfaltigen Verbrennungsmaschinen, sei es als Gas- oder Flüssigkeitsmotoren, nur bei größeren Anlagen mit Nebenproduktion zur mechanischen Verarbeitung der Bodenerzeugnisse in Frage kommen, da bei kleineren landwirtschaftlichen Betrieben die Zuführung des Brennmaterials und des erforderlichen Kühlwassers Schwierigkeiten bereitet, die noch erhöht werden durch den gerade in der Landwirtschaft bestehenden Mangel an geschultem Bedienungspersonal zur Wartung und Instandhaltung der durch die vielen beweglichen Teile oft recht komplizierten Mechanismen.

Die Leuchtgasmotoren, die den Anschluß an irgend ein Gaswerk nötig machen, scheiden natürlich von vornherein aus. Auch der Benzinmotor hat gegenüber der Lokomobile keine wesentlichen Vorteile bringen können. Immerhin hat er eine beschränkte Verbreitung in Landwirtschaftsbetrieben gefunden. Eine größere Bedeutung schien dagegen eine Zeitlang der Spiritusmotor zu erlangen, aber bereits ist auch er wieder verschwunden (vgl. S. 104 und Kurvenbild 6). Wir wollen nun auf die Gründe eingehen, die einerseits zur plötzlichen Einführung des Spiritus als Kraftmittel für motorische Zwecke geführt, andererseits schon in wenigen Jahren wieder zur Aufgabe dieses Triebmittels gezwungen haben, da hier wieder ein deutliches Beispiel vorliegt, daß in erster Linie die ökonomischen Vorzüge und nicht die technischen Eigenschaften einer Maschine diese für das Wirtschaftsleben wertvoll machen.

Der hohe Preis des Spiritus, der für motorische Zwecke derselbe war wie bei gewöhnlichem Brennspiritus, stand der Verwendung desselben als Energiemittel lange im Wege, als bereits der Benzin- und Petroleummotor allgemein bekannt waren [1]). Um den Konsum zu heben, ging nun um die Wende des Jahrhunderts „Die Zentrale für Spiritusverwertung in Berlin" dazu über, den Preis plötzlich so weit herabzusetzen, daß der Spiritus mit dem Petroleum- und Benzinmotor unter Berücksichtigung des verschiedenen Wärmewerts der Triebmittel sowie des verschiedenen Brennstoffverbrauchs gleichwertig konkurrieren konnte. Nach Professor Eugen Meyer [2]) ergaben sich bei den damaligen Preisen für Petroleum und Benzin etwa folgende, annähernd gleiche Brennstoffkosten [3]) für die PS-Stunde der drei Energiemittel [4]):

	Spiritus in Pf.	Benzin in Pf.	Petroleum in Pf.
Vollbelastung	7,3—7,6	7,1	7,3
Halbe Belastung	10,1—10,6	10,4	10,8

Die Käufer bezogen in der Zeit vom 1. November bis 15. Mai bei gleichzeitiger Abnahme von mindestens 5000 kg den Spiritus zum Preis von 15 M. pro Hektoliter und 17 M. pro Hektoliter beim Bezug einzelner Barrels von rund 600 Liter Inhalt. Für Abnahme in der übrigen Jahreszeit erhöhten sich die hier genannten Preise um jeweils 1 M. Der Preis stand dabei beinahe unter den Selbsterzeugungskosten der Brennereien. Das Vorgehen der Zentrale wurde von den Landwirtschaftsgesellschaften, die ein begreifliches Interesse an der Steigerung des Spirituskonsums hatten, unterstützt, indem sie Preisausschreiben auf rationelle Spiritusmotoren erließen, um damit die Motorindustrie ihren Zwecken dienstbar zu machen. So erließ z. B. „Die Deutsche Landwirtschaftsgesellschaft" 1902 ein Preisausschreiben auf Motorwagen mit Spiritusbetrieb zur Lastenbeförderung (Massengüter, Stückgut, Milch usw.), wozu außer einem Ehrenpreis des Kaisers 6200 M.

---

[1]) Derselbe a. a. O.

[2]) Vgl. „Arbeiten der Deutschen Landwirtschaftsgesellschaft", Heft 78: „Die Hauptprüfung von Spirituslokomobilen", S. 54.

[3]) Es ist zu bemerken, daß die Anlage- und Wartungskosten für alle drei Motorarten etwa dieselben sind, und daß folglich die vergleichsweise Wirtschaftlichkeit lediglich eine Funktion der Brennstoffpreise ist.

[4]) Vgl. die Tabelle 18, S. 122; die dortigen Zahlen stimmen mit diesen nicht überein, da für sie bereits die heutigen höheren Brennstoffpreise zugrunde gelegt sind.

in Geldpreisen ausgesetzt waren. Es lag also hier der eigentümliche Fall vor, daß nicht etwa die Motorindustrie in der Erkenntnis eines allgemeinen Bedürfnisses den Spiritus als wohlgeeignetes Triebmittel herangezogen hatte, sondern umgekehrt ging der Ansporn von den Rohstoffproduzenten aus, und hat die Landwirtschaft, um eine ihren Spezialinteressen dienende neue Industrie zu heben, durch unnatürlich niederen Materialpreis und das Reizmittel der Konkurrenzausschreiben, die in Frage kommenden Werke veranlaßt, Motoren zu bauen, die die Verwendung des Spiritus für Kraftzwecke ermöglichten. Das Vorgehen der Zentrale verfehlte seinen Zweck nicht, zumal sie sich ursprünglich durch Verträge bis zum 30. September 1908 auf obige Preise festgelegt hatte. Die neue Kraftmaschine fand einen erstaunlich raschen Eingang. Innerhalb vier Jahren waren demzufolge etwa 2000 Spiritusmotoren in Betrieb genommen worden, und der Verbrauch an Motorspiritus stieg nach den Mitteilungen der Jahrbücher der „Zentrale für Spiritusverwertung" von 1,3 Millionen Liter 1901—1902 auf 2,4 Millionen Liter 1902—1903 und 3,6 Millionen Liter 1903—1904. Daß die starke Verbreitung in der kurzen Zeit vor sich gehen konnte, war in gewissen technischen Vorzügen begründet, die der Spiritusmotor vor anderen Kleinkraftmaschinen hat, und da die ökonomischen Grundlagen nach den Ermittlungen Meyers dieselben für Spiritus-, Petroleum- oder Benzinbetrieb waren, so war die Verwendung des ersteren außerdem die naturgemäße in allen den Gegenden, in denen sich Brennereien befinden. Gegenüber den letzteren hat er den erheblichen Vorzug der geringeren Feuergefährlichkeit des Brennmaterials, gegenüber dem Petroleummotor kam die größere Sauberkeit des Betriebs in Betracht. Außerdem ist der Spiritusmotor seinen beiden Rivalen unbedingt noch durch den besseren Geruch seiner Abgase überlegen, der bei diesen unangenehm stechend und sehr belästigend wirkt. Dem Dampfbetrieb gegenüber treten besonders die rein ökonomischen Vorzüge der Ersparnis an Transportkosten für Kohlen- und Wasserbedarf in den Vordergrund, die, wie schon früher erwähnt, eine nicht geringe Betriebskostenverteuerung darstellen. Nach den Angaben Streckers belaufen sich die jährlichen Zufuhrkosten für Kohle im Mittel auf etwa 180 M., während sie für Spiritus nur ungefähr 9 M. in derselben Zeit betragen. Hinzu kommt eine weitere noch erheblichere Verteuerung des Betriebs bei den Dampflokomobilen durch die Anfahrkosten des erforderlichen Speisewassers, die auf täglich mehrere Mark zu veranschlagen sind, während dieser Posten bei den Spiritusmotoren, die nur einen minimalen Kühlwasserbedarf haben, fast völlig ausfällt.

Die angeführten Vorzüge mochten also wohl ausreichen, die rasche Einführung des Spiritusmotors besonders in der Landwirtschaft zu erklären. Auch vom volkswirtschaftlichen Standpunkt wäre die Verwertung des Spiritus für Kraftzwecke zu begrüßen, da ja das Material ein Vorzugsprodukt des eigenen Landes ist, und somit die Beträge, die sonst etwa für Petroleum oder Benzin ins Ausland wanderten, der heimischen Landwirtschaft zugute kamen.

Die Sachlage wurde aber sofort eine andere, als die „Zentrale für Spiritusverwertung" die unrentablen Preise nicht mehr halten konnte. Sie benützte die schlechte Kartoffelernte 1904 als Anlaß, den Preis im Oktober desselben Jahres von 15 M. auf 25 M. pro Hektoliter hinaufzusetzen und ihre eingegangenen Verträge zu lösen. Im Laufe der folgenden Jahre wurde dann die Vergünstigung für Motorspiritus, dessen Preis nach der ersten Erhöhung immer noch niederer war als für gewöhnlichen Brennspiritus, nach mißlungener vorübergehender Reduzierung, völlig aufgehoben, und heute ist nach privaten Mitteilungen einer großen Firma der Preis für beide Verwendungszwecke derselbe, nämlich 27 M. pro Hektoliter für 90 proz. und 30 M. pro Hektoliter für 95 proz. Alkohol. Damit war aber die ökonomische Grundlage der Energieerzeugung zugunsten des Petroleum-, Benzol- und Benzinbetriebs verschoben. Für die PS-Stunde stellten sich die Brennstoffkosten mit der anfänglichen Verteuerung des Spiritus auf 25 M. um 66 % höher als bei Petroleum und Benzin. Die Folge war, daß die Besitzer der Spiritusmotoren die Verwendung des Spiritus aufgaben und zu den nunmehr wieder billigeren andern Flüssigkeiten zurückkehrten [1]). Es ist als ein Glück zu bezeichnen, daß infolge der gleichartigen Konstruktion der verschiedenen Motorarten für flüssige Brennstoffe sich der Übergang von dem einen zum andern ohne übermäßige Schwierigkeiten bewerkstelligen ließ, und nur diesem Umstand ist es zu verdanken, daß durch das Vorgehen der Spirituszentrale keine nennenswerte Schädigung landwirtschaftlicher Energieverbrauchskreise hervorgerufen wurde. So schnell wie der Spiritusverbrauch für Kraftzwecke zur Einführung gelangt war, so schnell verschwand er wieder von der Bildfläche. Unwirtschaftliche Maschinen lassen sich eben den Interessenten irgend eines Wirtschaftszweiges um so weniger aufzwingen, je leichter es ist, den ökonomischen Ersatz zu beschaffen. Schon das Jahrbuch des Vereins der Spiritusfabrikanten 1905 enthält keine Angaben mehr über die Verwendung des Spiritus für motorische Leistungen und kommt selbst zu dem Urteil: „Wie es einem Zweifel nicht unterliegt, daß der gewerbliche Spiritusverbrauch selbst dort, wo er auf festgewurzelten Gewohnheiten des Konsums beruht, bei

[1]) Über den Ersatz des Benzins für Motorzwecke durch Benzol und Ergin in den letzten Jahren vgl. das früher Erwähnte S. 104.

einer bestimmten Preislage seine Grenzen findet, so mahnen die unerwarteten Erscheinungen der letzten Jahre auch die Interessenten, die Entwicklung einer neu zu begründenden Industrie nicht von einem zu niedrigen Materialpreise abhängig zu machen." Heute ist die Spiritusverwendung für Energieerzeugung infolge der Preisgestaltung vollständig in abwartende Reservestellung zurückgedrängt und hat nur noch insofern eine gewisse Bedeutung, als sie die Möglichkeit eines Ersatzes für den Benzinbedarf der Automobile und Motorräder bietet für den Fall, daß der Bezug desselben aus dem Ausland in der erforderlichen Menge aus irgend welchen Gründen ins Stocken geraten sollte.

Der Saugegasmotor für Kohle oder Koks hat in der Landwirtschaft keine ökonomische Berechtigung, und sind auch nur ganz vereinzelte Versuche, denselben für Lokomobilzwecke einzuführen, bekannt geworden. Die Gründe, welche diese Kraftmaschine für industrielle Bedürfnisse als unrationell erscheinen lassen, wie geringe Überlastungsfähigkeit und besonders die höheren Anlagekosten bei der Forderung gleicher Maximalleistung wie bei Dampfmaschinen (vgl. früher S. 126), machen sich bei der in landwirtschaftlichen Betrieben meist vorliegenden kurzen Betriebsdauer, in der aber gerade forciert gearbeitet werden muß, in erhöhtem Maße gegen eine Verwendung derselben geltend. In den Fällen dagegen, wo sich billige Brennstoffe wie Rohbraunkohle oder Torf in der Nähe befinden, wird unter Zuhilfenahme der Elektrizität auch die Saugegasmaschine für die Landwirtschaft Bedeutung gewinnen können. Das Problem im ganzen ist jedoch viel mehr ein solches der elektrischen Energieverwertung, und kann daher nur in diesem Zusammenhang von einer Wettbewerbsmöglichkeit der Saugegasmaschine mit Dampflokomobilen und Flüssigkeitsmotoren für landwirtschaftliche Betriebe [1]) gesprochen werden.

Ein wohlgeeigneter Motor für diese wäre dagegen der Dieselmotor. Leider fehlen bis jetzt die Unterlagen, um die Betriebskosten einer speziell für die Landwirtschaft ausgebildeten solchen Maschine berechnen zu können, da die maßgebenden Firmen durch die Entwicklung dieses aussichtsvollen und wärmeökonomisch vollkommensten Kraftmotors für die industrielle Verwertbarkeit von der Kleingewerbe- bis zur Großkraftmaschine und neuerdings durch die erfolgreiche Ausbildung als Schiffsmotor besonders für die Zwecke der Kriegsmarine vollauf in Anspruch genommen sind und vorläufig offenbar nicht die Zeit finden, an den Bau landwirtschaftlicher Spezialtypen heranzugehen. Es kann nur ein schätzungsweiser Vergleich mit den übrigen Flüssig

[1]) Vgl. aber S. 208.

keitsmotoren angestellt werden, der sehr zugunsten des Dieselmotors ausfällt. Infolge des niederen Preises des Paraffinöls machen die Brennstoffkosten etwa den vierten bis fünften Teil dessen aus, was hierfür bei gewöhnlichen Petroleum-, Benzin-, Ergin- oder Benzolmaschinen anzusetzen ist[1]). Die etwas höheren Anlagekosten für jenen, die möglicherweise bei den hier benötigten Einheitsgrößen eintreten könnten, würden bei dem großen Unterschied in den Brennstoffkosten nur eine unerhebliche Verschiebung der Gesamtökonomie bewirken können, und es müßte jedenfalls die Dieselsche Maschine in allen den Fällen, in welchen heute die bezeichneten Flüssigkeitsmotoren mit Vorteil verwendet werden, den ökonomischen Vorzug verdienen. Es ist zu wünschen, daß die in Frage kommenden Firmen möglichst bald ihre Aufmerksamkeit auch den speziellen Bedürfnissen der Landwirtschaft zuwenden.

Die großen Erwartungen, die bezüglich der Verbesserung der Rentabilität landwirtschaftlicher Betriebe in letzter Zeit an die Einführung der Elektrizität und der elektrischen Kraftübertragung geknüpft wurden, scheinen sich langsam zu rechtfertigen, denn mehr und mehr geht die Landwirtschaft in unseren Tagen dazu über, sich die neue Energie zunutze zu machen. Daß sie dies nicht schon früher tat, sondern länger als andere Wirtschaftszweige der allgemeineren Verwendung der Elektrizität ablehnend gegenüberstand, hatte seinen Grund zum Teil in den mancherlei Mißerfolgen, die man ursprünglich auf verschiedenen Gütern damit gemacht hatte, die jedoch meist nicht auf das System als solches, sondern auf fehlerhaftes und übereiltes Vorgehen in der Durchführung der Anlagen zurückzuführen waren.

Das Haupterfordernis für die ökonomische Verwertungsmöglichkeit der Elektrizität auf dem Lande ist das, sie möglichst vielseitig und ausgiebig anzuwenden, da sich nur dadurch bei den schwankenden und periodisch wechselnden Energiebedürfnissen eine gleichmäßige Belastung der Dynamoanlage erreichen läßt. „Verhältnismäßig viel Kraft erfordernde Arbeiten“, sagt Lang [2]), „wie z. B. das Pflügen, die dazu noch von kurzer Dauer sind, müssen bezahlt werden durch andere, möglichst das ganze Jahr hindurch dauernde Anwendungen der Elektrizität: so durch elektrische Beleuchtung, elektrische Dreschmaschinen, Schrotmühlen, Häckselschneidemaschinen, Molkereimaschinen, Schafscheren, Pumpen, elektrische Futterdämpfer und selbst elektrische Brutapparate; — überall muß die Elektrizität eindringen, soll sich ihre Anwendung rentabel gestalten.“

---

[1]) Vgl. die Tabellen 12 und 18 S. 112 und 121 und die Kurvenbilder Fig. 1 und 2, S. 123.

[2]) Vgl. Lang: „Die Maschine in der Landwirtschaft“, S. 85.

Wie in den verschiedenen Industriezweigen hat sich auch hier die Elektrotechnik in weitgehendem Maße den Spezialbedürfnissen anzupassen verstanden. In den internen landwirtschaftlichen Betrieben auf den Gutshöfen sind die vorkommenden Arbeitsverrichtungen meist periodisch über den ganzen Tag wechselnd, und die Betriebsdauer der einzelnen Arbeitsmaschinen ist daher in der Regel eine sehr kurze. Es wäre aber in diesem Falle unökonomisch, jede solche Maschine mit einem eigenen Antriebsmotor zu versehen, da die hohen Anlagekosten die Ersparnisse an Betriebskosten durch elektrische Kraftverteilung wieder aufheben würden. Man hat daher die Motoren so eingerichtet, daß sie leicht transportabel sind und an jede beliebige Arbeitsmaschine hingebracht werden können, wobei dann der Kraftschluß meist durch einfache Riemenübertragung bewerkstelligt wird. Besonders gilt dies für das Futterquetschen, Häckselschneiden, Schrotmühlen, Butterfässer und Milchseparatoren [1]).

Für die Arbeiten im Freien, das elektrische Pflügen oder das Ausdreschen von Schobern auf dem Felde, werden lange und bewegliche Übertragungsleitungen notwendig, die in den meisten Fällen, da sie für Hin- und Rückleitung doppelt ausgeführt sein müssen, immer gleich mehrere Kilometer Kabellänge verzehren, und dadurch bei der zudem kurzen Betriebsdauer eine wesentliche Verteuerung der elektrischen Arbeitsmethoden mit sich bringen. Trotzdem bleiben, wenn die Entfernungen der Verbrauchsstellen von der Kraftquelle nicht übermäßig groß werden, die Kosten für das elektrische Pflügen nach den Versuchen von Professor Backhaus [2]) auf seinem Gute Quednau noch unter denen, die sich beim Dampfpfluge ergeben, und auch der Dreschbetrieb gestaltet sich billiger bei elektrischer Kraft wie bei Lokomobilantrieb. Hinzu kommt noch der Vorteil, daß bei der großen Gleichmäßigkeit der Geschwindigkeit des Elektromotors sich eine nennenswerte Erhöhung der Produktivität der Dreschmaschine erzielen läßt. Es sind schon vergleichende Versuche angestellt worden, die erwiesen haben, daß bei gleich guter Druschqualität und bei gleicher Beschickung der Trommel die Leistung der Dreschmaschine mit elektrischem Antrieb um 10—15 % größer ist, als bei Dampfantrieb.

Besonders günstig liegen die Verhältnisse bezüglich der Anwendung elektrischer Energie dann, wenn Brennereien oder Stärkefabriken mit den landwirtschaftlichen Betrieben verbunden sind, da jene an sich

---

[1]) Vgl. hierzu und im folgenden die kleine praktische Schrift von W. Fuhrmann: „Die Elektrizität in der Landwirtschaft", welche auch Abbildungen und Angaben über einzelne technische Einrichtungen landwirtschaftlicher Kraftverwendung enthält. (Hannover 1902.)

[2]) Backhaus: „Das Versuchsgut Quednau". Berlin 1903.

schon eine große Kraftstation erforderlich machen und infolge davon sowie durch die vergrößerte Ausgleichsmöglichkeit der schwankenden Kraftbedürfnisse günstige Vorbedingungen für die Elektrisierung der sämtlichen Energieverbrauchsstellen besitzen. So hebt der Bericht des „Vereins der Spiritusfabrikanten“ für das Jahr 1908 hervor, daß die Einführung der Elektrizität besonders in den Kartoffelgegenden des östlichen Deutschlands zugenommen hat, wobei in den meisten Fällen die Maschinenanlagen der Brennereien als Kraftstationen dienen. Für die übrigen landwirtschaftlichen Betriebe hängt die Frage der Rentabilität der Elektrizitätsverwendung in letzter Linie mit den Stromerzeugungskosten zusammen, indem der wirtschaftliche Aktionsbereich der Energieübertragung um so größer wird, je billiger diese sind. Die Sache hat in unserer Zeit sehr an Bedeutung gewonnen durch die Entwicklung elektrischer Zentralkraftanlagen. Außer den genannten Industrien der Kartoffelverarbeitung kommen als weitere Energielieferungswerke in Betracht die elektrischen Stromerzeugungsanlagen der Zuckerfabriken und überhaupt aller auf dem Lande gelegenen Industrien, der Bergwerke und elektrischen Bahnen und für die Zukunft vielleicht noch mehr als diese alle die modernen Überlandzentralen.

In derselben Weise wie die Industrie und das Kleingewerbe durch ihren Anschluß an Zentralwerke großen Einfluß auf eine gleichmäßige Belastung der Dynamoanlagen ausüben, wirken auch die Motoren landwirtschaftlicher Betriebe, die in der Hauptsache in den Tagesstunden laufen, in den Abendstunden zur Zeit des gesteigerten Stromverbrauchs für Beleuchtungszwecke aber meist stillstehen, auf eine Erhöhung der Kraftausgleichsmöglichkeiten hin, und wird durch eine allgemeine Verwirklichung des Problems der Überlandzentralen [1]) oder

---

[1]) Nach freundlichen Mitteilungen des Elektrizitätswerks „Berggeist bei Brühl“ z. B. ist der Energiebezug für motorische Zwecke der in der dortigen Umgegend betriebenen Landwirtschaft gar nicht unbeträchtlich. Von der Gesamtstromabgabe für Kraftleistung entfallen etwa 50 % auf die Industrie, 30 % auf das Kleingewerbe und 20 % auf die Landwirtschaft. Die folgenden Zahlen geben ein Bild über die Entwicklung des Anschlußwertes der Motoren an das Werk von 1902 an, aus der die wachsende Bedeutung dieser Überlandzentrale für den in Betracht kommenden Bezirk augenscheinlich hervorgeht.

1902	195	Motoren	mit	1137 PS
1903	275	„	„	1954 PS
1904	378	„	„	2549 PS
1905	499	„	„	3860 PS
1906	635	„	„	5294 PS
1907	701	„	„	5673 PS
1908	809	„	„	7065 PS
1909	1051	„	„	7415 PS

den Anschluß an Industriezentralen auch der Landwirt das erreichen können, was er zur Erhöhung der Wirtschaftlichkeit seiner Betriebsmethoden zuvörderst benötigt, ein billiges ausgiebiges und für die mannigfaltigen Verwendungszwecke bequem ausnützbares Energiemittel. Dadurch wird allerdings das Anwendungsgebiet der Lokomobilen sowie der verschiedenen Arten von Flüssigkeitsmotoren in der Landwirtschaft beschränkt, da diese dann günstigenfalls auf den Großgütern mit industriellen Nebenbetrieben, die den elektrischen Strom in eigener Anlage erzeugen, zum Antrieb der Dynamo Verwendung finden können, während in den großen Industrie- oder Überlandzentralen in erster Linie die Dampfturbine am Platze ist, bzw. in den Fällen, wo Braunkohlenlager oder Torfflächen im wirtschaftlichen Aktionsbereich liegen, der Saugegasmotor zur Geltung kommen wird.

7. Kraftverwendung im Dienste des Landesverkehrswesens.

Wir kommen nunmehr zur Besprechung der Bedeutung rationeller Kraftverwertung im Dienste des Verkehrswesens. Sie ist eine außerordentlich weittragende, indem jede ökonomische Verbesserung der Antriebsmaschinen der Verkehrsapparate die Möglichkeit einer Erhöhung der Geschwindigkeit in sich schließt und damit gleichzeitig die Voraussetzungen einer Steigerung der Verkehrs- und Wirtschaftsintensität schafft [1]).

Die Entstehungsgeschichte der Lokomotive [2]) zeigt, daß es wie bei der stationären Wattschen Maschine das durch die Entwicklung der Wirtschaftsverhältnisse hervortretende praktische Bedürfnis war, welches den direkten Anstoß zur Erfindung einer leistungsfähigen Verkehrsmaschine gab. Wieder waren es die Anforderungen des Bergbaus, dieses größten Lehrmeisters der gesamten Maschinentechnik, welche zum Zwecke des schnelleren Transports der Kohlen auf und von den Gruben den Anlaß zur Verbesserung der Technik bildeten. 1814 baute Stephenson, ursprünglich Maschinenmeister der Kohlengruben zu Killingworth, seine erste Lokomotive speziell für den Grubendienst. Von der Beförderung der Kohlenzüge ging man über zur Beförderung von Güterzügen und dann unter gleichzeitiger Steigerung der Geschwindigkeit zur Beförderung von Personenzügen. Ihre welt-

[1]) Von den mannigfachen dem Verkehr dienenden Kraftmaschinen seien hier nur die für Vollbahnzwecke sowie die See- und Binnenschiffahrt besprochen, während die sämtlichen Kleinverkehrsmaschinen für Nebenbahn-, Vorort- und Stadtverkehr außer acht gelassen sind.

[2]) Siehe in Matschoß: „Die Entwicklung der Dampfmaschine".

geschichtliche Bedeutung erhielt die Lokomotive durch ihre Einführung auf der Linie Liverpool-Manchester im Jahre 1830. Es wurden schon damals bei den Probeversuchen mit der „Rocket“ — so hieß jene denkwürdige erste Maschine, die dem Personenverkehr diente — 45 km Höchstgeschwindigkeit erreicht. Ein deutlicher Beweis dafür, wie stark das Bedürfnis nach einer Verkehrsmaschine damals auftrat, ist die Tatsache, daß die Schienenstrecke Manchester-Liverpool schon fertig war, noch ehe man überhaupt über die zu verwendende Betriebsmaschine im klaren war, und daß ein Preisausschreiben der englischen Regierung den Anlaß gab, der zum Bau der „Rocket“ geführt hat. In Deutschland wurde die erste Stephensonlokomotive 1835 auf der 6,1 km langen Strecke Nürnberg-Fürth in Betrieb genommen und lief bis 1857.

Dieselben Entwicklungstendenzen wie bei der stationären Dampfmaschine lassen sich auch bei den Lokomotiven feststellen. Man ging von niederen Drücken zu höheren über, von 4—6 Atm. in den 40 er und 50 er Jahren auf 8—10 in den 60 er—70 er Jahren und 14—16 Atm. bei den modernen Kolossalmaschinen unserer neuesten Zeit. Ebenso erhöhte man fortdauernd die Geschwindigkeit, bis man heute etwa an der Grenze des ökonomisch Möglichen angelangt ist. Vereinzelt wurden auf amerikanischen, englischen und französischen Bahnen Geschwindigkeiten von 130—140 km erreicht. Auch bei Probeversuchen auf den badischen Staatseisenbahnen wurde schon stellenweise mit 140 km gefahren, ohne daß sich bedenkliche technische Anstände oder Gefahren hinsichtlich der Sicherheit ergeben hätten. Es ist dabei aber zu beachten, daß diese Geschwindigkeiten Maximal- und nicht Dauerleistungen darstellen, und daß die letzteren im günstigsten Falle sich für die kontinentalen Verhältnisse auf 90—100 km belaufen.

Zwei große Abschnitte treten in der fortschrittlichen Verwirtschaftlichung der Dampflokomotiven besonders hervor: 1. die Einführung der Verbundwirkung, 2. die Anwendung der Überhitzung. So wurden seit 1894 gemäß den Bestimmungen der preußischen Eisenbahnverwaltung alle Schnellzugs- und Güterzugslokomotiven für längere Strecken als Verbundmaschinen ausgeführt, und ist damit eine Kohlenersparnis von 12—15 % gegenüber den Maschinen ohne Compoundwirkung erzielt worden. Eine noch größere Verbesserung der Ökonomie brachte die Überhitzung. Durch sie ist es möglich geworden, bei gleichem Gewicht der Heißdampflokomotive im Verhältnis zur Naßdampflokomotive eine um 50 % höhere Leistung zu erreichen.

Damit ist aber nicht etwa eine ebenso große Steigerung der Geschwindigkeit verbunden, sondern dieselbe bewegt sich in viel engeren

Grenzen[1]). Der Grund dafür ist der, daß die Widerstände der Fahrbewegung, die einen bedingenden Einfluß auf die Größe der Maschinenleistung haben, nicht in der einfachen, sondern annähernd der quadratischen Proportion der Fahrgeschwindigkeit wachsen. Es stellt sich auch hier von einer bestimmten Stufe des technisch Erreichbaren das Gesetz des abnehmenden Ertrages ein, insofern die technischen Verumstandungen und Nebeneinflüsse beim Fortschreiten zu höheren Stufen eine solche Steigerung der Gesamtunkosten verursachen, daß zunächst die jeweils entsprechenden Ertragserhöhungen abnehmen, solange bis der Betrieb schlechterdings „unrentabel" wird. Von grundlegender Bedeutung für die Rentabilität der einzelnen Zugfahrt ist das Erfordernis, daß die mögliche zu befördernde zahlende Last hinreichend groß sein muß. Die fortzubewegende Last einer Lokomotive setzt sich ja bekanntlich aus zwei Teilen zusammen, aus der Nutzlast und aus der toten Last. Die erstere wird durch die Personenwagen[2]), die letztere durch Maschine und Tender dargestellt. Eine bestimmte Leistungsfähigkeit der Lokomotive bei gleichbleibender Geschwindigkeit vorausgesetzt, wird also die Zahl der mitnehmbaren Wagen um so größer sein, je kleiner das Gewicht der Maschine, und in dieser Beziehung hat die Einführung der Überhitzung, wie oben erwähnt, große Fortschritte gebracht. Auf die mögliche Nutzlast wirkt aber ferner der Luftwiderstand ein, der im Quadrat der Geschwindigkeit wächst und einen erheblichen Teil der Maschinenleistung aufzehrt. Schon bei Geschwindigkeiten von 90—100 km in der Stunde verbraucht die Lokomotive etwa die Hälfte ihrer Energieentfaltung für die eigene Fortbewegung, während für die Nutzlast nur die andere Hälfte zur Verfügung bleibt. Das Verhältnis wird um so ungünstiger, je größer die Geschwindigkeit wird, und schließlich gibt es im extremsten Falle eine Grenzgeschwindigkeit, bei der die Kraft der Maschine gerade noch zur Eigenbewegung ausreicht; z. B. braucht ein Zug von 280 t Nutzungsgewicht für 100 km Geschwindigkeit eine Lokomotive von 1100 PS, für 110 und 120 km eine entsprechende von 1400 und 1750 PS. Für eine Geschwindigkeitssteigerung von jeweils rund 10 % wird demnach entsprechend eine Leistungserhöhung von 25—30 % erforderlich.

---

[1]) Vgl. v. Borries: „Schnellbetrieb auf Hauptbahnen". Zeitschr. des Ver. deutsch. Ing. 1904, Nr. 26.

[2]) Von Güterzügen kann in diesem Zusammenhang abgesehen werden, da bei diesen die Geschwindigkeit ja wesentlich niederer ist als bei Personenzügen. Die Zahl der in den Wagen befindlichen Personen kommt gegenüber dem Gewichte der Wagen selbst nicht in Betracht, und ist deshalb unter Nutzlast des einfacheren Verständnisses halber die Zahl der mitnehmbaren Wagen gemeint. Die Höhe der erzielbaren Fahrgeldeinnahme läßt sich dann im Einzelfalle leicht berechnen und hängt nur von der Gestaltung des Personentarifs ab.

Berücksichtigt man weiter, daß hierdurch nicht nur der Aufwand für Kohlenkosten, sondern auch die Anlage- und Unterhaltungskosten der Lokomotiven sowie besonders auch der Geleise und Brücken infolge der erheblichen Steigerung des Gewichts [1]) der Maschinen in ähnlicher Proportion zunehmen, während andererseits kaum zu erwarten ist, daß die im Verhältnis nur mäßige Geschwindigkeitserhöhung eine auf die Rentabilität ausgleichend wirkende Intensivierung des Verkehrs hervorzurufen vermag, so wird man das Gesetz vom abnehmenden Ertrag deutlich wirksam erkennen. Es besteht also ein wirtschaftliches Optimum für das Verhältnis zwischen Zuggeschwindigkeit und Fahrgeldeinnahme, und wenn in unserer Zeit, trotzdem es technisch möglich wäre, nicht mit den erreichbaren Höchstgeschwindigkeiten der Dampflokomotiven von 120—130 km Dauerleistung gefahren wird, so ist dies ein Beweis, daß nicht die technische Vollkommenheit, sondern die ökonomische Zweckmäßigkeit auch im Verkehrswesen wie in allen Wirtschaftszweigen den Ausschlag gibt. Im allgemeinen kann man sagen, daß bei dem heutigen Verkehrsbedürfnis und den bestehenden Tarifsätzen mit 100 km die ökonomisch zulässige Geschwindigkeit für Dampfbetrieb genützt, aber auch erreicht ist.

Bezüglich der Größe des auf den deutschen vollspurigen Eisenbahnen tatsächlich benötigten Energieverbrauchs gibt die Anzahl der verwendeten Lokomotivpferdestärken keinen Aufschluß, da die Betriebsdauer der Einzelmaschinen, auf das ganze Jahr gerechnet, meist sehr kurz ist. Infolge der nach Tages- und Jahreszeiten beträchtlichen Schwankungen der Verkehrsstärke ist die Ausnützung des Fahrmaterials, das natürlich für den Maximalbedarf ausreichend beschafft sein muß, sehr ungünstig. So waren im Jahre 1906 auf deutschen Linien, ohne Berücksichtigung der Kleinbahnen, 22 855 normalspurige Lokomotiven im Betriebe. Über die Zahl der Pferdestärken waren Angaben nicht zu finden; sie läßt sich nur aus den für Preußen veröffentlichten Werten schätzungsweise ermitteln. Ende 1905 waren es nämlich hier 15 074 Lokomotiven mit rund 7,5 Millionen PS, so daß wir durch Analogieschluß auf $\frac{7{,}5 \,.\, 22\,855}{15\,074} \cong 11{,}4$ Millionen PS für ganz Deutschland, also auf beinahe das Doppelte wie in stationären Anlagen kommen. Nach den eingehenden Ermittelungen Ballods [2]) beträgt aber die durchschnittliche tägliche Betriebsdauer einer solchen Lokomotive

---

[1]) Die modernen Schnellzugslokomotiven haben ein Gewicht von bis zu 100 t.

[2]) Siehe Ballod: „Die Dampfkraft in Preußen“, in der Zeitschr. des Kgl. Preuß. Statist. Landesamts. Berlin 1906.

knapp 2 Stunden, so daß der Energieverbrauch für Landesverkehrszwecke insgesamt doch wesentlich unter dem Kraftverbrauch des Industrie- und Gewerbelebens bleibt.

Die großen Erfolge, welche die Elektrizität in allen Wirtschaftszweigen und besonders auf dem Gebiete des Kleinbahn- und Stadtbahnwesens gefeiert hat, haben seit einem Jahrzehnt die Technik veranlaßt, auch an die Elektrisierung der Vollbahnen zu denken, und es hat eine Zeitlang den Anschein gehabt, als ob der Dampflokomotive in der elektrischen Lokomotive ein starker Rivale entstehen würde. Die optimistischen Erwartungen, die sich an die verheißungsvollen Versuche der Studiengesellschaft für Schnellbahnen auf der Fernstrecke Marienfelde-Zossen in den Jahren 1901, 1902, 1903, bei welchen Geschwindigkeiten bis zu 200 km erreicht worden sind, knüpften, wurden bald gedämpft, als man die wirtschaftliche Seite des Problems ruhiger und sachlicher Überlegung unterzog. Auch die Einführung einer neuen Betriebskraft in das Wirtschaftsleben muß wie alle Technik ökonomisch begründet sein, wenn anders sie dauernden Ersatz für das Althergebrachte und Bewährte bieten soll. Vorausgesetzt ist dabei natürlich, daß die technische Seite der Frage einwandsfrei gelöst ist, und dies kann, nachdem sich in mehreren Ländern elektrische Vollbahnen verschiedener Systeme betriebstechnisch vollkommen bewährt haben, für unsere weitere Betrachtung als feststehend gelten. Anders ist es aber mit der Wirtschaftlichkeit des Problems. Eine wesentliche Erhöhung der Geschwindigkeit gegenüber der bei Dampflokomotiven erreichten, glauben wir, ist aus denselben ökonomischen Gründen wie bei diesen nicht zu erwarten. Die wirtschaftlich mögliche Steigerung derselben um einige 10 oder 20 km, würde die große erforderliche Kapitalinvestition, die mit der Umwandlung des Dampfbetriebes in elektrischen notgedrungen verbunden ist, nicht lohnen. Bei einer praktisch wirksamen Erhöhung auf 150 und 160 km Geschwindigkeit haben aber die erwähnten Versuchsfahrten ergeben, daß der normale Oberbau unserer Bahnlinien unzureichend war und gründlich verstärkt werden mußte. Die infolge davon potenzierten Anlage- und Unterhaltungskosten würden also im allgemeinen Anwendungsfalle die erhöhte Rentabilität aus einer eventuellen Verkehrszunahme wieder illusorisch machen.

Einen zweiten wichtigen Hinderungsgrund für die Elektrisierung unserer Vollbahnen bilden die periodisch auftretenden großen Schwankungen der Verkehrsstärke. Bekanntlich hängt ja die Wirtschaftlichkeit elektrischer Zentralen wesentlich von der Gleichmäßigkeit der Belastung ab. In dieser Beziehung würden sich nun bei zentraler Energieerzeugung außerordentlich ungünstige Betriebsverhältnisse ergeben. Nehmen wir an, daß über das ganze Land zerstreute Zentralen in bestimmten, aber durch den ökonomischen Aktionsradius elektrischer Energieübertragung begrenzten Abständen errichtet würden, so müßte jede einzelne auf den jeweils im zugehörigen Aktionsgebiet zu erwartenden Maximalverkehr zugeschnitten sein. Die größte Zeit des Jahres hindurch aber hätte die Anlage eine sehr unwirtschaftliche Belastung, wodurch die Stromerzeugungskosten natürlich ungünstig beeinflußt würden. So haben z. B. die Ermittelungen, die der bayrische Staat vor einigen Jahren über die ökonomischen Aussichten der Elektrisierung der bayrischen Staatsbahnen angestellt hat, ergeben, daß die erforderliche Höchstleistungsfähigkeit der Kraftanlagen für den elektrischen Betrieb des Gesamteisenbahnnetzes etwa 606 000 PS, die benötigte Durchschnittsleistungsfähigkeit aber nur 142 000 PS beträgt.

Wenn diese Schwankungen natürlich auch den Dampfbetrieb sehr ungünstig beeinflussen, so ist doch bei diesem die Ausgleichsmöglichkeit der Kraftverteilung noch günstiger wie bei elektrischem Betrieb. Es ist nämlich durch die Versendungsmöglichkeit der ja auch für eine bestimmte Höhe des Maximalverkehrs bereit zu haltenden Lokomotiven an die entlegensten Stellen des Eisenbahnnetzes das Ausgleichsgebiet praktisch unbegrenzt. Die zeitlichen und örtlichen Schwankungen des Energiebedarfs können also in höherem Maße ausgeglichen werden, als dies für elektrischen Betrieb möglich ist, wo die Ausgleichsmöglichkeit immer auf das bestimmte Aktionsgebiet der einzelnen Zentrale beschränkt bleibt.

Über die Höhe der Stromerzeugungskosten, bis zu welcher man bei elektrischem Vollbahnbetrieb äußerstenfalls kommen darf, damit die Gesamtbetriebskosten nicht größer werden wie bei Dampfbetrieb, geben die Berechnungen, die in der „Denkschrift über die Einführung des elektrischen Betriebes auf den bayrischen Staatseisenbahnen" enthalten sind, Aufschluß. Aus ihnen geht hervor, daß die Erzeugungskosten für die KW-Stunde bei den für die Elektrisierung besonders günstigen, weil gebirgigen Strecken — für Gebirgsbahnen ist nämlich der elektrische Betrieb deshalb vielfach günstiger, weil 1. die elektrische Lokomotive für Strecken mit Steigungen weit größere Überlastungssteigerung zuläßt als die Dampflokomotive, und 2. bei der Talfahrt des Zuges der Bahnmotor selbst als Stromerzeuger wirkt und einen Teil der bei der Bergfahrt verbrauchten Energie wieder an das Netz zurückliefert — wie Salzburg-Bad Reichenhall-Berchtesgaden, nicht mehr als 4,9 Pf. betragen dürfen. Bei weniger begünstigten Strecken wie München-Garmisch-Partenkirchen oder Tutzing-Penzberg-Kochel dagegen darf höchstens ein Preis von 2,3—2,6 Pf. pro KW-Stunde erreicht werden. Dies ist aber etwa die untere Grenze der Stromerzeugungskosten, bis zu der man bei sehr günstig arbeitenden Wärmekraftzentralen, wie z. B. den Gichtgaszentralen oder Turbodynamoanlagen bei relativ niederem Kohlenpreis gelangen kann. Bei ebenen Strecken dürfte aber dieser Satz nicht überschritten werden, wenn nicht schon die unmittelbaren Betriebskosten bei elektrischem Betrieb höher werden sollen wie bei Betrieb mit Dampflokomotiven. Ein Ausgleich für die erhöhte Kapitalinvestition wäre also von dieser Seite her nicht zu erwarten. Nur in Gegenden mit billigen Wasserkräften läßt sich der obige Kostensatz unterschreiten. Unter diesen Umständen liegt aber die ökonomische Möglichkeit der allgemeinen Elektrisierung der deutschen Staatsbahnen mit Ausnahme der bayrischen noch in weitem Felde, und kann von einer drohenden allgemeinen Konkurrenz der elektrischen Lokomotive gegenüber der Dampflokomotive auf Vollbahnen vorläufig nicht die Rede sein.

Außer den wirtschaftlichen Gründen stehen zudem wichtige strategische Rücksichten im Wege, da die Betriebsanlagen und Einrichtungen elektrischer Bahnen viel mehr empfindliche Stellen, die im Kriegsfalle der Zerstörung zugänglich sind, aufweisen würden, als dies für Dampfbetrieb der Fall ist. Die einzige Heeresverwaltung, die die Elektrisierung wichtiger Linien bis jetzt unterstützt hat, ist die italienische, und das ist begreiflich, wenn man die hier vorliegenden ökonomischen Verumstandungen berücksichtigt. Italien hat nur eine minimale eigene Kohlenproduktion, ist also in seinem Bezug auf das Ausland, und zwar auf den Seeweg angewiesen, der ihm im Ernstfall eventuell leicht abgeschnitten werden kann. Um so wertvoller sind aber die zahlreichen großen und für die Auswertung günstig gelegenen Wasserkräfte dieses Landes, da sie in wirtschaftlicher und strategischer Hinsicht einen willkommenen Ersatz für den Mangel ergiebiger Kohlenfelder bilden. Von allen kontinentalen Staaten besitzt daher auch Italien die meisten elektrisch betriebenen Vollbahnen.

Im Gegensatz zur Verwendung in anderen Wirtschaftszweigen hat nach dem Gesagten die elektrische Kraftübertragung im Landesverkehrswesen keine allgemeine, vielmehr nur eine spezielle Bedeutung, und zwar nicht aus technischen, sondern aus wirtschaftlichen Gründen.

Die Mehrzahl der elektrisch betriebenen Überlandbahnen in den verschiedenen Staaten schließt bis jetzt an vorhandene Wasserkräfte an, wie in Nordamerika, Italien, einigen Gegenden Österreichs und Bayerns. Neuerdings denkt man auch in Schweden und Norwegen, das ja bekanntlich von ganz Europa die günstigsten Wasserverhältnisse hat, an die Elektrisierung der Staatsbahnen. In Ermangelung solcher wird aber der Dampfbetrieb wirtschaftlicher sein und auch bleiben, wenn nicht gerade neue, die ökonomischen Verhältnisse der einschlägigen Faktoren von Grund aus umwälzende Erfindungen auf diesem Gebiete eintreten werden.

Die Hauptvorzüge des elektrischen Bahnbetriebs, die Vermeidung der Rauchplage und die infolge der Möglichkeit kürzeren Anfahrens und schnelleren Haltens erhöhte Häufigkeit der Zugfolge sind beide viel mehr für die Stadt- und Vorortbahnen als für die Fern- und Schnellbahnen von Erheblichkeit und nicht stark genug, bei letzteren den Übergang von der rentableren zur unrentableren Betriebsweise rechtfertigen zu können. Zusammenfassend läßt sich präzisieren, daß zurzeit die elektrische Zugbeförderung an Stelle des Dampfbetriebs nur in Frage kommt: einmal bei den Stadt-, Vorort- und Kleinbahnen wegen der größeren Häufigkeit der Zugfolge und der betriebstechnisch möglichen günstigeren Anpassungsfähigkeit an die Verkehrsintensität und dann weiter bei Gebirgsbahnen und den Hauptbahnen in allen den Gegenden, wo so günstige Wasserkräfte vorhanden sind, daß der elektrische Betrieb sich billiger gestalten kann als die Verwendung von Dampflokomotiven.

8. Die Kraftmaschine in der See- und Binnenschiffahrt.

Die historische und ökonomische Entwickelung der Dampfkraftverwendung im Schiffahrtswesen weist ähnliche Tendenzen auf wie die Verwendung in der Industrie und noch mehr im Landesverkehrswesen, nur daß infolge der hier vorliegenden eigenartigen Bedingungen der Brennstoffversorgung die Beeinflussung der technischen Ausgestaltung durch allgemein- und verkehrswirtschaftliche Verumstandungen noch deutlicher hervortritt als in den anderen Wirtschaftsgebieten. Nach mehreren mißglückten Versuchen im letzten Viertel des 18. Jahrhunderts, die gleichzeitig von verschiedenen Erfindern Amerikas, Englands und Frankreichs zur Fortbewegung der Schiffe mit Dampfkraft gemacht worden waren, gelang es dem Amerikaner Fulton in den Jahren 1807 und 1808, das erste brauchbare Dampfschiff dem Verkehr zu übergeben. Wie bei allen Dampfmaschinen jener Zeit war aber der Kohlenverbrauch so groß, daß die Schiffe ursprünglich weite Reisen über See nicht unternehmen konnten, da der größte Teil der Ladefähigkeit durch die Kohlenstapellast aufgezehrt worden wäre. Man war daher in der Verwendung des Dampfschiffs zunächst auf den Binnensee- und Flußschiffahrtsverkehr angewiesen, wobei besonders Amerika führend voranging. Nach den Angaben von Matschoß [1])

[1]) Vgl. hierzu und zu Folgendem Matschoß: „Die Entwicklung der Dampfmaschinen“.

sollen im Jahre 1848 bereits 1000 Dampfer allein auf dem Mississippi und seinen Nebenflüssen gefahren sein. In Deutschland, wo die verkehrswirtschaftlichen Beziehungen sich langsamer entwickelten, kam auch der Flußdampfer erst später zur ökonomischen Berechtigung und Anerkennung. 1816 wurde der Rhein zum erstenmal von einem englischen Dampfer von Rotterdam bis Köln befahren. Im selben Jahre kam auch das erste Dampfschiff von England in Hamburg an, da aber das verkehrswirtschaftliche Bedürfnis nicht stark genug war, d. h. die Fahrgeld- und Frachteinnahmen aus der Beförderung von Gütern und Personen nicht hinreichten, um die hohen Brennstoff- und Betriebskosten zu decken, so konnte der begonnene Betrieb der Linie Hamburg-Cuxhaven nur kurze Zeit durchgehalten werden. Erst in den 30 er Jahren gelangte die Dampfschiffahrt auf deutschen Flüssen, besonders auf dem Rhein, wieder zu größerer Bedeutung. Auch der erste Überseedampfer, der den Ozean durchquerte, hatte wegen des unwirtschaftlichen Kohlenverbrauchs und wegen des folglich ungünstigen Verhältnisses von $\frac{\text{Bruttonutzraum}}{\text{Nettonutzraum}}$ nur eine kurze Lebensdauer. Die denkwürdige Durchkreuzung des Atlantischen Ozeans durch den Dampfer „Savannah“ im Jahre 1819, der in 25 Tagen von Savannah nach Liverpool fuhr, fand vorläufig keine Nachahmung. Die „Savannah“ selbst wurde nach ihrer Rückkehr von der amerikanischen Regierung aufgekauft und in ein Segelschiff für den Frachtverkehr umgewandelt. Technisch war also das Problem gelöst, mit Hilfe der Dampfkraft das Meer zu bezwingen, aber weitere 20 Jahre dauerte es, bis 1838 die beiden Ozeandampfer „Syrius“ und „Great Western“ bei größerer Geschwindigkeit — sie legten die Fahrt von England nach Amerika in 18 bzw. 16 Tagen zurück — und kleinerem Kohlenverbrauch den Beweis auch der ökonomischen Lebensfähigkeit des Dampfschiffs zu erbringen vermochten. Die Aussicht auf eine regelmäßige Verbindung zwischen Amerika und Europa beschleunigte bald die allgemeine Verbreitung und Vervollkommnung der Dampfer. Hinzu kam, daß die Verkehrsbeziehungen stetig umfangreichere wurden, und Zahl sowie Größe der Schiffe mußten sich heben, wollte man den zunehmenden Anforderungen Genüge leisten. Es erfolgte also von da an eine fruchtbare gegenseitige Beeinflussung von Technik und Wirtschaftsleben. Man ging wie im Landdampfmaschinenbau von niederen Drucken zu höheren über — die ersten Schiffsmaschinen arbeiteten mit Drucken von 1—2 Atm., die in den 40 er Jahren schon auf 5—5,5, in den 70 er und 80 er Jahren auf 8, 10 und 12 und bei den Riesendampfern unserer neuesten Zeit auf 15, 16 und bis zu 20 Atm. gesteigert wurden — von kleineren Geschwindigkeiten zu größeren, von einfacher zu doppelter, drei- und vierfacher Expansion. Von besonderer Bedeutung für die Rationalisierung des Schiffsbetriebs war auch die bei zunehmender Maschinenleistung gleichzeitig zur Durchführung gelangende Tendenz, die Maschinengewichte pro Einheitsleistung stetig zu reduzieren und die Größe der Maschinen selbst soweit wie möglich einzuschränken. So bildeten für die 50 er Jahre Schiffsmaschinengewichte von 350—500 kg pro PS die Regel, wozu noch das Kesselgewicht von 150—180 kg pro PS kam. Heute bilden bei den Schnelldampfern der Handelsmarine Gesamtgewichte von 130—175 kg, bei Panzerschiffen von 85—105 kg und bei Torpedobooten von 22 bis 37 kg pro PS die Regel. Denn wie im Landesverkehrswesen besteht für den Schiffsbetrieb die ökonomische Forderung, Nutzraum und Nutzlast zu vermehren, die nicht nutzbare und kraftverzehrende tote Last aber zu vermindern. Jede ersparte Tonne Kohlenverbrauch und jede ersparte Tonne Maschinengewicht ist daher auf dem engbegrenzten Raume der Schiffe doppelt wertvoll, und es ist begreiflich, daß, nachdem einmal die wirtschaftlichen Voraussetzungen eines rentablen Schifffahrtsbetriebes erkannt waren, von der Schiffsmaschinenbautechnik ein befruchtender Ansporn für die ökonomische Entwickelung des gesamten Dampfmaschinenwesens ausging.

Aus der nachfolgenden Zusammenstellung ergibt sich ein übersichtliches Bild über die Steigerung der Brennstoffökonomie, der Nutzleistung, der Geschwindigkeit und der Maschinenleistung für die zu verschiedenen Zeiten erbauten maßgebenden Dampfertypen:

*)	Britannia 1840	Persia 1856	Gallia 1879	Umbria 1884	Campania 1893	Lusitania 1907
Kohlenverbrauch für eine Reise von Liverpool nach New York in t	570	1400	836	1 900	2 900	5 000
Kann an Fracht mitnehmen in t	224	750	1700	1 000	1 620	1 500
Zahl der Fahrgäste	115	250	320	1 225	1 700	2 200
Indizierte Pferdestärken	710	3600	5000	14 500	30 000	68 000
Dampfspannung	0,7	2,4	5,4	8	11,8	14
Kohle für die indiz. PS-Std.	2,3	1,7	0,86	0,86	0,73	0,66
Geschwindigkeit in Knoten	8,5	13,1	15,5	19	22	25

Betrachtet man die drei letzten Rubriken der Tabelle, so fällt besonders die unproportionale Erhöhung der Maschinenleistung im Verhältnis zu der damit erreichten Steigerung der Fracht- und Personenbeförderungsfähigkeit auf. Die Erscheinung hängt mit der Tatsache zusammen, daß beim Propellerantrieb — und der Propellerantrieb ist heute die für Überseedampfer fast ausschließlich übliche Antriebsart —

*) Entnommen aus der Zeitschrift „Stahl und Eisen" 1907, Nr. 34.

die Bewegungswiderstände in der dritten Potenz der Geschwindigkeit wachsen. Es liegen hier also ähnliche Verhältnisse vor wie beim Eisenbahnbetrieb. Dieses technische Gesetz über die Beziehung zwischen Schiffsgeschwindigkeit und Widerstand wirkt aber hier um so ungünstiger, da jeweils der Kohlenbedarf, der seinerseits annähernd proportional der Schiffsmaschinenleistung zunimmt, für eine ganze Überseefahrt mitgenommen werden muß, und folglich die Erhöhung der Geschwindigkeit schon in geringen Grenzen sich sehr ungünstig auf den möglichen Wirkungsgrad der Schiffsraumnutzung geltend macht. Demgemäß steigen die Gesamtbetriebskosten ganz unproportional zu dem erreichbaren Vorteil an, denn die Erhöhung der Tarifpreise z. B. auf Personenschnelldampfern gegenüber den gewöhnlichen Passagierdampfern findet sehr bald ihre Grenze, so daß bei der Überschreitung einer bestimmten Geschwindigkeit auch im Schiffahrtswesen etwas Ähnliches wie das Gesetz vom abnehmenden Ertrag zur Geltung kommt. Auch die Dampfturbine oder eine andere Antriebskraft als die Dampfkolbenmaschine kann hierin keine Änderung schaffen, da die Widerstände nicht mit dieser, sondern mit den hydraulisch-theoretischen Eigenschaften des Propellers zusammenhängen. Die großen Geschwindigkeiten von über 20—24 und 25 Knoten, die in den ersten Jahren dieses Jahrhunderts von den verschiedenen Schiffahrtsgesellschaften angestrebt und auch erreicht worden sind, haben denselben keine Vorteile gebracht, dagegen haben sie die wirtschaftlich zulässige Grenze bereits überschritten. Die Veranlassung zum Bau solcher unökonomischen Schiffskolosse hat zum Teil eine gewisse Reklamesucht der einzelnen Schiffahrtsgesellschaften, die jeweils schnellsten Schiffe zu besitzen, dann aber auch der nationale Wettbewerb besonders zwischen England und Deutschland abgegeben. So hat die englische Regierung, nachdem der Norddeutsche Lloyd mit der Einführung der neuen Schnelldampferklasse (Kaiser Wilhelm II. und Kronprinzessin Cäcilie) von 23 und 24 Knoten stündlicher Fahrtgeschwindigkeit den Ruhm beanspruchte, die schnellsten Schiffe zu besitzen, eine erhebliche Staatsunterstützung ausgeworfen für den Bau zweier Dampfer, die die deutschen Dampfer an Geschwindigkeit übertreffen würden. Die garantierte Geschwindigkeit sollte 25 Knoten betragen, anderenfalls sollte der Staat die Subvention entsprechend reduzieren können. Es entstanden so die beiden Turbinendampfer „Lusitania" und „Mauretania", die mit 25 Knoten pro Stunde nun ihrerseits wieder das Primat errangen [1]). Als technische

[1]) Für den Bau dieser Dampfer hat die englische Regierung 53 Mill. M. Unterstützungsgelder gezahlt, und die Cunardlinie erhält allein für den Betrieb dieser beiden Dampfer 3,06 Mill. jährliche Subvention. (Vgl. F. Meyer: „Die deutsche Schiffbauindustrie", in „Deutscher Schiffbau" 1908, S. 165.)

Wunderwerke mögen diese Schiffskolosse große Beachtung verdienen, von einer wirtschaftlichen Berechtigung kann aber in diesen Fällen keine Rede sein. Tatsächlich haben es auch die deutschen Gesellschaften, die sich technische Experimente auf die Dauer weniger gut leisten können als die englischen mit ihren Staatssubventionen, aufgegeben, den nationalen Wettbewerbskampf in dieser Richtung weiter mitzumachen und sind in den letzten Jahren wieder zu mäßigeren Geschwindigkeiten übergegangen. Heute scheint bei ihnen durchweg der Grundsatz zu bestehen, auch im Schiffsbetrieb nur das wirtschaftlich Zweckmäßige anzustreben. So sind im Jahre 1908 zwei Schiffe eines neuen Typs für den Norddeutschen Lloyd vom Stapel gegangen, der Dampfer „Washington“ und der Dampfer „Berlin“, beides Riesenkolosse, von denen der erstere mit einem Bruttoraumgehalt von 27 000 Reg.-Tons bei einer Geschwindigkeit von nur 19 Knoten, der letztere mit 17 000 Reg.-Tons und einer Geschwindigkeit von nur 17 Knoten den Tonnengehalt der bisherigen Schiffe bedeutend übertrifft, in der entwicklungsfähigen Geschwindigkeit aber zurückbleibt. Die Maschinenleistung beträgt dementsprechend nur etwa 20 000 PS gegen 45 000 und 46 000 PS bei den früher gebauten deutschen und 68 000—70 000 PS bei den englischen Schnelldampfern, so daß bei dem großen erreichten Bruttoraumgehalt einerseits und der relativ mäßigen Maschinen- und Kesselgröße sowie dem entsprechend beschränkten Kohlenballastraum andererseits ein wesentlich größerer Nettonutzraum resultiert als bei der vorherigen Schnelldampferklasse. Aus einer Zusammenstellung über den Schiffsraumgehalt des Bremer Lloyd (die ich dem Handelskammerbericht der Stadt Bremen für das Jahr 1908 entnehme) scheint der ungünstige Einfluß, den die übertriebene Geschwindigkeitssteigerung auf die Verminderung des zahlenden Nutzraums ausgeübt hat, hervorzugehen.

Statistik des Bremer Lloyd

	1901	1902	1903	1904	1905	1906	1907
Bruttoraumgehalt in Reg.-T.	465003	497344	525626	501604	551237	587022	638702
Nettoraumgehalt in Reg.-T.	281481	297390	304600	296928	331642	352034	386648
$\frac{\text{Netto}}{\text{Brutto}}$ in %	60,5	59,8	57,8	59,2	60,2	60,2	60,6

In den Jahren 1901—1903, also in der Zeit, in welcher der Lloyd mit seiner Schnelldampferklasse auf dem Meere erschien, ist eine Verschlechterung des Nutzungsverhältnisses Nettoraum : Bruttoraum eingetreten, die dann in den folgenden Jahren durch die Aufgabe des Schnelldampfer-

15*

typs wieder behoben wurde. Soviel dem Verf. bekannt, ist nach 1904 für deutsche Schiffahrtsgesellschaften kein Handelsdampfer mehr mit über 20 Knoten Geschwindigkeit eingestellt worden.

Bis gegen Ende des vorigen Jahrhunderts hat als Antriebsmaschine auf Schiffen ausschließlich die Dampfkolbenmaschine das Feld beherrscht. In neuerer Zeit ist derselben nun auf den großen Dampfern der Handels- und Kriegsmarine eine scharfe Konkurrentin in der Dampfturbine erwachsen, und auf kleineren Fahrzeugen, besonders der Kriegsmarine und der Binnenschiffahrt, scheint der Ölmotor, besonders in allerneuester Zeit der Dieselmotor allgemeinen Eingang zu finden.

Die Frage der Wettbewerbsfähigkeit der Dampfturbine mit der Kolbenmaschine ist einwandfrei noch nicht entschieden, und es ist schwierig, aus dem Wirrwarr der zahlreichen, sich vielfach widersprechenden Veröffentlichungen in der Fachliteratur ein klares Urteil zu gewinnen. Immerhin soll hier versucht werden, ein Bild über den gegenwärtigen Stand der Frage und die Aussichten, welche die Turbine als Antriebsmaschine auf Schiffen für die Zukunft verspricht, zu geben.

Vor allem ist hier zu unterscheiden zwischen den Schiffen der Handelsmarine und denen der Kriegsmarine. Bei ersteren wird die Turbine nur dann dauernde Verwendung finden können, wenn sie positive wirtschaftliche Vorteile mit sich bringt. „Letzten Endes ist es hier immer die „Kohlenrechnung", die die Wirtschaftlichkeit bestimmt" [1]). Anders ist es bei Kriegsschiffen. Hier spielen strategische Rücksichten und solche der absolut besten Manövrierfähigkeit der Kriegsfahrzeuge für die speziellen Verwendungszwecke die ausschlaggebende Rolle, während die Frage nach der Ökonomie der Maschine von ziemlich untergeordneter Bedeutung ist.

Die Dampfturbine arbeitet bekanntlich mit sehr hohen Umdrehungen. Geschwindigkeiten von 1000, 1500 und 3000 Touren bilden die Regel. Die Sachlage ist die, daß die Maschine sich um so kleiner und billiger baut und um so günstiger arbeitet, je größer die Umdrehungszahlen sind. Dem entgegen stehen die technischen Eigenschaften des Propellerantriebs. Hier sind Tourenzahlen von nur einigen 100 Umdrehungen das wirtschaftlich Richtige. Es hieß also für die Turbinenbauer vor allem mit der Tourenzahl herunter-, und für die Propellerbauer hinaufzugehen. Man hat sich nach dem heutigen Stand auf einem Mittelweg von mehreren 100 Umdrehungen minutlich getroffen. Der Nutzeffekt der Turbinenpropeller, wie man sie bis jetzt in der Lage ist herzustellen, also das Verhältnis der von der Schraube

---

[1]) Vgl. H. Schmidt: „Die Dampfturbine im Schiffsbetrieb", in „Deutscher Schiffbau" 1908.

zur Fortbewegung des Schiffes effektiv gleisteten Arbeit zu der von der Maschine an die Propellerwelle abgegebenen Arbeitsleistung ist mindestens 10 % geringer als der Wirkungsgrad der Schraube bei Kolbenmaschinenbetrieb [1]. In einzelnen Fällen steigt dieser Wert aber auf 20—25 % [2]. Ein Ausgleich für die unvermeidliche Minderung des Gesamtnutzeffektes der Anlage könnte also bislang nur durch eine erhöhte Ökonomie der Turbine gegenüber der Kolbenmaschine erreicht werden. Andererseits läßt sich aber die technisch mögliche höchste Ökonomie bei Schiffsturbinen aus dem Grunde nicht verwirklichen, da die gegebene Beschränkung der räumlichen Verhältnisse der unbehinderten Ausbildung der erforderlichen Zweckmäßigkeitstypen im Wege steht, insofern weder die beliebige Vergrößerung der Raddurchmesser noch eine beliebige Vermehrung der Stufenzahl der Turbinen, wenigstens nicht in dem Maße durchführbar ist, wie es erforderlich wäre, um die durch die anormale Tourenzahl verschlechterte Dampfökonomie wieder auszugleichen. Als Unbequemlichkeit kommt hinzu, daß die Turbine nicht wie die Kolbenmaschine umsteuerbar, d. h. für Vorwärts- und Rückwärtsgang eingestellt werden kann, sondern daß jedesmal außer den sogenannten Vorwärtsturbinen noch besondere Rückwärtsturbinen eingebaut werden müssen, was an sich schon den benötigten Maschinenraum ungünstig beeinflußt.

Zuverlässige Zahlenangaben von genaueren Untersuchungen des Dampfverbrauchs von Schiffsturbinen stehen bislang nur wenige zur Verfügung. Nach den Ausführungen Schmidts erreichte die „Lusitania" einen solchen von 5,89 kg pro PS-Stunde, und sind als Mittelwerte bei großen Krafteinheiten von etwa 3000—4000 PS an 6 kg, bei kleineren Anlagen dagegen 6,5 kg und mehr für die Pferdestärkestunde in Ansatz zu bringen, Verbrauchsziffern, wie sie aber von den hochvollkommenen Kolbenmaschinenanlagen, wie sie auf unsern modernen Personen- und Passagierdampfern zu treffen sind, nicht nur erreicht, sondern noch unterschritten werden. Als ein weiterer Faktor, der sehr zugunsten der Kolbenmaschine spricht, kommt hinzu, daß die Kolbenmaschinenanlage um 60—80 % billiger als eine gleichartige Turbinenanlage (NB. aber nur für Schiffsbetrieb) ist [3].

---

[1]) Vgl. hierzu und zu Folgendem ebenda.

[2]) Die Umdrehungszahl der Dampfturbine läßt sich bei gleichbleibender Wärmeökonomie durch zwei Mittel reduzieren: entweder durch Vergrößerung der Laufraddurchmesser oder durch Erhöhung der Stufenzahl. Beide bedingen aber, daß die Maschine um so voluminöser und schwerer wird, je geringer die Tourenzahl ist, für die sie gebaut wird.

[3]) Nach den Angaben des Vizeadmirals Bickstadt vom Reichsmarineamt in der Schiffsbautechnischen Gesellschaft 1906 in Berlin.

Berücksichtigt man außerdem die Minderung des Wirkungsgrades der Schiffsschraube, so kommt man zu dem Resultat, daß die Turbine dann, wenn die Rentabilität des Betriebs den ausschlaggebenden Faktor bildet, also wohl auf dem meisten Dampfern unserer Schiffahrtsgesellschaften, nach dem heutigen Stand ihrer Entwicklung in der Wettbewerbsfähigkeit der Kolbenmaschine noch nachsteht. Wenn trotzdem englische Gesellschaften in mehreren Fällen die Turbine auf ihren Dampfern zur Einführung brachten, so hat dies seinen Grund zum Teil in den von der englischen Regierung gewährten umfangreichen Subventionen sowohl für den Bau wie den Betrieb von Turbinendampfern. Nach den Angaben von Professor Riedler, Berlin [1]), entfielen von den bis zum Jahre 1906 ausgeführten oder zur Ausführung bestimmten 116 Turbinenschiffen allein 92 auf England, 5 auf Deutschland und 5 auf Japan, davon auf die deutsche Handelsmarine 1, auf die englische Handelsmarine 38 (19 für den Ozeandienst und 19 für den Kanaldienst), die übrigen auf die Kriegsmarine. Genauere Zahlen über den augenblicklichen Stand, besonders in der englischen Handelsmarine, waren nicht zu finden. Immerhin bekommt man aus den spärlichen Angaben, die in den Zeitschriften enthalten sind, den Eindruck, daß es in neuerer Zeit mehr die kleineren Passagierdampfer, die in den heimischen Gewässern fahren, sind, die die Turbine bevorzugen, während die großen Überseedampfer, soweit sie keine staatliche Unterstützung beziehen, wieder zur Kolbenmaschine zurückkehren.

Wesentlich günstigere Erfolge als bei den großen Ozeandampfern der Privatschiffahrtsgesellschaften hat der Turbinenantrieb auf den Schiffen der Kriegsmarine erzielt, trotzdem die für die Ökonomie maßgebenden Betriebsbedingungen hier vielfach noch ungünstiger sind als bei Handelsschiffen. Die normale Marschleistung verlangt nur mittlere Geschwindigkeiten, die Antriebskraft muß aber zum Manövrieren im Gefechtsfalle zu großen Geschwindigkeitssteigerungen fähig sein. Man ist daher genötigt, besondere Turbinen für die mittlere Marschleistung und besondere für die Höchstleistung vorzusehen, was natürlich eine unerwünschte Verteuerung und Vergrößerung der Gesamtkraftanlage bedingt. Die Schiffe der Dreadnoughtklasse der englischen Kriegsmarine besitzen so z. B. je 2 besondere Marsch-, 2 Hochdruckvorwärts-, 2 Niederdruckvorwärts- und 2 Niederdruckrückwärtsturbinen, die auf 4 Wellen arbeiten. Wie aber bereits erwähnt, sind in der Kriegsmarine andere Rücksichten als die rein ökonomischen maßgebend.

An erster Stelle steht die Sicherheit des Betriebes, und in dieser Beziehung besitzt die Schiffsturbine wie auch die Landdampfturbine

[1]) Vortrag Riedlers in der Schiffbautechnischen Gesellschaft zu Berlin 1907.

sehr wertvolle Eigenschaften. Die Einfachheit des Zusammenbaus und die große Gleichmäßigkeit des Ganges selbst bei den höchsten Beanspruchungen, das minimale Bedienungserfordernis und die damit verbundene Schonung des Personals sind Faktoren, die von grundlegender Bedeutung für die Sicherheit des Betriebes sind.

„Kolbenmaschinenanlagen stellen, je mehr die Leistungen und Umdrehungen gesteigert werden, um so höhere Ansprüche an die Sorgfalt der Bedienung und die Wachsamkeit des Maschinenpersonals, Anforderungen, denen schließlich (im Ernstfall unter dem Drucke der Gefahr) die menschlichen Nerven auf längere Zeit nicht mehr gewachsen sind. Dieser Umstand ist wohl mit ausschlaggebend gewesen für die Wahl des Turbinenantriebs für moderne Torpedoboote mit ihren hohen, heute bereits 30 sm überschreitenden Geschwindigkeiten und Maschinenleistungen, wie sie vor nicht allzu langer Zeit kaum die Linienschiffe besaßen“ [1]).

Die Vibrationslosigkeit der Turbinen und das Vermeiden starker Erschütterungen des Schiffskörpers erhöhen die Feuersicherheit, und hinzu kommt noch der Vorzug der geringeren Raumbeanspruchung in der Höhe, wodurch es jetzt viel leichter möglich ist, die Maschinen in völlig geschützter Lage gegen feindliche Geschosse unterhalb des Panzerdecks unterzubringen. Die bei dem Aufkommen der Schiffsturbine gehegten großen Erwartungen hinsichtlich Gewichts- und Grundflächenersparnis haben sich wegen des Erfordernisses besonderer Rückwärts- und besonderer Marschturbinen nicht erfüllt. Grundfläche und Gewicht sind im allgemeinen die gleichen wie bei Kolbenmaschinen. Bei Torpedobooten ist die Länge des Maschinenraumes sogar etwas größer geworden. Die oben angeführten Vorteile waren aber ausreichend, daß die führenden kontinentalen Staaten jetzt mehr und mehr dazu übergehen, die Turbine als Antriebsmaschine auf allen Arten von Kriegsschiffen einzuführen. Seit der Stapellegung der Schiffe der „Dreadnought“-Klasse werden alle englischen Linienschiffe, Panzerkreuzer und Torpodoboote mit Turbinenantrieb ausgerüstet. Auch in Deutschland ist man, nachdem die Erfahrungen anderer Länder zu einem abschließenden günstigen Resultat geführt hatten, im letzten Jahre dazu übergegangen, die neuen Panzerkreuzer ebenfalls mit Antriebsturbinen zu versehen. Nur auf den ganz großen Linienschiffen hat sich die deutsche Kriegsmarine zur Einführung der Turbine bis jetzt noch nicht entschließen können. Zusammenfassend möchten wir so entscheiden, daß die Dampfturbine als Propellerantriebsmaschine nach dem heutigen Stand der Verhältnisse auf Handelsschiffen noch

---

[1]) H. Schmidt in seiner Abhandlung in „Deutscher Schiffbau“, 1908, S. 62.

hinter der Kolbenmaschine zurücksteht, auf Kriegsschiffen aber bereits das Feld erobert hat. Über die weiteren Aussichten ist m. E. zu sagen, daß in absehbarer Zeit der Arbeitseifer und die Intelligenz der Ingenieure, der Energie- und Kapitalaufwand, den die interessierten Kreise auf die auch wirtschaftlich einwandfreie Lösung des Problems des Turboantriebs auf Schiffen verwenden, den Erfolg haben werden, daß die Turbinen auch auf den großen Überseedampfern allgemein die Kolbenmaschinen verdrängen werden. Dieses Endziel wird sich um so schneller verwirklichen lassen, je mehr Turbinen-, Propeller- und Schiffsbau sich gegenseitig einander anpassen, was aber nur durch systematisches Zusammenarbeiten und planmäßige Vereinigung der drei Produktionszweige zu einer umfassenden Fabrikation erreicht werden kann.

Gleichzeitig mit der Einführung der Turbine zum Propellerantrieb haben die führenden Firmen auch versucht, für den Betrieb der zahlreichen elektrischen Maschinen für untergeordnete Kraft- und besonders Beleuchtungszwecke ebenfalls der Dampfturbine zur Anwendung zu verhelfen. Es ist wieder charakteristisch für die völlige Verschiedenheit der Gesichtspunkte, die bei der Kraftverwendung auf Handels- und Kriegsschiffen zur Geltung kommen, daß die ersteren die Antriebsart kaum, die letzteren dagegen in umfangreichem Maße verwerten. Der Grund dafür ist der, daß bei den relativ kleinen Krafteinheitsleistungen, die für Beleuchtungs- und die verschiedenen Hilfszwecke erforderlich sind, die Dampfmaschine ökonomischer arbeitet als die Dampfturbine [1]), und daß die Handelsschiffahrtsgesellschaften folglich keine Veranlassung haben, für diese den bisher bewährten kleinen Schnelläufertyp der Kolbenmaschine zugunsten einer unwirtschaftlicheren Antriebsart aufzugeben. Anders aber bei den Kriegsschiffen. Hier ist der Vorteil der Vibrationslosigkeit der Rotationsmaschine so erheblich für die Feuersicherheit, daß die meisten Marinebehörden dazu übergegangen sind, als Antriebsmaschine fast aller an Bord befindlichen elektrischen Stromerzeugungsmaschinen die Dampfturbine zu verwenden. Nach einer mir vorliegenden Lieferungsliste der Allgemeinen Elektrizitätsgesellschaft in Berlin waren von den 131 von dieser Firma insgesamt bis zum 1. April 1909 für Schiffszwecke gelieferten Turbodynamos nur 8 für Handelsdampfer, die übrigen aber für Kriegsschiffe bestimmt. Davon im ganzen 47 für die deutsche, 31 für die italienische, 34 für die russische, 4 für die spanische, 6 für die argentinische und 1 für die norwegische Marine. Die Einzelleistungen schwanken zwischen 5 und 200 KW, bewegten sich also im Durchschnitt in Größen, in denen die gewöhnliche Kolbenmaschine wirtschaftlicher arbeitet als die Dampfturbine.

---

1) Vgl. hierzu früher S. 116/17.

Bis zum Ende des vorigen Jahrhunderts war die Dampfkolbenmaschine die einzige Antriebsart, die zur mechanischen Fortbewegung der Schiffe verwendet wurde. In der Dampfturbine ist ihr nun, wie wir gesehen haben, für Großschiffahrtszwecke eine heftige Konkurrentin entstanden.

Zur selben Zeit hat auch die Motorindustrie alle Hebel in Bewegung gesetzt, das für sie geeignete Absatzfeld in der Kleinschiffahrt zu erobern, und es ist ihr auch in ausgedehntem Maße bereits gelungen. In Betracht kommen natürlich nur die Verbrennungsmotoren für flüssige Brennstoffe, deren allgemeine Vorzüge, stete Betriebsbereitschaft, geringer Brennstoffverbrauch, kleine Gewichts- und Raumbeanspruchung des Heizmaterials und folglich günstige Stapelmöglichkeit sowie Erhöhung des Aktionsradius, für die mannigfachen Arten des Kleinschiffahrtsbetriebes [1]) wertvoll sind. Die Leuchtgasmaschine schaltet völlig aus, und auch der Saugegasmotor wird kaum eine größere Bedeutung für Schiffahrtszwecke erreichen können, da er dem Dampfbetrieb gegenüber kaum erheblichen Vorteil brächte [2]) und den Flüssigkeitsmotoren gegenüber wesentliche Nachteile besitzt.

Die Vorzüge der Verbrennungsmotoren für Schiffszwecke können aber nur dann zur Entfaltung kommen, wenn die in Frage kommenden Brennstoffpreise sich in mäßigen Grenzen halten, und es sind im Einzelfalle, soweit es sich nicht um Betriebszwecke handelt, in denen andere Gesichtspunkte wie die der Wirtschaftlichkeit maßgebend sind, z. B. für Bootsmotoren und Kriegsmarine, immer besondere Berechnungen unter genauer Berücksichtigung der Heizmaterialpreise anzustellen, ob Motor oder Dampfmaschine die größere Ökonomie ergibt. Besonders günstig [3]) für die Frage der Wirtschaftlichkeit wird meist der Umstand sein, daß die für eine bestimmte Leistung erforderliche Brennstoffmenge ein geringeres Gewicht und weniger Raum in Anspruch nimmt als das entsprechende Kohlenquantum bei Dampfbetrieb. Denn einmal ist, wie wir früher gesehen haben, der Verbrauch pro Einheitsleistung geringer als bei diesem (vgl. die Tab. 10 und 12, S. 108 und 112), und

---

[1]) Zur Kleinschiffahrt gerechnet sind in diesem Zusammenhang alle Schiffsbetriebe, die eine Kraftleistung von weniger als etwa 1000 PS erfordern, also auch die mittleren Größen der Flußschiffe, im Gegensatz zu der Großschiffahrt mit ihren erforderlichen Kraftleistungen von bis zu 20, 30 und 40 000 PS.

[2]) In beiden Fällen besteht das Gesamtaggregat aus zwei Teilen, aus dem besonderen Kessel bzw. Generatoranlage und aus der Maschinenanlage, während bei den Ölmotoren das Generatoraggregat wegfällt, und in beiden Fällen besteht das Erfordernis der raumverzehrenden Kohlenstapelung.

[3]) Vgl. hierzu Prof. Romberg: Über Schiffsgasmaschinen, in „Deutscher Schiffbau“ 1908.

dann ist ferner bei flüssigen Brennstoffen das Gewicht der nutzbaren Wärmeeinheit um das 4—6 fache niedriger als bei der Kohle, so daß dementsprechend der Aktionsradius bei gleichem Brennstoffgewicht im ersteren Fall 4—6 mal so groß ist als im letzteren Fall.

Bis jetzt ist allerdings die Einheitsleistung der Flüssigkeitsmotoren begrenzt. Maschinen dieser Art von 600—800 PS sind bereits ausgeführt und dürften sich auch noch weiter auf 2000 PS steigern lassen. Die enormen Einheitsleistungen der großen Überseedampfer und Kriegsschiffe bis zu 15 000 und 20 000 PS in einem Aggregat lassen sich hier wohl kaum verwirklichen, so daß auch für die Zukunft das Anwendungsgebiet auf die Kleinschiffahrt beschränkt bleiben wird.

Was die Betriebssicherheit und Forcierbarkeit der Schiffsmotoren betrifft, so spricht die Tatsache, daß die Marinebehörden der verschiedensten Staaten dazu übergehen, für ihre Hilfsschiffe, wie Unterseeboote, Beiboote, Torpedobootszerstörer den Rohölmotor und besonders neuerdings den Dieselmotor zu verwenden, dafür, daß dieselben sich den schwierigen Betriebsverhältnissen dieser Fahrzeugklasse bereits ebenso gut anpassen lassen wie die Dampfmaschine. Allerdings ist für die Kriegsmarine auch die Vermeidung des sichtbaren Rauches bei Motorbetrieb für die Aufklärungsschiffe aus strategischen Gründen von Bedeutung.

Auch die Umsteuerbarkeit der Ölmotoren ist jetzt in einwandfreier Weise gelöst. Es bestanden verschiedene Methoden, die entweder durch Verstellbarkeit der Schrauben oder durch Zwischenschaltung eines elektrischen Apparates bzw. Zahnradübersetzung und Kuppelung zum Ziele zu kommen versuchten. In allerneuester Zeit ist es sogar gelungen, den Dieselmotor selbst umsteuerbar zu machen und die Zwischenglieder, die immerhin eine Verteuerung des Anlagekapitals mit sich brachten, zu vermeiden.

Die wichtigeren speziellen Anwendungsgebiete, in welche die Schiffsmotoren, sei es nun, daß sie mit Petroleum, Benzol, Benzin, Rohnaphtha, Paraffinöl oder anderen flüssigen Brennstoffen betrieben werden, bereits Eingang gefunden haben, sind: das Gebiet der Fluß- und Kanalschiffahrt sowie die Verwendung als Antriebsmaschinen für die Aufklärungsfahrzeuge der Kriegsmarine und für Wassersportzwecke. Die beiden letzten Anwendungszwecke mögen hier übergangen werden, nicht etwa weil sie für die Motorindustrie von untergeordneter Bedeutung wären — im Gegenteil bilden vor allem die Sports- und Rennschiffmaschinen ein sehr umfangreiches Absatzfeld für diese — sondern weil bei der Benützung der Motoren zu Wassersportzwecken von volkswirtschaftlicher Erheblichkeit nicht gesprochen werden kann, die für die Verwendung auf Kriegsschiffen einschlägigen Gesichtspunkte aber bereits bei der allgemeinen Einführung der Dampfturbine besprochen wurden.

Ein aussichtsreiches Verwendungsfeld stellt schließlich die Fluß- und Kanalschiffahrt dar, die mit der zunehmenden Erweiterung unseres Binnenwasserstraßennetzes stetig an Bedeutung gewinnt. Die hier vorliegenden Betriebsbedingungen verlangen eine möglichst betriebssichere und vor allem billig arbeitende Kleinkraftmaschine. Die stationäre Dampfmaschine, die bei kleinen Einheitsleistungen bekanntlich sehr unrationell arbeitet (vgl. S. 108), kann unter Berücksichtigung der übrigen für den Schiffsbetrieb erheblichen Vorteile als Einzelmotor mit dem Verbrennungsmotor meist nicht konkurrieren, sie herrscht nur auf den Schleppdampfern noch vor, wird aber selbst hier in den Ländern, in welchen auch bei einer starken Konsumsteigerung ein nicht zu teuerer Bezug des Rohnaphthas gesichert ist, dem Dieselmotor das Feld räumen müssen. In vielen Fällen, in denen bisher der Frachtbetrieb auf den großen Fluß- und Kanalschiffen unserer Wasserstraßen ohne mechanische Triebkraft durchgeführt wurde, hat sich die Einführung des Einzelmotors gut bewährt, indem trotz der erhöhten Verzinsungs- und Amortisationskosten ein nicht unbeträchtlicher wirtschaftlicher Vorteil durch die vermehrte Häufigkeit der möglichen Fahrtfolgen und die dadurch erhöhte Ausnützung des schwimmenden Materials sowohl wie der Bedienungsmannschaften erreicht wurde. Schlechthin wird man allerdings auch hier niemals vorweg behaupten können, daß der Verbrennungsmotor die zweckmäßige Betriebsart bilde, sondern es kommt im Einzelfalle auch noch auf die besondere Beschaffenheit der zu benützenden Wasserstraßen, die Fahrtiefen- und Strömungsverhältnisse, die Länge der zu durchmessenden Wege u. a. mehr an. Jedenfalls aber scheint die bisherige Entwicklung zu bestätigen, daß unter Berücksichtigung der gegebenen Betriebsverhältnisse und aller für die ökonomische Gestaltung der Krafterzeugung einschlägigen Faktoren der Verbrennungsmotor in den entsprechend ausgebildeten Spezialtypen eine außerordentlich wertvolle und anpassungsfähige Antriebsmaschine darstellt.

Literatur-Nachweis.

Philippovich: Grundriß der politischen Ökonomie. Tübingen 1905, 1906 und 1907.

Schmoller, Gust.: Grundriß der allgemeinen Volkswirtschaftslehre. Leipzig 1908.

Hermann, E.: Technische und wirtschaftliche Fragen und Probleme der modernen Volkswirtschaft. Studie zu einem System der reinen und ökonomischen Technik. Leipzig 1891 und 1893.

v. Schulze-Gävernitz: Der Großbetrieb, ein wirtschaftlicher und sozialer Fortschritt. Leipzig 1892.

Roscher: Über die volkswirtschaftliche Bedeutung der Maschinenindustrie. In: „Ansichten der Volkswirtschaft", 1861.

Schmoller, Gust.: Über die Entwickelung des Großbetriebes und der sozialen Massenbildung. In: „Preuß. Jahrb.", Bd. LXIX.

— Über das Maschinenzeitalter in seinem Zusammenhang mit dem Volkswohlstand und der sozialen Verfassung der Volkswirtschaft. Berlin 1903.

v. Oechelhäuser, W.: Technische Arbeit einst und jetzt. Berlin 1906.

Reuleaux, F.: Einfluß der Maschine auf den Gewerbebetrieb in Nord und Süd. 1879.

— Die Maschine in der Arbeiterfrage.

Sombart, W.: Der moderne Kapitalismus. Leipzig 1902.

— Die gewerbliche Arbeit und ihre Organisation. Brauns Archiv f. soz. Gesetzgeb. und Stat. 14. Bd.

— Die deutsche Volkswirtschaft im 19. Jahrhundert. Berlin 1903.

Mannstaedt, Dr. H.: Die kapitalistische Anwendung der Maschinerie. Jena 1905.

du Bois-Reymond, A.: Erfindung und Erfinder. Berlin 1906.

Reyer, E.: Kraft. Leipzig 1908.

Liefmann: Kartelle und Trusts. Stuttgart 1905.

— Die Unternehmerverbände. Freiburg 1897.

Weber, Alf.: Über den Standort der Industrien, I. Teil. Tübingen 1909.

v. Oechelhäuser, W.: Neue Rechte, neue Pflichten. Berlin 1902.

— Die sozialen Aufgaben des Ingenieurberufs. München 1900.

Wendt, Ulrich: Die Technik als Kulturmacht in sozialer und geistiger Beziehung. Berlin 1906.

Bernstein, E.: Beiträge zur Entwickelungsgeschichte der Großindustrie in Deutschland. Neue Zeit, 12. Jahrg., Bd. II.

Levy, Dr. Herm.: Die Stahlindustrie der Vereinigten Staaten von Amerika. Berlin 1905.

Haushofer: Der Industriebetrieb. München 1904.

Handwörterbuch der Staatswissenschaften.

Entwickelung des niederrheinischen Steinkohlenbergbaus in der zweiten Hälfte des 19. Jahrhunderts. Berlin 1903, 1904.

Gothein, E.: Die Konzentration im Kohlenbergbau und das preußische Berggesetz. Archiv für Sozialwissenschaft 1905, Bd. 21.

Gothein, G.: Die Verstaatlichung des Kohlenbergbaus. Berlin 1905.

Stillich: Die Steinkohlenindustrie. Leipzig 1906.

Bosenick: Über die Arbeitsleistung beim Steinkohlenbergbau in Preußen. Münch. V. Stud. 1906, 75. Heft.

Junge: Die rationelle Auswertung der Kohlen als Grundlage für die Entwickelung nationaler Industrie. Berlin 1909.

Uhde, Kurt: Die Produktionsbedingungen des deutschen und englischen Steinkohlenbergbaus. Dissert., Göttingen 1906.

Dietzel: Bedeutet der Export von Produktionsmitteln volkswirtschaftlichen Selbstmord? Berlin 1907.

Kontradiktorische Verhandlungen über deutsche Kartelle, I. Bd.: Steinkohle und Koks. Berlin 1903.

Singhof, G.: Der Mannheimer Kohlengroßhandel. Dissert., Heidelberg 1905.

Bertelsmann: Die Brennstoffe und ihre Verwertung. Chemische Zeitung 1908, Nr. 43 und 44.

Huneck, C.: Über die Petroleumindustrie und den Petroleumhandel. Dissert., Berlin 1906.

Jörgens: Finanzielle Trustgesellschaften. Münch. V. Stud. 1902, 54. Heft.

Heymann: Die gemischten Werke im deutschen Großeisengewerbe. Münch. V. Stud., Berlin 1904, 65. Heft.

Baum, Bergassessor: Die Verwertung des Koksofengases, insbesondere seine Verwendung zum Gasmotorenbetrieb. Essen 1904.

Zöpfl: Nationalökonomie der technischen Betriebskraft. Jena 1903.

Lang, Alex: Die Maschine in der Rohproduktion, eine volkswirtschaftliche Studie. I. und II. Teil. Berlin 1904.

Urbahn, Karl: Ermittelung der billigsten Betriebskraft für Fabriken. Berlin 1907.

Schiff, C.: Die Wertminderungen an Betriebsanlagen. Berlin 1909.

Josse, E.: Über die gegenwärtige Entwickelung der Wärmemotoren und Kraftwerke. Berlin 1904.

— Neuere Kraftanlagen. München und Berlin 1909.

Matschoß, C.: Die Entwickelung der Dampfmaschine. Berlin 1908.

Reuleaux: Geschichte der Dampfmaschine. Braunschweig 1891.

Scholl-Graßmann: Führer des Maschinisten. I. Braunschweig 1908.

Engel, E.: Das Zeitalter des Dampfes. 2. Auflage, 1881.

Eberle, Christian: Kosten der Krafterzeugung. Halle 1898.

Marr, Otto: Kosten der Betriebskräfte. München und Berlin 1901.

— Die neueren Kraftmaschinen, ihre Kosten und ihre Verwendung. München und Berlin 1904.

Fuchs, Paul: Generator-, Kraftgas- und Dampfkesselbetrieb in bezug auf Wärmeerzeugung und Wärmeverwendung. Berlin 1905.

Siegel, G., Mannheim: Die Preisstellung beim Verkauf elektrischer Energie. Berlin 1906.

Riedler, A.: Großgasmaschinen. München und Berlin 1905.

— Die Kraftversorgung von Paris mit Druckluft. Berlin 1891.

Lewicki, E.: Wirtschaftlichkeit und Betriebssicherheit moderner Dampfkraftanlagen im Vergleich mit Sauggenerator-Gaskraft-Anlagen. Berlin 1904.

Barth, Fr.: Die zweckmäßigste Betriebskraft. I. und II. Teil. Leipzig 1904 und 1905.

Die Dampfkraft in Bayern nach dem Stande vom 31. Dezember 1907. Heft 73 der Beiträge zur Statistik des Königreichs Bayern, herausgegeben vom Kgl. Statistischen Landesamt.

Rathenau, Kurt: Der Einfluß der Kapitals- und Produktionsvermehrung auf die Produktionskosten in der deutschen Maschinenindustrie. Halle 1906.

Bauer, Karl: Die sozialpolitische Bedeutung der Kleinkraftmaschine. Dissert., Berlin 1907.

Musil: Die Motoren für Gewerbe und Industrie. 3. Aufl. Braunschweig 1897.

Knocke: Die Kraftmaschinen des Kleingewerbes. 2. Aufl. Berlin 1899.

Kreller, Emil: Die Entwickelung der deutschen elektrischen Industrie. Dissert., Greifswald 1903.

Sinzheimer: Über die Grenzen der Weiterbildung des fabrikmäßigen Großbetriebs in Deutschland. Münch. V. Stud. 1893, 3. Heft.

Die Verwendung der Parsonsturbine für Schiffsbetrieb, herausgegeben von der „Turbinia" Deutsche Parsons-Marine A.-G. 1905.

Fischer, Gust.: Die soziale Bedeutung der Maschine in der Landwirtschaft in Schmollers Forsch. XX. Bd. 5.

Frost: Intensiver und extensiver Betrieb der deutschen Landwirtschaft. Berlin 1903.

Strecker: Verwendung, Leistung und Kosten landwirtsch. Motoren. Dresden 1901.

Fuhrmann, W.: Die Elektrizität in der Landwirtschaft. Hannover 1909.

Jahrbuch des Vereins der Spiritusfabrikanten in Deutschland.

Fitger: Die wirtschaftliche und technische Entwickelung der Seeschiffahrt, 19. Jahrhundert bis zur Gegenwart, 1902.

Haarmann: Die ökonomische Bedeutung der Technik in der Seeschiffahrt. 1908.

Cords: Die Bedeutung der Binnenschiffahrt für die deutsche Seeschiffahrt. Münch. V. Stud. 1906, 81. Heft.

Lueger: Lexikon der gesamten Technik.

Statistisches Jahrbuch für das Deutsche Reich.

Zeitschrift des Kgl. Preußischen Statistischen Landesamts.

Statistische Jahrbücher für das Großherzogtum Baden.

Berliner Jahrbücher für Handel und Industrie.

Handelskammerberichte verschiedener Städte.

Zeitschrift des Vereins deutscher Ingenieure. Berlin. (Z. d. V. d. I.)

Elektrotechnische Zeitschrift. Berlin. (E. T. Z.)

Zeitschrift für das gesamte Turbinenwesen.

Zeitschrift für Dampfkessel- und Maschinenbetrieb.

Stahl und Eisen, Zeitschrift für das deutsche Eisenhüttenwesen.

Glückauf, Zeitschrift für Berg- und Hüttenwesen.

Journal für Gasbeleuchtung und Wasserversorgung. München und Berlin.

Verlag von Julius Springer in Berlin.

Die rationelle Auswertung der Kohle als Grundlage für die Entwicklung der nationalen Industrie. Mit besonderer Berücksichtigung der Verhältnisse in den Vereinigten Staaten von Nordamerika, England und Deutschland. Von Dr. **Franz Erich Junge,** Beratend. Ingenieur, New York. Mit 10 graphischen Darstellungen. Preis M. 3,—.

Amerikanische Wirtschaftspolitik. Ihre ökonomischen Grundlagen, ihre sozialen Wirkungen und ihre Lehren für die deutsche Volkswirtschaft. Von Dr. **Franz Erich Junge,** Beratendem Ingenieur, New York. Preis M. 7,—.

Ermittelung der billigsten Betriebskraft für Fabriken unter Berücksichtigung der Heizungskosten sowie der Abdampfverwertung. Von **Karl Urbahn,** Ingenieur. Zweite Auflage in Vorbereitung.

Über die Verwertung des Zwischendampfes und des Abdampfes der Dampfmaschinen zu Heizzwecken. Eine wirtschaftliche Studie von Dr.-Ing. **Ludwig Schneider.** Mit 85 in den Text gedruckten Figuren und einer Tafel. Preis M. 3,20.

Der wirtschaftliche Charakter der technischen Arbeit. Von Dr. **Friedrich von Gottl-Ottlilienfeld,** o. Professor der Staatswissenschaften an der Königlichen Technischen Hochschule in München. Vortrag, gehalten im Polytechnischen Verein in München am 8. November 1909. Preis M. 1,—.

Technische Arbeit einst und jetzt. Von Dr.-Ing. **W. v. Oechelhaeuser.** Vortrag zur Feier des 50jährigen Bestehens des Vereines Deutscher Ingenieure zu Berlin am 11. Juni 1906. Preis M. 1,—.

Erfindung und Erfinder. Von **A. du Bois-Reymond.** Preis M. 5,—; in Leinwand gebunden M. 6,—.

Zur Frage der Erziehung der Architekten und Ingenieure zu Verwaltungsbeamten. Ein Beitrag zur Lösung. Von Dipl.-Ing. **Friedrich Ritzmann,** Großherzoglich Badischem Fabrikinspektor in Karlsruhe. Mit einer Literaturübersicht, zusammengestellt vom Internationalen Institut für Sozialbibliographie in Berlin. Preis M. 1,—.

Verringerung der Selbstkosten in Adjustagen und Lagern von Stabeisenwalzwerken. Von Dr.-Ing. **Theodor Klönne.** Mit 93 Figuren im Text und auf 2 Tafeln. Preis M. 5,—.

Zu beziehen durch jede Buchhandlung.